천문학에 한 획을 그은 여성 과학자들

지워진 천문학자들

천문학에 한 획을 그은 여성 과학자들

지워진 천문학자들

Her Space, Her Time by Shohini Ghose

Copyright ©2023 by Shohini Ghose

B-1001, Gab-eul Great Valley, 32, Digital-ro 9-gil, Geumcheon-gu, Seoul, Republic of Korea

This Korean edition published by arrangement with Westwood Creative Artists Ltd through Shinwon Agency Co., Seoul

ISBN 978-89-314-7568-5

독자님의 의견을 받습니다.

이 책을 구입한 독자님은 영진닷컴의 가장 중요한 비평가이자 조언가입니다. 저희 책의 장점과 문제점이 무엇인지, 어떤 책이 출판되기를 바라는지, 책을 더욱 알차게 꾸밀 수 있는 아이디어가 있으면 팩스나 이메일, 또는 우편으로 연락주시기 바랍니다. 의견을 주실 때에는 책 제목 및 독자님의 성함과 연락처(전화번호나 이메일)를 꼭 남겨 주시기 바랍니다. 독자님의 의견에 대해 바로 답변을 드리고, 또 독자님의 의견을 다음 책에 충분히 반영하도록 늘 노력하겠습니다.

주소 : (우)08512 서울특별시 금천구 디지털로9길 32 갑을그레이트밸리 B동 10F

이메일 : support@youngjin.com

※ 파본이나 잘못된 도서는 구입처에서 교환 및 환불해드립니다.

STAFF

저자 쇼히니 고스 | **번역** 박성래 | **총괄** 김태경 | **진행** 윤지선, 김서정 | **디자인·편집** 김소연
영업 박준용, 임용수, 김도현, 이윤철 | **마케팅** 이승희, 김근주, 조민영, 김민지, 김진희, 이현아
제작 황장협 | **인쇄** 제이엠

천 문 학 에 한 획 을 그 은 여 성 과 학 자 들

HER SPACE, HER TIME

지워진 천문학자들

쇼히니 고스 지음 / 박성래 옮김

YoungJin.com Y.
영진닷컴

역사 속에 지워진 모든 여성 과학자들과,
앞으로 역사를 만들어갈 모든 여성 과학자들을 위하여.

"과학계는 여성을 얼마나 필요로 하는가!"

마리아 미첼, 천문학자

"우리는 보이지 않는 것을 존재하지 않는 것이라고 가정한다.
정말 파괴적인 가정이 아닐 수 없다."

옥타비아 E. 버틀러, 작가

여성 과학자들의 강인한 정신과 놀라운 공헌을 담은 책 〈지워 진 천문학자들〉을 한국 독자 여러분에게 소개할 수 있게 되어 영 광입니다.

전 세계적으로 과학계는 오랫동안 남성이 주도해 왔으며, 한국 도 예외가 아닙니다. 그러나 이러한 높은 장벽에도 불구하고, 전통 적으로 남성이 지배적인 이 분야에서 두각을 보이는 한국 여성들 이 점점 더 많아지고 있습니다. 이들은 후대 여성들이 걸어갈 길 을 개척하고 있죠.

한국 최초의 우주비행사 이소연 박사는 온 국민에게 상상력과 영감을 주며 역사에 한 획을 그었습니다. 그러나 이소연 박사의 업 적은 시작에 불과합니다. 최근 장벽을 뛰어넘는 한국 여성 과학자 들이 점점 증가하고 있습니다. 21세기 과학계는 더 이상 남성의 전 유물이 아닌 것이죠.

차세대 배터리를 개발하기 위해 끊임없이 연구하는 변혜령 박 사, 한국 여성 최초로 남극을 방문한 안인영 박사 등 여성 과학자의 공헌은 현재 이루어지고 있는 진보를 잘 보여줍니다. 이들은 사회가 강요하는 여성상, 성차별, 구조적 장벽 등 상당한 어려움에 직면해 있습니다. 이 책에서 소개하는 여성들처럼 말이죠. 이러한 장애물에도 불구하고 이들의 끈기와 열정은 과학을 발전시켰을 뿐만 아니라 과학자를 꿈꾸는 차세대 젊은 여성들에게 길잡이가 되어주었습니다.

〈지워진 천문학자들〉이 전하는 목소리는 여성의 것에 국한되지 않습니다. 과학의 역사에서 소외되거나 간과되었던 모든 이들의 목소리를 포괄하죠. 전 세계 여러 나라에서 소수 민족, 성소수자, 다양한 사회·경제적 배경을 지닌 개인 등을 포용하여 과학 활동 참여를 확대하고 있습니다. 이러한 국가 차원의 노력은 모두의 목소리를 포용함으로써 다양한 관점을 활용할 수 있는 기회를 제공하고, 혁신을 촉진할 수 있습니다. 과학 연구에는 모두의 목소리가 필요합니다.

이 책에서 소개하는 여성 과학자들이 이룬 놀라운 업적으로부터 영감을 얻고, 그들이 직면한 노골적인 편견에 대해 분노를 느꼈으면 좋겠습니다. 이 책을 읽은 여러분이 눈앞에 놓인 장벽에 도전하고 새로운 가능성을 상상할 수 있기를 바랍니다. 언젠가는 여성이기 때문에 과학자로서 경력을 쌓기 어렵다는 점에 대해 분노할 필요가 없게 될지도 모릅니다. 저는 여성 과학자가 길이길이 기억되는 미래를 꿈꿉니다. 그 미래에는 반드시 한국인 여성 과학자의 이름도 포함될 것입니다. 과학은 모두를 위한 것이니까요.

쇼히니 고스

일러두기 ──────────────────────── ✳

1   이 책에 기재된 인명은 원 도서 〈HER SPACE, HER TIME〉의 표기를 따랐으며, 국내 학계 인용 실정에 맞게 통일했습니다.

2   맞춤법은 표준국어대사전을 기준으로 하였으나, 일부 현장에서 사용되는 단어를 그대로 실은 것이 있습니다.

3   참고 도서는 본문 뒤에 실었습니다.

지워진 천문학자들

물리 법칙은 어디에서나 똑같이 작용합니다. 지구에서도, 안드로메다은하에서도 모든 것은 동일한 물리 법칙을 따르죠. 우주는 차별을 모르고, 하늘에는 주인이 없기 때문입니다. 우주는 누구나 자신을 궁금해하고 탐구할 수 있도록 허락하죠.

하지만 슬프게도, 인간은 이러한 우주의 넓은 마음을 본받지 못했습니다. 어디에서 태어났는지, 무엇을 입고 있는지 등에 따라 우주를 탐구할 수 있는 기회가 달리 주어졌습니다.

그러나 별의 언어를 이해하고, 우주의 비밀스러운 과거를 파헤치는 데 그런 것은 전혀 중요하지 않습니다. 편견과 제약 속에서도 꿋꿋하게 별빛을 쫓아간 이들은 하늘이 누구에게나 열려있다는 사실을 몸소 증명했죠.

이 책은 위대한 '여성 천문학자'들의 이야기가 아닙니다. 위대한 '천문학자'들의 이야기입니다. 이 책이 천문학자를 꿈꾸는 학생들의 꿈을 활짝 열어주길 기대합니다.

천문학자, 유튜버 '우주먼지의 현자타임즈'

지웅배

이야기를 시작하며 ────────────────── ✳

밤하늘을 바라보며 별을 세어 본 적이 있나요? 아파트 발코니나 가로등 불빛 아래서 별을 세어 보면 손에 꼽을 정도일 때도 있습니다. 하지만 고비 사막이나 에베레스트산처럼 도시의 불빛으로부터 멀리 떨어진 곳에서는 수천 개가 보일 수도 있죠. 수조 개에 이르는 별들은 대부분 육안으로 보이지 않습니다. 하지만 별은 보이지 않더라도 꾸준히 빛나고 있으며, 인류는 꾸준히 별에 대해 연구를 해왔죠.

우리는 수많은 별들이 대부분 수소와 헬륨으로 이루어져 있다는 것을 알고 있습니다. 별들이 온도에 따라 분류된다는 것도, 우주에서 거리를 측정하는 방법도 알고 있죠. 별들이 어떻게 탄생하고 소멸하는지, 별의 핵 깊숙한 곳에서 생명을 이루는 원소들이 어떻게 합성하는지도 널리 알려진 정보입니다. 우주의 나이가 얼마인지, 최초의 별은 언제 탄생했는지, 우주가 어떻게 소멸할 것인지도 어느 정도 짐작하고 있습니다.

물리학 및 천문학을 변화시킨 근본적인 통찰력은 여성들이 발견한 연구 결과들에서 비롯되었습니다. 여성들은 과학이 태동하던 시기부터 함께 일하던 남성들의 밝은 후광에 가려졌을 뿐, 우주에 새로운 빛을 비추며 그 자리에 있었습니다. 여성들은 별과 원자의 내부를 들여다보고 새로운 원소와 입자를 발견했으며 과학과 정의, 그리고 미래 세대를 위해 힘썼습니다. 이 책은 보이지 않던 우주를 보이게 만든 지구의 보이지 않는 별들, 즉 잘 알려지지 않은 우주 탐험가들에 관한 이야기입니다.

우주에 존재하는 별 상당수는 태양처럼 홀로 존재하지 않습니다. 대신, 별들은 쌍성계에서 짝을 이루고 있으며, 각 별은 중력으로 함께 묶여 있습니다. 이렇게 생각하면 오히려 위안이 되네요.

광활한 우주 공간에서 서로를 붙잡고 빙글빙글 왈츠를 추는 커플을 상상해 보세요. 북미의 크리족Cree은 이 특별한 쌍성이 있는 별자리를 '거위자리'라고 불렀고, 그리스인들은 '백조자리'라고 불렀습니다. 이 쌍성 중 하나는 청색초거성입니다. 다른 하나는 블랙홀로, 너무 거대하고 밀도가 높아 빛조차 중력에서 벗어날 수 없는 보이지 않는 물체입니다. 그렇다면 블랙홀이 있다는 것을 어떻게 알 수 있을까요? 그 답은 블랙홀의 파트너를 관찰하는 것입니다.

한 커플이 무도회장에서 왈츠를 추고 있는데 남자는 눈에 보이지만 여자는 보이지 않는다고 상상해 보세요. 남자가 여자의 보이지 않는 손을 잡고 있고 여자가 남자를 가까이 끌어당길 때 남자가 어떻게 움직이는지 볼 수 있습니다. 그녀가 거기 있다는 것도 알 수 있죠. 청색초거성은 같은 방식으로 궤도를 도는 춤을 통해 보이지 않던 파트너를 드러냅니다. 1971년에 이런 방식으로 발견된 최초의 블랙홀이 바로 백조자리 X-1입니다. 보이지 않아야 할 천체를 발견한 것은 꽤나 큰 파장을 일으켰습니다. 많은 사람들은 그러한 물체가 존재할 수 없다고 믿었습니다. 심지어 스티븐 호킹 Stephen Hawking조차도 이 발견이 실수였다고 생각했습니다. 그는 이후 자신이 틀렸다는 것이 증명되자 기뻐했죠. 저는 물리학자로서 물리학과 천문학의 궁극적인 미스터리로 남아있는 블랙홀에 항상 매료되어 왔습니다. 하지만 블랙홀의 발견은 저에게 더 깊은 의미를 지니고 있었는데, 바로 우주에는 눈에 보이지 않는 것은 아무것도 없다는 것을 보여준다는 점이었습니다.

앞선 다른 여성 과학자들과 마찬가지로 저 역시 보이지 않는 존재에 대한 경험이 있습니다. 미국 대학에서 학사 학위를 취득하던 젊은 시절을 떠올려 보면, 가장 선명하게 기억나는 말은 "좋은 아침입니다, 여러분!"입니다. '신사 숙녀 여러분'이라는 말을 하지 않은 것이죠. 제 교수님 중 한 분이 강의실에 혼자 있는 여학생을 의식하지 않고 정기적으로 수업 시간에 그렇게 인사하셨습니다. 저는 농담 때문에 제가 진짜로 사라지는 것을 막기 위해 제 초능력이 보이지 않게 해야 한다고 농담을 하곤 했습니다.

물리학 교실에서 제가 눈에 띄지 않는다고 해서 별로 놀랍지 않았습니다. 인도에서 고등학교를 다닐 때 이미 물리학 교과서에서 여성은 거의 찾아볼 수 없다는 사실을 깨닫기 시작했으니까요(분명, 그들도 저와 같은 '눈에 띄지 않는' 초능력을 가지고 있었을 겁니다). 유일한 예외는 물리와 화학이라는 서로 다른 과학 분야에서 두 개의 노벨상을 수상한 유일한 여성인 마리 퀴리였습니다. 그녀는 두 번의 노벨상 수상을 통해 가시성을 자신의 초능력으로 만

지워진 천문학자들

들었습니다. 제 친구와 가족들도 다른 여성 물리학자에 대해 들어본 적이 없었습니다.

저는 현재 캐나다에 거주하며 일하고 있는데, 이곳에서도 과학계 여성은 여전히 비주류로, 눈에 잘 띄지 않는 존재입니다. 2019년에는 캐나다 동료인 도나 스트릭랜드Donna Strickland가 노벨물리학상을 수상한 지 1년 후, 한 여론조사에 따르면 캐나다인의 52% 이상이 여전히 여성 물리학자는 물론이고 여성 과학자 한 명도 제대로 알지 못하는 것으로 나타났습니다. 컴퓨터 과학자를 상상해 보라는 질문에는 무려 82%가 남성을 떠올렸습니다. 2017년 미국의 한 연구에 따르면 설문조사에 참여한 사람들 중 1% 미만이 생존 여성 과학자의 이름을 말할 수 있는 것으로 나타났습니다. 미국 고등학생 3명 중 대략 2명(그리고 남성이라고 밝힌 학생 10명 중 9명)은 과학자를 그려보라고 하면 남성을 떠올립니다.

물리학 공부를 계속하면서 저는 물리학 및 천문학의 모든 방정식이 태양 주위를 자유낙하하는 행성의 궤도, 원자 구조의 춤추는 확률 파동, 천둥 폭풍 후 빛나는 무지개 등 자연의 놀라운 측면을 설명한다는 사실을 알게 되었습니다. 그 어떤 방정식도 특정 성별의 사람이 풀어야 하는 방정식은 없으며, 어떤 해법에도 성별 매개변수가 포함되어 있지 않습니다. 물리학을 더 많이 배울수록 우주에 대한 놀라움은 커져갔고, 우리가 아는 것이 얼마나 적은지 겸허해졌습니다. 우주의 10억분의 1도 안 되는 작은 인간의 뇌가 우주의 장엄함과 아름다움을 이해할 수 있다는 것이 얼마나 놀라운 일인지요. 저의 경이로움은 성별에 국한되지 않았고, 저보다 앞서 많은 여성들이 같은 영감을 받았을 것입니다.

하지만 제 물리학 교과서에는 여전히 천재 남성 과학자들의 업적으로 가득했습니다. 아인슈타인, 뉴턴, 갈릴레오, 슈뢰딩거, 보어, 러더퍼드, 맥스웰, 테슬라, 패러데이, 하이젠베르크, 플랑크 등 많은 사람들이 있었죠. 저는 학부 과정을 마쳤지만, 물리학 과목을 가르친 여성은 한 명도 없었습니다. 제가 물리학을 전공하기에 염색체 조합이 잘못된 것은 아닌지 의문이 들었죠.

저는 친구들과 과학자들에게 물리학계에 여성이 왜 그렇게 적은지 물었습니다. 어떤 사람들은 우주의 법칙이 지구에서 생명을 키우는 것과는 아무런 관련이 없는 것처럼 여성이 양육과 관련된 분야에 더 적합하다고 말했죠. 여성은 물리학이나 천문학의 새로운 영역을 개척할 자신감과 용기가 부족하거나 현장 추진력과 에너지가 부족하다고 생각하는 사람들도 있었습니다. 또 다른 사람들은 여성에게 필요한 기술적 능력에 대한 추가적인 도움이 필요할 수 있다고 제안했습니다. 또는 여성은 과학적 천재가 될 수 없다는 의견도 있었습니다. 여자들은 선천적으로 어려운 수학을 하도록 만들어지지 않았다고 암시했습니다. 이들은 대체로 여성이 아니라 분야를 고쳐야 한다고 주장했습니다.

저는 답을 찾기 위해 과학으로 눈을 돌렸습니다. 일반적인 믿음과는 달리, 여러 연구에 따르면 여학생이 남학생만큼이나 수학 및 과학 분야에서 우수한 성적을 거둔다는 사실이 밝혀졌습니다(연구자들은 대부분 이러한 연구에서 성별 이분법을 넘어서지 않았습니다). 성별에 관계없이 유아는 태어날 때부터 비슷한 숫자 세기와 공간인지능력을 가지고 있습니다. 어떤 뇌 스캔에서도 남아의 뇌에서 여아보다 수학을 더 잘 할 수 있게 하는 요소가 발견되지 않았죠.

최근 몇 년 동안 많은 국가에서 고등학교에 다니는 여학생들이 수학과 과학 분야에서 남학생보다 우수한 성적을 거두고 있으며, 이는 성별에 대한 통념을 뒤집는 결과입니다. 분명히 가슴과 같은 여성적인 신체 부위는 물리학을 하는 데 장애가 되지 않습니다.

그렇다면 물리학에 남성이 많은 이유는 무엇일까요? 그 이유는 우리 자신에게 있습니다. 성별을 비롯해 우리를 구분 짓는 많은 것들이 사회적 구조로 확장되기 때문입니다. 우리가 만들어낸 것이죠. 인간은 정체성과 성별, 역할이 확정된 상자에 자신을 가두어 놓았습니다. 물리학이나 천문학을 남성성과 연관시켜 남녀 간의 신체적 차이를 지적인 차이로 착각한 것이죠. 오랫동안 남성의 영역으로 여겨졌던 '객관성'과 '합리성'은 과학적 사고의 기둥이 되어 상상력과 창의성, 열정보다 특권을 누리며 남성뿐만 아니라 과학을 제약하는 요소로 작용했습니다. 역사적으로 남성에 의해 통제된 정치 및 종교 기관은 과학을 향한 문을 통제했으며, '전통'과 '문화'는 여성을 배제하는 데 사용되는 또 다른 꼬리표가 되었습니다. 어떤 사람들은 여성의 생식기관이 지적 추구로 인해 손상될 것이고, 이러한 여성적 특성은 '비합리성'과 '히스테리'의 근원이기에 여성은 과학에 부적합하다고 주장했습니다. 지금도 이런 생각의 영향력은 여전히 남아있습니다. 여성들 사이에서도 마찬가지입니다. 전 세계적으로 오늘날 물리학 학부생 5명 중 1명만이 여성입니다. 미국에서는 1972년부터 2017년까지 수여된 약 6만 개의 물리학 박사학위 중 90개만이 흑인 여성에게 수여되었습니다. 이 글을 쓰는 현재 캐나다에서는 물리학 및 천문학 분야의 흑인 여성 교수가 한 명도 없습니다. 역사를 통틀어 성 역할과 지적 능력에 대한 선입견은 틀에 맞지 않는 사람들을 과학의 역사에서 지워 버리기 위해 노력해 왔습니다.

하지만 꼬리표는 바꿀 수 있습니다. 여성을 고치는 대신 물리학과 천문학을 향한 꼬리표를 고칠 수 있다면 어떨까요? 꼬리표를 바꾸고 확장하며 개선하거나 아예 꼬리표를 버릴 수도 있겠죠. 이 페이지에서는 이러한 꼬리표를 떼어내야 하는 여러 가지 이유를 찾을 수 있습니다.

여성은 항상 우주의 비밀을 푸는 데 중요한 역할을 해왔습니다. 이들은 우주에 대한 호기심을 갖기 위해 남성의 허락이 필요하지 않았죠. 그들은 세계 최고의 대학에 입학하여 연구자와 과학자가 될 권리를 얻기 위해 싸웠습니다. 여성들은 스스로는 보이지 않는 자연의 숨겨진 법칙을 볼 수 있는 방법을 찾아냈는데, 이는 종종 남성 동료들에게 노벨상을 수여하는 결과로 이어졌습니다. 19세기 활동가 마틸다 게이지Matilda Gage의 이름을 따서 '마틸다 효과Matilda Effect'라고 불릴 정도로 흔한 현상으로, 이처럼 여성들의 공헌은 항상 평가절하되거나 남성의 공으로 돌리는 경우가 많았습니다. 그러나 그들은 단념하지 않았죠.

이 책은 전기(傳記)가 아닙니다. 한 권의 책으로는 제가 여기에 소개한 모든 여성들의 전기를 담을 수 없습니다. 대신 저는 그들의 과학과 오늘날 여성 물리학자로서 가장 공감이 가는 이야기를 중심으로 책을 구성하기로 했습니다. 저는 그들의 삶을 탐구하면서 많은 것을 배웠습니다. 마음 속 물리학자는 항상 주변에서 엮을 수 있는 패턴과 관계를 찾고 있습니다. 이 여성들의 개인적, 직업적 여정 역시 그들이 일했던 과학적, 사회적 맥락, 그들이 극복한

지워진 천문학자들

어려움, 성공에 도움이 된 기술과 강점 등 패턴으로 가득 차 있습니다. 각 장의 여성들은 그들이 탐구한 공통의 과학적 문제와 직면한 공통의 장벽으로 연결됩니다. 이들은 함께 과학과 사회에 다양한 방식으로 영향을 미쳤습니다.

거의 모든 여성 과학자들은 규칙을 깨고 새로운 흐름을 만들어낸 사람들이었습니다. 이들은 기존의 물리학 법칙을 확장하여 획기적인 발견을 해냈으며, 과학에서 여성의 역할에 대한 제도적 정책이나 고정관념에도 굴하지 않았습니다. 예를 들어 세실리아 페인Cecilia Payne은 우주의 화학 성분을 발견하고 하버드가 여성도 천문학 교수가 될 수 있음을 깨닫게 만들었습니다. 이 과학자들은 구조적, 사회적 장벽을 해결할 방법을 찾아냈고, 이를 통해 그러한 장벽이 얼마나 부당한 것인지 분명히 드러냈습니다. 그들은 제도적, 문화적 변화를 강요했습니다.

이 여성들은 과소평가되곤 했지만, 틀을 벗어난 급진적인 연구로 놀라운 발견을 이끌어냈습니다. 리제 마이트너는 핵분열의 비밀을 밝혀냈고, 비브하 초우두리의 연구는 자연의 기본 입자를 하나도 아닌 두 개나 발견하는 데 기여했죠. 이 놀라운 과학자들은 '과학 천재'에 대한 고정관념을 다시 생각해보게 합니다.

무엇보다도 이 여성들은 과학자로서 연구에 열정적이었습니다. 이들은 데이터를 측정하고 수집했으며, 새로운 기본 법칙과 관계를 발견했고, 새로운 기기와 획기적인 실험을 설계했습니다. 또한 미지의 물질 유형을 발견했고, 새로운 이론을 개발함으로써 전반적인 연구 분야에 대한 시발점이 되었죠. 이들은 물리학 및 천문학의 매우 다양한 분야에 영향을 미쳤기 때문에, 그들이 과학 연구에 기여한 점에 대해 전부 심도 있게 논의하는 것은 불가능합니다. 대신 각 여성이 탐구한 큰 질문, 문제의 과학적 맥락과 중요성, 여성들이 연구한 결과들은 무엇이며 어떤 영향을 미쳤는지에 초점을 맞추었습니다(이들의 놀라운 업적의 진가를 알아보는 데 필요한 물리학과 천문학적 지식을 포함하면서 말이죠). 이들의 여정은 과학적 발견, 혁신, 영감을 주는 리더십, 그리고 매우 도전적인 상황에도 발휘한 집요함이 가득한 스릴 넘치는 이야기입니다.

이 여성들에 대한 글을 쓰면서 저는 이들을 '여성 과학자'로 묘사하는 것에 대해 고심했습니다. 아인슈타인과 뉴턴을 '남성 과학자'라고 부르지 않으니까요. 남성 과학자들과 마찬가지로 이 여성 과학자들도 성별을 구분 지어 부를 필요 없이 뛰어난 '과학자'로 여겨질 자격이 있습니다. 하지만 사실 '과학자'라는 용어는 오늘날에도 남성성에 치우친 단어입니다. 명시적인 선행 형용사가 없는 경우 여전히 '과학자'는 대체로 남성을 의미하죠(제 과학 기사를 읽는 사람들이 종종 저를 남성으로 오해할 정도입니다). 그렇기에 과학계 직원은 직무 기술서를 쓸 때 성별을 생략할 수 있어야 합니다.

이는 인종, 능력, 그리고 과학계에서 기본적으로 설정된 다양한 정체성에도 동일하게 적용됩니다. 그러나 이러한 정체성은 누가 과학을 연구할 수 있는지, 어떤 종류의 과학이 지원되는지, 누가 그 결과에 접근할 수 있는지에 영향을 미치며 중요한 역할을 합니다. 따라서 저는 과학계에는 여전히 성별에 따른 기본 설정이 존재한다는 점에서 성별이 중요하고, 남성이 지배적인 분야에서 여성임에도 불구하고 성공한 과학자들이 있다는 점을 상기시키기 위해 '여성 과학자'라는 용어를 사용하기로 결정했습니다.

지워진 천문학자들

이 책에서 만나게 될 여성들 외에도 인류가 자연의 법칙을 발견하는 여정에 함께한 수많은 여성들이 있습니다. 그중에는 이름이 영원히 잊힌 사람들도 있습니다. 그럼에도 불구하고 그들의 과학적 공헌은 물리학 및 천문학 역사의 일부로 남아있으며, 눈에 보이지 않는 이 과학자들이 남긴 발자취는 오래도록 남아있습니다.

2019년, 과학자들은 과학 역사상 가장 위대한 업적 중 하나인, 블랙홀의 이미지를 최초로 공개했습니다. 빛을 가두어 존재하지 않는 것으로 추정됐던 관측 불가능한 물체의 사진을 찍는 방법을 알아낸 것이죠. 이 이미지는 앞서 설명한 '보이지 않는 댄스 파트너'를 간접적으로 추론한 것이 아니라 M87 은하의 중심에 있는 초대질량 블랙홀을 재구성한 것입니다. 그렇다면 이 연구를 어떻게 해냈을까요? 실제로 블랙홀에서 빛이 빠져나갈 수 있을까요? 그렇지 않습니다. 물리 법칙은 여전히 적용됩니다. 하지만 과학자들은 이 문제를 해결할 방법을 찾아냈습니다. 전 세계의 다양한 성별과 배경을 가진 사람들이 힘을 합쳐 불가능해 보이는 연구를 가능하게 만들었습니다. 그들은 블랙홀을 둘러싼 뜨거운 소용돌이치는 물질의 원반에서 방출되는 빛을 관찰하고, 밝은 가장자리를 관찰함으로써 어두운 중심부의 이미지를 구성했습니다. 그 결과 보이지 않는 경계를 둘러싸고 있는 도넛 모양의 빛 이미지가 만들어졌습니다. 지구에서 수백만 광년 떨어진 곳에 있는 숨겨진 물체에 대한 이 역사적이고 놀라운 이미지는 공개 후 몇 분 만에 입소문을 타기 시작했습니다.

그것이 바로 보이지 않던 것을 보게 되는 스릴 넘치는 느낌입니다.

목차 ━━━━━━━━━━━━━━━━━━━━━━━━━ ✳

지워진 천문학자들

1

우주를 찾아서

우주를 정리한 별의 해독자들

#Annie_Jump_Cannon
#Anna_Draper
#Williamina_Fleming
#Antonia_Maury
#Cecilia_Payne-Gaposchkin

별이 들려주는 이야기

저는 강의를 시작하기 전, 학생 200여 명의 기대에 찬 얼굴을 바라보며 심호흡을 했습니다. 2006년 겨울, 저는 학부 1학년 천문학 강의를 맡은 신참 대학교수였습니다. 신입생들에게 우주의 경이로움을 보여줄 수 있는 좋은 기회를 덥석 붙잡은 것이지만, 처음 몇 주 동안은 쉽지 않았습니다. 저 스스로도 여성이 가르치는 학부 물리학 수업을 들어본 적이 없었던 만큼, 제가 수업에 들어간 순간 학생들의 얼굴에 놀라움이 번졌습니다. 그러나 저는 과학이 지닌 아름다움에 초점을 맞춰 학생들의 마음을 사로잡으려고 노력했고, 그것은 효과가 있었죠. 제 강의는 특별했습니다. 저는 학생들에게 별을 발견하고 연구한 여성 과학자들에 대해 이야기할 계획이었고, 이를 올바르게 이해시켜야 했습니다.

강의를 준비하며 천문학 교재를 살펴보던 중, 별의 핵심 속성을 쉽게 암기하는 데 활용되는 다소 이상한 문구를 발견했습니다.

오, 착한 소녀가 되어 키스해줘(Oh, Be A Fine Girl, Kiss Me)!

다른 교과서를 사용해야 할까 고민했습니다. 하지만 전 세계의 다른 교재들을 확인해보니 인쇄본과 디지털 형식의 교재에 모두 같은 문구가 있었죠. 수업 시간에 이 주제를 어떻게 다룰지 고민하던 저는 마침내 별에서 영감을 얻었습니다. 드디어 해답이 보였습니다.

드레이퍼 부부와 망원경

별 관측은 인류의 가장 오래된 과학적 활동 중 하나지만, 20세기 초에야 북미에서 전문적인 활동으로 자리 잡았습니다. 흥미롭게도 천문학 연구에 대한 초기 자금의 대부분은 아마추어 천문학자인 메리 안나 팔머Mary Anna Palmer와 같은 여성들이 제공했습니다. 천문학 교재에서 그녀의 이름은 보이지 않지만, 1867년에 결혼한 배우자 헨리 드레이퍼Henry Draper의 이름을 접할 수 있을 것입니다. 의사이자 뉴욕대학 교수였던 드레이퍼는 열정적인 아마추어 천문학자였으며, 당시 '신사 과학자'로 알려진 인물 중 한 명이었습니다. 뉴욕시 외곽의 헤이스팅스-온-허드슨Hastings-on-Hudson에 있는 아버지의 땅은 헨리가 천문대를 세울 수 있는 이상적인 장소였습니다. 헨리는 그곳에서 직접 만든 망원경으로 하늘을 연구하며 행복한 밤을 보냈죠. 헨리의 취미는 안나의 관심을 불러일으켰습니다. 결혼식 다음 날, 두 사람은 새 망원경의 거울을 만들기 위해 유리를 고르러 다녔습니다. 그로부터 15년 동안 천문학은 과학에 대한 두 사람의 열정을 이어주는 매개체가 되었습니다. 1872년에는 관측 천문학의 혁명이 시작되는 이미지를 촬영하기도 했죠.

1610년에 갈릴레오Galileo Galilei가 획기적인 관측을 한 이래로 천문학자들은 망원경으로 하늘을 살펴 왔습니다. 인류는 2세기 동안 새로운 행성, 위성, 혜성, 별, 별자리 등 우주의 많은 비밀을 밝혀 냈습니다. 하지만 놀라운 광경을 발견하고 나면 종이에 손으로 스케치한 다음 말로 설명해야 했기 때문에, 답답하고 부정확한 작업을 거쳐야 했죠. 1830년대 비로소 사진이 발명되면서 판도가 바뀌었습니다. 헨리 드레이퍼의 아버지인 존 윌리엄 드레이퍼John William Draper 역시 열렬히 하늘을 관측하여, 1840년에 망원경을 통해 세계 최초로 달의 사진을 찍었습니다.

한편, 1600년대에 시작된 또 다른 관측 기술이 빠르게 발전하고 있었습니다. 이는 바로 프리즘에서 시작됐죠. 프리즘을 통과한 햇빛은 여러 가지 색으로 퍼져나갑니다. 오늘날 우리는 햇빛이 무지개 색깔로 구성되어 있다는 생각을 당연하게 여기지만, 아이작 뉴턴Isaac Newton이 놀랍도록 간단한 실험을 통해 이를 입증하기 전까지는 과학적으로 증명되지 않았습니다. 뉴턴은 햇빛의 색을 분리하는 프리즘과 색이 재결합하는 프리즘을 사용하여, 색을 담고 있는 것은 프리즘이 아니라 빛 자체임을 보여주었습니다. 또한 특정 색의 빛이 프리즘을 통과할 때도 같은 색을 유지한다는 것을 보여줌으로써 빛의 성질을 확인했죠. 사실 자연은 공중에 떠 있는 물방울이라는 프리즘을 통해 무지개가 만들어질 때마다 햇빛의 성분을 보여주지만, 뉴턴의 실험이 있기 전까지는 그 사실을 알지 못했습니다. 뉴턴은 이를 설명하기 위해 '스펙트럼'이라는 용어를 만들었습니다. 과학자들은 곧 햇빛과 촛불, 뜨거운 가스 같은 다른

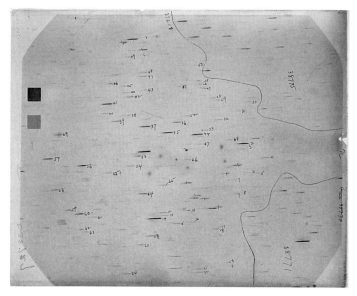

▲이 하버드 천문대의 유리판은 희미한 흡수선이 있는 별의 스펙트럼을 나타낸다.

광원에서 방출되는 스펙트럼을 탐구하는 더 나은 기술을 개발하기 시작했습니다. 분광학이라는 분야가 탄생한 것입니다.

별의 스펙트럼을 수작업으로 기록하는 데 지친 드레이퍼 부부는 별의 스펙트럼을 선명한 사진으로 찍기로 결심했습니다. 당시의 사진 촬영이 컴퓨터나 CCD(디지털) 카메라, 심지어 카메라 필름조차 없던 시절에는 얼마나 어려운 작업이었는지 오늘날에는 상상하기 어렵습니다. 각 이미지는 특수 화학 에멀전으로 코팅된 유리판에 기록해야 했습니다. 별에서 망원경을 통해 수집한 빛이 먼저 스펙트럼으로 분리된 다음 초점을 맞출 수 있도록 사진판을 조심스럽게 배치해야 했고, 이 판에는 아주 희미한 빛도 닿지 않도록 보호해야 했습니다. 드레이퍼 부부는 베가성에 초점을 맞추었고, 마침내 1872년에 최초로 별의 스펙트럼을 촬영하는 데 성공했습니다.

지워진 천문학자들

활력을 얻은 부부는 이후 10년 동안 관측을 계속하며 별을 탐험했습니다. 헨리는 천문학에 전념하기 위해 뉴욕대학 교수직까지 사임했죠. 하지만 그는 1882년 45세의 나이에 폐렴으로 사망하고 말았습니다.

홀로 남은 안나 드레이퍼는 일을 계속하기 위해 조수를 고용하려고 했지만, 헨리의 역할이 쉽게 대체되지 않는다는 사실을 깨달았습니다. 그래서 다른 방법을 택했죠. 그녀는 아버지가 돌아가셨을 때 상당한 금액의 유산을 물려받았습니다. 이를 통해 미국 최고의 천문학 연구 시설 중 하나인 하버드대학 천문대에 헨리 드레이퍼 기념 기금을 설립할 수 있었습니다. 천문대에 망원경도 기증했죠. 천문대 소장인 에드워드 찰스 피커링Edward Charles Pickering은 수천 개의 별에 대한 종합적인 분류 체계를 만들고자 했던 야심찬 계획을 이루기 위해 이 기금을 지원했습니다. 이제 그를 도울 적임자를 찾으면 되는 상황에서, 애니 점프 캐넌Annie Jump Cannon이 나타났습니다.

별 스펙트럼을 연구하다

제 강의를 듣는 학생들에게 애니 점프 캐넌에 대해 생생하게 전달하는 것이 중요했습니다. 운 좋게도 그녀에 대한 이야기는 정말 놀랍습니다.

애니는 유년기에 하버드 천문대에 진학하는 데 도움이 되는 혜택을 누릴 수 있었습니다. 그녀는 델라웨어 주 상원의원의 딸이었기 때문에 명망 있는 여학교와 대학에 진학할 수 있었습니다. 아버지의 지위가 사회로 향하는 문을 열어주었다면, 어머니는 어린 딸

▲ 애니 점프 캐넌은 놀라운 속도로 스펙트럼을 검사하고 분류했다.

과 함께 다락방에서 별을 바라보며 우주를 향한 창문을 열어준 사람이었습니다. 어머니의 격려로 애니는 명문 웰슬리대학에서 물리학과 천문학을 공부하고 1884년에 수석으로 졸업할 수 있었습니다. 또한 웰슬리의 첫 물리학 교수이자 학과를 설립한 사라 프란시스 화이팅Sarah Frances Whiting이 가르치는 천문학 수업을 들을 수 있었습니다. 학생들은 수업을 통해 화이팅이 에드워드 피커링에게 직접 배웠던 실습 실험과 실험실 기술을 접할 수 있었습니다.

뛰어난 학생이었던 캐넌이 하버드 천문대에 진학하는 것은 어쩌면 당연한 일처럼 보일 수 있습니다. 하지만 아직 여성은 대학에서 공부할 수 없었고, 특히 천문학처럼 남성이 주도하는 분야에는 발을 들일 수 없었습니다. 애니는 이후 몇 년 동안 델라웨어에 있는 집에서 과외를 받으며 당시 성장하는 기술이었던 사진술을 혼자 탐구했습니다. 1893년 시카고 만국박람회에서 배포된 사진 팸플릿을 출판하기도 했죠.

지워진 천문학자들

1894년에 어머니가 세상을 떠나면서 캐넌에게 재앙이 닥쳤습니다. 든든한 버팀목을 잃고 큰 충격을 받은 애니는 천문학에서 위안을 얻었고, 화이팅 교수의 대학원 조교가 되었습니다. 캐넌은 화이팅 교수의 도움으로 하버드의 자매 학교인 래드클리프에서 수업을 들을 수 있었습니다. 하버드 교수가 가르치는 수업을 들으며 학문적인 성공을 이룬 캐넌은 1896년에 하버드대학 관측소의 조교로 발탁되어 일하게 됐죠. 이 무렵 성홍열 감염으로 인해 부분적 청각 장애를 지니게 되었지만, 단념하지 않았습니다.

하버드대학 천문대는 천재 과학자 윌리엄 크랜치 본드William Cranch Bond가 설립했습니다. 시계 제작자였던 본드는 천문학에 대한 열정으로 자신의 응접실을 천문대로 개조하고 천장에 망원경으로 별을 관측할 수 있는 채광창을 만들었습니다. 그는 1811년 미국 최초로 대혜성을 발견했으며, 이후 20년 동안 천문학의 측정 기술로 유명해졌습니다. 위도와 경도를 고정밀로 측정한 덕분에 미 해군은 그의 집 위치를 기준점으로 사용하기도 했죠. 하버드가 1839년에 그를 무보수직 천문 관측관으로 임명했을 때, 대학에 개인 관측 장비를 설치하여 하버드 천문대를 설립했습니다.

1843년, 한 혜성이 태양에 이례적으로 가까이 지나가면서 꼬리가 무려 3억 킬로미터에 달할 정도로 길어졌습니다. 당시 가장 밝은 혜성 중 하나였던 이 혜성은 낮에도 하늘을 가로질러 흔적을 남겼고 천문학에 대한 대중의 관심을 불러일으켰죠. 이 눈부신 천체 현상을 계기로 하버드는 기금을 모아 세계 최고 수준의 망원경을 구입하고 천문학 시설을 지었습니다. 1843년 대혜성을 발견한 이래 대굴절망원경은 20년 동안 미국에서 가장 큰 망원경이었으며, 천체 사진술에서 세계적인 선두주자로 자리매김했습니다.

캐넌은 천문대에서 일한 최초의 여성은 아니었습니다. 이미 전부 남성인 천문학자들의 관측 자료를 분석하는 일을 돕기 위해 12명 이상의 여성들이 고용되어 있었죠. 일부는 과학자들의 배우자나 친척이었고, 모두 남성 직원들의 절반 수준의 임금을 받았습니다. 피커링은 여성들의 업무가 본질적으로 비서나 경리 업무에 불과하다고 보고 임금 격차를 정당화했습니다. 하지만 여성들의 업무는 그렇게 단순하지 않았죠.

20세기에 접어들면서 이 선구적인 여성들이 실제로 어떤 일을 했는지 이해하려면, 가을에 나무가 황금빛이나 불타는 오렌지색, 와인색으로 변하는 아름다운 숲을 상상하면 됩니다. 창밖으로 길 건너편 공원의 나무들이 가을 저녁 햇살에 반짝이는 모습이 보입니다. 숲속 각 나무의 색을 분류하여 노란색 : 녹색 : 빨간색 : 주황색의 비율을 파악하는 일을 한다고 상상해 보세요. 이 작업을 위해 사용할 수 있는 것은 눈, 돋보기, 종이와 연필, 그리고 각 색의 양을 정량화하는 공식뿐입니다. 하루 종일 나무를 하나하나 살펴보고 색 성분을 분류하고 계산해야 합니다. 이 과정이 고되고 지루하며 불가능한 것처럼 들린다면, 비로소 하버드 여성들이 어떤 일을 했는지 이해할 수 있을 것입니다.

하버드 천문대의 항성분광학은 별들의 숲에서 색의 스펙트럼을 계산하고 목록화하는 작업이 있었습니다. 첫 번째 단계는 최고의 망원경을 사용하여 사진을 찍는 것이었습니다. 망원경으로 수집한 빛을 색으로 분리하고, 무지개로 퍼지는 스펙트럼을 사진으로 유리 플레이트에 기록하는 것이죠. 망원경을 작동시키고 이미지를 기록하는 일은 천문학자, 즉 남성의 영역이었습니다. 판을 검사하는 역할은 여성에게 맡겨졌죠.

지워진 천문학자들

여성들은 크고 밝은 조명이 있는 '컴퓨팅computing' 방에서 함께 일했습니다. 십여 명의 여성들은 마치 쌍성처럼 짝을 이루어 일했죠. 한 명이 돋보기나 현미경으로 판을 면밀히 관찰하며 소리 내어 결과를 말하고, 다른 한 명은 그 근처를 돌며 그녀의 목소리를 기록했습니다. 과학 기관의 방 한 곳이 여성들의 목소리로 울려 퍼지는 모습을 상상하면 가슴이 벅차오릅니다. 오늘날에도 결코 흔한 광경이 아니죠. 이 플레이트는 스펙트럼의 흑백 이미지만 포착할 수 있었지만, 자세히 살펴보면 스펙트럼의 회색 배경에 흐릿한 바코드처럼 보이는 어두운 선의 패턴을 발견할 수 있었습니다. 그 바코드 속에는 별의 화학 성분에 대한 비밀이 숨겨져 있었습니다.

이전에 과학자들은 기체를 통과한 햇빛의 스펙트럼에서 어두운 선을 관찰하고, 특정 선들이 특정 기체에 고유하게 상응한다는 것을 알아냈습니다. 예를 들어, 수소 기체는 햇빛이 통과할 때 특정 색을 흡수하기 때문에 투과된 스펙트럼에 나트륨 등 주기율표의 다른 원소가 통과할 때 보이는 선과는 다른 어두운 '흡수선'이 남습니다. 흡수 스펙트럼은 그야말로 원소의 내부 구조의 고유한 바코드와 같은 것입니다. 이는 미지의 화합물이 무엇인지 식별하려는 화학자와 별의 화학 구조를 이해하려는 천문학자에게 큰 도움이 됩니다.

과학자들은 별의 흡수 스펙트럼을 수소나 헬륨 또는 다른 원소의 흡수 스펙트럼과 비교하여 별을 구성하는 기체를 알아낼 수 있습니다. 하버드에서 바코드를 해독하기 위해 고용된 사람들은 여성이었습니다. 이들은 개별 흡수선에 대한 흐릿한 이미지를 주의 깊게 분석하여 흡수된 파장(색상)을 계산하고 각 선의 상대적인 강도와 폭을 추정한 뒤 수치를 몇 번이고 다시 확인했습니다. 이 방식으로 기체를 식별하고 최종적으로 데이터를 상세하게 기록했죠. 오늘날 과학 연구의 본질이라고 할 수 있는 세심한 데이터 분석, 기록 보관 및 목록 작성을 수행한 셈입니다. 당시 전 세계 어떤 비서나 경리도 이러한 업무를 담당하지 않았습니다. 그러나 피커링을 포함한 남성 천문학자들은 인내심과 집중력이 요구되는 업무이므로 잡념에 방해받지 않는 '여성 비서'에게 적합하다고 정당화했죠.

이 작업은 조직적이라는 점에서 대부분 결혼 생활을 하는 주부였던 여성들의 관심을 끌 만하다고 여겨졌습니다. 천체 분광학이 부엌 찬장을 정리하는 일과 비슷한 기술이라는 사실을 누가 알았을까요? 여성은 가정의 주 소득자가 아니었기에 적은 임금을 지급하는 것이 합리적이라고도 여겨졌죠. 하지만 당시 여성이 천문학 같은 과학 분야에 참여할 수 있는 기회가 거의 없었기 때문에 여성들은 이 일을 열정적으로 받아들였습니다. 애니 점프 캐넌이 팀에 합류했을 시기엔 하버드 천문대의 여성들이 이미 수천 개의 별을 분석하여 오늘날까지도 사용되고 있을 정도로 방대한 분류 체계를 구축한 뒤였습니다. 여성들의 공헌에도 불구하고 1만 개 이상의 별이 수록된 〈헨리 드레이퍼 목록〉 초판은 1890년 '에드워드 피커링'이라는 한 명의 저자의 이름으로만 출간되었습니다.

하버드 여성들은 1879년 천문대 조수인 윈슬로 업턴Winslow Upton이 여성 컴퓨터[1]들의 도움을 받아 쓴 〈The Harvard Observatory Pinafore〉라는 오페라로 길버트−설리번Gilbert and Sullivan의 오페라를 패러디해 '천문학적 대중화'를 이뤄냈습니다.

---

1 '계산수'라고도 불리며, 천문학에 필요한 계산을 하던 과거 직업이었다. 오늘날 기계의 일종인 '컴퓨터'의 유래. 편집자주

우리는 아침부터 밤까지 일합니다.

컴퓨팅은 우리의 의무이기 때문입니다.

저희는 성실하고 정중하며

저희의 기록부는 정말 아름답죠.

크렐과 가우스, 쇼베네, 피어스와 함께

우리는 하루 종일 열심히 일합니다;

더하기, 빼기, 곱하기, 나누기,

놀 시간이 없습니다.

별을 정리한 컴퓨터들

애니 점프 캐넌은 물리학 학위와 화이팅 교수와의 관측 경험 덕분에 망원경 사용이 허락된 최초의 컴퓨터가 되었습니다. 그녀는 컴퓨터 업무를 매우 좋아했고, 하루하루가 순식간에 지나갔습니다. 캐넌은 일기에 이렇게 썼죠.

"그토록 갈망하던 바쁜 삶이 시작됐습니다. 이제 제 마음과 삶이 향하는 곳은 천문학 연구입니다."

밤에는 남성 과학자들과 천체를 관측하고, 낮에는 여성 컴퓨터들과 판을 분석했습니다. 별의 스펙트럼에서 흡수선을 식별하는 일에 금세 능숙해졌지만, 캐넌이 진정으로 재미를 느낀 업무는 일부 별에 공통적으로 나타나는 선의 패턴을 식별하거나 다른 별과 구별하는 것이었습니다. 별을 패턴을 활용해 분류하는 체계가 있는 걸까요?

피커링은 1890년 〈헨리 드레이퍼 목록Henry Draper Catalogue〉의 저자로 자신의 이름만 올렸지만, 소개글에서 'M. 플레밍 부인'의 공헌을 인정했습니다. 윌리어미나 플레밍Williamina Fleming은 피커링의 아내가 그녀에게 특별한 점이 있다는 것을 알아차리기 전까지는 피커링의 가정부로 고용된 미혼모였습니다. 1881년, 별의 데이터를 분류하는 속도가 느린 데에 좌절감을 느낀 피커링은 플레밍에게 하버드의 컴퓨터로 일할 것을 제안했습니다. 남편에게 버림받은 후 자신과 아기를 부양할 방법을 찾아야 했던 플레밍은 천문학이나 분광학에 대한 배경지식이 전혀 없었음에도 제안을 받아들였습니다. 이 결정은 그녀의 인생과 천문학 연구의 미래를 바꾸었죠.

드레이퍼 목록 초판이 출판될 무렵, 미나 플레밍은 컴퓨터 팀의 책임자가 되었습니다. 그녀는 수많은 항성 스펙트럼을 조사한 후, 스펙트럼에서 수소 흡수선의 상대적 강도에 따라 별을 분류하는 방법을 개발했습니다. 예를 들어 스펙트럼에서 수소가 가장 지배적인 원소인 경우, 그 별을 A등급에 배정했습니다. 이후 더 복잡한 형태의 스펙트럼을 발견하면서 별을 A부터 Q까지 총 15개의 카테고리로 분류했습니다. P등급은 행성 성운을, Q등급은 다른 등급에 속하지 않는 모든 것을 포함했습니다. 하늘에서 관측되는 수천 개의 별을 단 17개의 카테고리로 분류한 것입니다. 천문학자인 저조차 그런 일을 할 체력도, 관측 기술도 없습니다. 그러나 플레밍과 그녀의 컴퓨터 팀은 시간당 25센트라는 저렴한 임금에 이 일을 해냈죠.

1896년 애니 점프 캐넌이 천문대에 입사했을 때 플레밍은 그녀가 아는 모든 것을 가르쳐주었습니다. 플레밍은 캐넌에게 방을 빌려주기도 했습니다(미혼모인 플레밍에게 추가적인 수입원이 되었죠). 캐넌은 흔쾌히 수락했고, 두 여성은 친구가 되어 퇴근 후에도

지워진 천문학자들

종종 집에서 과학적 대화를 이어갔습니다. 한편, 피커링–플레밍 별 분류로 알려진 계획은 플레밍을 꽤 유명하게 만들었습니다. 플레밍이라는 높은 기준에도 불구하고 캐넌은 플레밍의 업적을 이어갈 완벽한 인물이었습니다. 10,000개의 별을 분류하는 것은 큰 성과입니다. 30만 개가 넘는 별을 분류하는 것은 기념비적인 일입니다. 그리고 그것을 캐넌이 해냈죠.

캐넌의 관찰력은 묘할 정도로 뛰어났습니다. 그녀는 다른 사람들이 발견하지 못하는 스펙트럼의 미세한 특징을 즉시 알아볼 수 있는 '놀라운 눈'을 가졌죠. 청각장애가 있던 캐넌은 일에 집중하기 위해 보청기를 벗고 일했는데, 스펙트럼 판을 돋보기로 들여다보며 별을 분류하는 데 1분도 채 걸리지 않았습니다. 피커링과 다른 여성 컴퓨터들은 캐넌이 관찰한 특징을 다른 사람이 쉽게 파악할 없다고 확신했고, 뛰어난 관찰력 덕분에 별의 새로운 특징과 패턴이 드러나기 시작했습니다. 캐넌은 플레밍이 분류한 17개의 별 카테고리가 너무 많이 겹치고, 서로 다른 것처럼 보이는 별들 사이에 숨겨진 공통된 특징이 있다는 사실을 발견했습니다. 또한 플레밍이 수소의 함유량에 기초해 만든 A부터 Q까지의 순서도 맞지 않았죠.

별을 분류하는 방법

미나 플레밍의 별 분류법이 하버드 천문대에서 별을 분류하기 위해 개발된 유일한 방법은 아니었습니다. 에드워드 피커링은 한 젊은 여성과 함께 북반구에 있는 밝은 별의 스펙트럼을 분석하고 분류하는 작업을 하고 있었죠. 캐넌이 하버드에 온 이듬해인 1897년,

안토니아 모리Antonia Maury는 하버드대학 천문대 연보에 실린 논문의 저자로 피커링과 함께 이름을 올린 최초의 여성이 되었습니다.

안토니아 모리는 헨리와 안나 드레이퍼의 조카이자, 달을 최초로 촬영한 존 윌리엄 드레이퍼의 손녀였습니다. 어쩌면 모리는 평생 별을 바라보게 될 운명을 타고난 것이 아닐까요? 1887년 바사르 대학에서 물리학, 천문학, 철학과를 우등으로 졸업한 후, 피커링은 모리를 안나 드레이퍼가 후원한 별 분류 프로젝트에 고용했습니다. 그녀의 첫 번째 과제 중 하나는 북두칠성에 있는 미자르 A 별의 스펙트럼을 분석하는 것이었습니다.

피커링은 미자르 A의 스펙트럼 선이 때때로 두 배가 되는 것을 발견했는데, 이는 이례적인 일이었습니다. 모리도 그것을 보았죠. 피커링과 모리는 함께 수개월에 걸쳐 스펙트럼을 분석해, 미자르 A는 하나의 별이 아니라 두 개의 별일지도 모른다는 피커링의 의심을 증명했습니다. 이것은 최초의 '분광학적 쌍성'으로, 서로의 주위를 도는 궤도를 육안으로는 구분할 수 없지만 스펙트럼을 분석하면 기적적으로 구분할 수 있는 한 쌍의 별을 발견한 것입니다. 모리는 공전 주기와 속도를 계산했고, 흐릿한 스펙트럼에 숨겨진 또 다른 쌍성을 발견했습니다. 하버드 천문학자 한 쌍이 쌍성을 관찰하는 새로운 방법을 발견한 것입니다. 그러나 1890년에 이 발견이 발표되었을 때 피커링은 관례대로 자신의 이름만 저자로 올렸고, 모리의 이름은 감사의 뜻으로 한 문장에만 언급됐습니다.

1892년 초, 안토니아 모리는 천문대를 떠났습니다. 당시 그녀는 자신만의 뛰어난 별 분류 시스템을 연구하고 있었죠. 퇴임 후 연구에 대한 공로를 인정받지 못할까 봐 불안했던 그녀는 피커링에게 편지를 보내 이렇게 주장했습니다.

지워진 천문학자들

"결과가 발표되는 시점이 언제든 제가 이 추가 자료와 관련하여 서면으로 남긴 것에 대한 공로를 인정받아야 하지 않겠습니까?"

특히 당시에는 여성에게 별 분광학을 연구할 다른 기회가 존재하지 않았기 때문에 피커링에게 맞서기란 쉽지 않았을 것입니다. 게다가 모리는 피커링이 이모인 안나 드레이퍼와 자주 연락을 주고받는다는 것도, 안나 드레이퍼가 조카의 반항적인 태도를 용납할 수 없다는 것도 알고 있었죠. 그러나 모리는 자신의 연구에 대한 공로를 인정받아야 한다고 주장했을 뿐만 아니라, 스펙트럼 선의 폭과 선명도의 차이를 고려하지 않아 지나치게 단순하다고 생각한 피커링-플레밍 분류 체계에 안주하지 않겠다고 굳건히 버텼습니다. 결국 피커링의 허락을 받아 하버드로 돌아왔고, 두 사람은 1897년 역사적인 논문에서 더욱 복잡한 항성 분류 체계를 공동으로 발표했으며, 피커링의 이름 위에 모리의 이름을 저자로 올렸습니다.

플레밍과 모리는 별을 분류하는 방법에 대해 서로 다른 생각을 가지고 있었음에도 불구하고 좋은 관계를 유지했습니다. 친절하고 개방적인 태도로 유명한 캐넌은 두 사람뿐 아니라 모든 여성 컴퓨터들의 친구이자 지지자였습니다. 캐넌이 별의 스펙트럼을 면밀히 조사하기 시작했을 때, 그녀는 별을 분류하는 두 가지 접근법을 모두 알고 있었습니다. 그녀는 두 가지 방식 모두 장점이 있다고 생각했고, 두 가지 접근법을 기반으로 별을 7가지 주요 범주로 분류하는 새로운 별 분류법을 제안했습니다. 플레밍 체계에서 17개의 문자 분류 중 몇 개를 제거하고, 나머지 문자를 원래 순서대로 정렬하지 않도록 모리 접근법을 적용한 분류법이었죠.

O, B, A, F, G, K, M

그녀와 피커링은 1901년 하버드대학 천문대 연보에 새로운 체계를 발표했습니다(캐넌은 이름을 저자로 올릴 수 있었습니다). 얼마 지나지 않아 누군가가 글자의 순서를 기억하기 위한 연상기호를 생각해 냈죠.

오, 착한 소녀가 되어 키스해줘(Oh, Be A Fine Girl, Kiss Me)!

20년간 여성들의 지원과 연구를 바탕으로 한 뛰어난 업적이 우스꽝스러운 문구로 바뀌어 버렸습니다. 게다가 '캐넌 분류 체계' 대신 '하버드 체계'라는 이름으로 널리 알려지게 되면서 그녀의 공헌에 대한 인식이 점점 줄어들었죠. 국제천문연맹은 하버드 체계를 공식적으로 채택했고, 지금도 여전히 널리 활용되고 있으며, 제 강의에서 학생들이 사용하는 교재를 포함한 모든 천문학 교재에 등장합니다(그러나 대부분의 교과서에는 캐넌, 모리, 플레밍이 언급되지 않습니다). 덜 성차별적인 표현으로 바꾸려는 빈약한 시도로, 현대의 일부 교재와 위키백과에서는 연상기호를 '오, 멋진 여자(Girl)/남자(Guy), 키스해줘!'라고 표현합니다. 그러나 저는 다른 계획이 있었습니다. 교재에 설명된 과학과 분류 체계만 고수하지 않겠다는 것이죠. 저는 학생들에게 놀라운 탐험과 발견이 이루어지던 시대, 여성 과학자들과 그들의 공헌에 대한 이야기, 즉 교과서에서 다루지 않은 모든 이야기를 들려주고 싶었습니다.

학생들은 제 이야기를 들으며 눈을 크게 떴습니다. 여성이 저임금을 받은 데 분노하고, 플레밍의 이야기에 놀라고, 모리의 용기에

지워진 천문학자들

감명을 받는 등 이 특별한 과학자들의 감동적인 이야기에 매료되었죠. 연상 기호 이야기에 도달했을 때 일부는 충격을 받은 표정을 지었고, 일부는 어떻게 반응해야 할지 몰라 불편한 웃음을 지었습니다. 그래서 저는 학생들에게 다음 강의에서 사용할 연상 기호를 직접 생각해 오라고 과제를 내주고, 가장 좋은 것을 골랐습니다. 천문학과 관련되어야 한다는 한 가지 조건을 달았죠. 과연 멋진 우승작은 무엇이었을까요?

가끔 소행성이 떨어져서 아이들에게 운석을 주기도 한다
(Occasionally Broken Asteroids Fall, Giving Kids Meteorites).

학생들은 다음에 무슨 일이 일어났는지 궁금해했습니다. 여성들은 천문대에서 일을 계속했을까요? 비서가 아닌 천문학자로 인정받았을까요? 무슨 일이 일어났는지 알아봅시다.

가정부이자 컴퓨터였던 미나 플레밍은 천문대에서 천문학자라는 공식적인 직함을 받은 적이 없습니다. 그럼에도 그녀는 포기하지 않는 과학자였습니다. 천문대에서 근무하는 동안 300개가 넘는 별과 10개의 성운을 발견했고, 무엇보다도 얼룩진 유리 사진판 속에 숨어 있던 50개가 넘는 성운 중 하나인 유명한 말머리성운을 최초로 발견했죠. 이 발견은 (당연히) 피커링의 공으로 여겨졌지만, 나중에 플레밍의 공으로 정정되었습니다. NASA의 놀라운 고해상도 현대식 말머리성운 사진은 이제 성운의 상징적인 존재가 되었지만, 성운을 최초로 발견한 여성에 대해 아는 사람은 거의 없습니다. 플레밍은 1910년 핵융합 수명주기를 마친 별의 냉각 잔재물인 백색왜성을 최초로 발견하기도 했습니다. 1899년, 하버드는 피커링이 플레밍을 천문대 천문 사진 큐레이터로 임명하는 데 동의했고, 플레밍은 천문대에서 공식적인 직원으로 일한 최초의 여성이 되었습니다.

하버드가 플레밍의 과학적 공헌을 공식적으로 인정하지 않았음에도 불구하고 플레밍은 천문학계에서 널리 존경받는 인물이 되었습니다. 여성의 학문적 기여에 대해 개방적이지 않던 런던 왕립 천문학회 회원들은 깊은 인상을 받아 1906년 스코틀랜드와 미국 여성 최초로 플레밍을 명예 회원으로 임명했습니다. 웰슬리대학은 플레밍에게 공식 학위가 없음에도 불구하고 명예 천문학 대학원생으로 임명했습니다. 하지만 그녀는 자신의 이름을 걸고 연구를 발표한 남성들과 같은 임금을 받지 못했습니다. 가족의 유일한 생계 유지자였던 그녀는 재정적으로 어려운 상황에 처했지만, 피커링은 플레밍의 호소에도 불구하고 그녀가 남성들과 동등한 급여를 받을 자격이 없다고 생각했습니다. 플레밍은 분노했습니다.

"피커링은 책임이나 근무 시간에 상관없이 저에게 일이 많지 않고
힘든 일은 없다고 생각하는 것 같습니다.
하지만 급여에 대해 문제를 제기하자마자 보통 여성들이 받는
급여와 같은 수준의 급여를 받는다는 대답을 들었습니다!"

결국 플레밍은 MIT를 졸업한 아들을 부양하기 위해 더 많고 단조로운 비서 업무를 맡아야 했습니다. 플레밍이 천문학 분야에서 여성에게 평등한 기회를 부여하자는 목소리를 공개적으로 낸 것은 당연한 일이죠.

플레밍은 54년의 인생 중 30년을 하버드 천문대에서 보낸 후 1911년에 폐렴으로 사망했습니다. 약 60년이 지난 1970년, 국제천

지워진 천문학자들

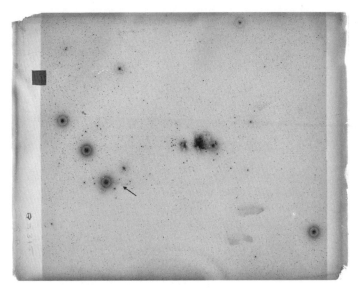

▲ 미나 플레밍에 의해 발견된 말머리 성운을 보여주는 플레이트 B2312.

▲ 허블 망원경으로 촬영한 동일한 성운.

문연맹(IAU)은 플레밍을 기리기 위해 달 분화구에 플레밍의 이름을 명명했지만, 이 역시도 공로를 나눠야 했습니다. '플레밍'이라는 명칭은 미생물학자 알렉산더 플레밍Alexander Fleming 경을 기리는 의미를 지니기도 하죠(IAU는 달 분화구에 붙일 이름이 부족해질까 봐 걱정이라도 했던 걸까요?). 플레밍은 오늘날 제 강의실에서 학생들이 알려지지 않은 업적에 대해 분노하고 지지하는 모습을 보고 기뻐했을 것 같습니다.

플레밍이 당시 과학계에서 매우 존경받는 과학자였기 때문에 사이언스지Science는 애니 점프 캐넌이 쓴 부고 기사를 게재했습니다. 캐넌은 플레밍이 천문학에 기여한 많은 업적을 설명한 후 '과학이라는 일상적인 삶이 여성 본연의 매력적인 인간적 요소를 파괴할 필요는 없다'는 말로 글을 마무리했습니다. 캐넌은 여성도 남성만큼 천문학에 기여할 수 있다고 굳게 믿었지만, 이 믿음이 여성의 '본성'에 대한 일반적인 인식과 모순된 것이라고 생각하지 않았습니다. 그녀는 따뜻하고 개방적인 성격으로 천문대 내 남성들이 자신의 연구를 홍보할 수 있도록 돕고 후배 여성들의 멘토 역할을 하기도 했죠.

결혼도 하지 않고 자녀도 없었지만, 그녀는 여성의 삶에서 가정생활과 연구가 양립할 수 없다는 인식에 대해 의문을 품었고, 이는 오늘날까지도 지속되고 있습니다. 플레밍은 이렇게 말했죠.

"시간이 정해져 있거나 사무실 안에서만 하지 않아도 되는 연구는 기혼 여성도 쉽게 할 수 있는 일이 아닐까요?"

플레밍은 사회가 정의하는 여성의 한계와 역할을 전문적으로 탐색하고 기관의 홍보대사가 되어 국제 네트워킹, 컨퍼런스 조직, 장

지워진 천문학자들

비 공유 중개, 천문학에 대한 대중의 관심 증진을 위한 저술 활동 등을 지원했습니다.

플레밍이 사망한 후 피커링은 캐넌이 천문대의 공식 천체 사진 큐레이터로서 플레밍의 뒤를 이을 후계자라고 생각했습니다. 하지만 하버드대 총장 애보트 로웰Abbott Lowell은 생각이 달랐습니다. 로웰은 플레밍을 변칙적인 인물로 여겼고, 더 이상 규칙에서 벗어난 인물에게 문호를 개방할 생각이 없었습니다. 피커링을 비롯한 천문학계 과학자들은 노골적인 불공정에 충격을 받았습니다. 1901년 캐넌-피커링 계획이 발표된 이후 캐넌은 스펙트럼 분류 분야에서 세계 최고의 전문가로 알려지게 되었습니다. 캐넌보다 더 전문적인 자격을 갖춘 사람은 없었죠. 피커링은 그녀를 큐레이터로 임명했지만, 공식 직원 명부에 그녀를 그렇게 기재하는 것은 허용하지 않았습니다. 그러나 플레밍이 그랬던 것처럼 캐넌도 불공정한 상황을 내버려두지 않았죠.

그 후 몇 년 동안 캐넌과 그녀의 팀은 한 달에 5,000개라는 매우 빠른 속도로 별을 분류했습니다. 캐넌의 명성은 계속 높아졌죠. 전 세계의 천문학자들이 캐넌에게 별의 스펙트럼 분석에 대해 자문을 구했습니다. 1913년 미국 천문학회는 그녀를 여성으로서 학회 임원이 될 수 있는 유일한 직책인 재무로 선출했습니다. 같은 해 캐넌은 천문학 회의에 참석하기 위해 유럽으로 여행을 떠났고, 그곳에서 환영받긴 했지만 늘 유일한 여성이었죠. 그리니치 천문대에서는 여성 조교가 없었지만, 캐넌은 남성 천문학자들과 토론을 즐겼습니다. 독일에서도 과학 회의에 여성이 한 명도 참석하지 않는데, 남성들은 친절했지만 캐넌의 존재를 긍정적으로 받아들이지는 않았다고 합니다. 태양 연합Solar Union이 캐넌을 항성 스펙트럼 분류 위

▲ 윌리어미나 플레밍(서 있는 사람)과 안토니아 모리(왼쪽에서 세 번째)를 비롯한 여성들이 하버드에서 일하는 모습이다. 벽에 걸린 차트는 모리가 발견한 이중성계의 측정값을 보여준다.

원회에 임명했을 때, 자신이 유일한 여성이라는 사실을 다시 한번 실감할 수밖에 없었습니다. 하지만 위원회에서 최고의 전문가였기에 주저하지 않고 발언을 주도했죠. 1914년 런던 왕립천문학회는 캐넌을 플레밍과 마찬가지로 명예 회원으로 추대했습니다. 그해 여성 컴퓨터의 역사에서 중요한 역할을 했던 안나 드레이퍼가 세상을 떠났고, 애니 점프 캐넌은 안나가 천문학에 끼친 영향에 진심 어린 경의를 표하며 사이언스지에 부고를 썼습니다. 안나 드레이퍼는 사망 후에도 천문학에 깊이 자리 잡았습니다. 그녀는 유언을 통해 하버드의 드레이퍼 기념 기금에 15만 달러를 남겼습니다. 이 기금은 오늘날에도 캐넌이 명명을 거부당했던 천문 사진 큐레이터에게 자금을 지원하고 있습니다.

피커링과 캐넌은 1918년에 세 권의 신간을 출간하면서 드레이퍼별 카탈로그 작업을 계속했습니다. 이듬해 피커링이 폐렴으로 갑작스럽게 사망하면서 캐넌이 남은 작업을 감독했죠. 그녀는 1924년에

지워진 천문학자들

거의 25만 개에 달하는 방대한 별을 모은 마지막 9권의 출판을 완료했습니다. 9권 모두에 두 사람의 이름이 저자로 포함되었죠.

안타깝게도 에드워드 피커링은 1922년 국제천문연맹이 하버드 항성 분류 체계를 공식적으로 채택하는 것을 직접 목격하지 못했습니다. 피커링의 제자이자 가장 가까운 협력자였던 캐넌은 '그는 하버드 사진 컬렉션에 각인된, 지난 35년간 하늘에 대한 이야기를 세상에 유산으로 남겼다'고 부고 기사를 썼습니다.

별의 내면을 들여다보기

강의 중 학생들에게 들려줄 이야기가 하나 더 있었습니다. 바로 대망의 클라이맥스였죠. 1923년에 또 한 명의 여성이 하버드 천문대의 문을 두드렸지만, 컴퓨터로 일하기 위한 인력은 아니었습니다. 세실리아 페인가포슈킨Cecilia Payne-Gaposchkin은 천문대에서 천문학을 공부하기 위해 영국에서 피커링 펠로우십을 통해 먼 길을 온 사람이었습니다.

몇 년 전, 세실리아는 케임브리지대학의 뉴넘대학에서 물리학을 공부하던 중 천문학자 아서 에딩턴Arthur Eddington 경이 1919년 일식을 촬영하기 위해 아프리카로 떠난 유명한 탐험에 관한 강연을 들었습니다. 에딩턴이 가져온 사진은 아인슈타인의 일반상대성이론을 훌륭하게 증명했고, 아인슈타인은 하룻밤 사이에 유명인사가 되었습니다. 세실리아는 경외감을 느끼며 에딩턴의 강연을 들었습니다. 머릿속을 호기심 넘치는 질문으로 가득 채운 채 대학 기숙사로 돌아온 세실리아는 강연 내용을 기억해 냈습니다.

남성 위주의 케임브리지 물리학 강의실에서 여성으로서의 경험은 당시 그다지 이상적이지 않았습니다. 세실리아는 보통 맨 앞줄에 혼자 앉아서 견뎠지만, 환영받지는 못했죠. 같은 반 남학생들로부터 실험 파트너로 초대받은 적도 없었습니다. 세실리아의 학창 시절로부터 70년이 지난 1990년대에 물리학을 공부한 저 역시 실험실과 강의실에서 혼자 외롭게 있는 경우가 많았기 때문에 공감할 수 있었습니다. 세실리아가 고립감에서 벗어나기 위해 천문학에서 새로운 기회를 모색한 것은 당연했죠.

이후 한 공공 행사에서 세실리아는 에딩턴 교수를 만나 질문을 쏟아내며 천문학 연구에 대한 자신의 관심에 대해 이야기했습니다. 그녀의 질문과 열정에 깊은 인상을 받은 에딩턴 교수는 그녀에게 두 가지 프로젝트를 주었습니다. 하나는 별의 내부를 모델링하는 것이었는데, 그녀는 난해한 과제에 당황했지만 에딩턴은 자신도 수년 동안 이 문제로 고민해 왔다고 말했습니다. 아마도 세실리아의 능력과 인내심을 시험하기 위한 방식이었을 것입니다. 두 번째 프로젝트는 그다지 어렵지 않았습니다. NGC 1960 성단 근처의 별들의 움직임을 파악하고 분석하는 일이었는데, 그녀가 알지 못하는 수학적 기술이 필요했습니다. 하지만 세실리아는 과제를 수행하기 위해 필요한 기술들을 스스로 깨우쳤고, 연구 결과의 초안을 작성했습니다. 에딩턴의 평가는 '매우 훌륭함'이었죠. 세실리아는 자신감을 얻어 왕립 천문학회에 논문을 제출하고 발표할 수 있었습니다.

1923년, 학부생이던 그녀는 왕립 천문학회에 가입하여 논문을 발표했습니다. 학부 과정을 마쳤지만 케임브리지에서는 여성에게 학위를 수여하지 않았기 때문에, 학위를 받지 못했습니다. 영국에서 꿈꿀 수 있는 유일한 전망은 교사가 되는 것이었죠. 그러나 운

지워진 천문학자들

좋게도 세실리아는 피커링이 사망한 후 하버드 천문대 책임자로 부임한 할로 섀플리Harlow Shapely가 런던에서 개최한 사전 교육에 참석했습니다. 세실리아는 그의 연구에 매료되어 강연이 끝난 후 함께 일할 수 있는지 물어보았습니다. 섀플리는 천문학계에 플레밍이나 캐넌 같은 여성이 새롭게 나타나길 기대하며 천문대에서의 펠로우십을 제안했습니다. 그렇게 세실리아는 미국으로 항해를 떠났습니다. 뒤도 돌아보지 않고 말이죠.

보스턴에서 애니 점프 캐넌은 다른 여성 컴퓨터와 마찬가지로 세실리아를 자신의 수하로 받아들였습니다. 캐넌과 다른 과학자들은 곧 세실리아의 교육 배경과 천문학에 대한 접근 방식이 독특하다는 것을 깨달았습니다. 세실리아는 케임브리지에서 어니스트 러더퍼드Ernest Rutherford와 닐스 보어Niels Bohr 등 노벨상 수상자들과 신흥 양자역학 분야의 거장들로부터 물리학을 배웠습니다. 케임브리지의 유명한 캐번디시 연구소는 물리학 연구의 중심지로, 전 세계에서 방문객이 몰려들었죠. 그 결과 세실리아는 급진적인 새로운 과학적 아이디어를 접하고 상세한 이론적 계산을 다루는 데 익숙해졌습니다. 섀플리는 그녀에게 천문학 박사 학위를 취득할 것을 제안했지만, 당시 하버드에는 천문학 박사 과정이 없었습니다. 그래서 그녀를 위해 특별히 논문 위원회를 구성했죠. 영국 케임브리지 출신의 여학생 세실리아는 매사추세츠주 케임브리지에 있는 유리판을 분석하는 작업을 시작했고, 우주가 무엇으로 이루어져 있는지 발견했습니다.

전 세계 천문학계에서는 별의 종류를 O, B, A, F, G, K, M의 순서로 나누는 이론을 널리 수용했지만, 그 순서가 왜 중요한지는 명확하지 않았습니다. 양자물리학이 이 퍼즐을 푸는 열쇠였죠. 최신 기술에 정통한 세실리아는 캘커타(현재의 콜카타)의 메그나드 사하Meghnad Saha가 만든, 별의 스펙트럼을 온도와 연관시키는 일련의 방정식을 알고 있었습니다. 놀랍게도, 해법은 별 표면에서 원자의 행동을 살펴보는 것이었습니다.

양자 이론은 원자핵 주위를 도는 원자 속 전자의 행동을 설명합니다. 별의 스펙트럼에서 어두운 흡수선이 나타나는 것은 별을 구성하는 원자의 전자가 별빛에서 에너지를 흡수하고 더 높은 에너지 궤도로 옮겨 가기 때문이죠. 반면에 고에너지 전자는 낮은 에너지 궤도로 옮겨 가 일부 에너지를 방출하여 별의 스펙트럼에서 더 밝은 방출선을 만들 수 있습니다. 별의 온도가 높을수록 전자가 더 높은 궤도로 점프하는 데 더 많은 에너지를 사용할 수 있습니다. 충분히 높은 온도에서는 음전하를 띤 전자가 궤도를 완전히 벗어나 양전하를 띤 이온을 남길 수도 있습니다. 그 이온의 스펙트럼은 원래 원자의 스펙트럼과 다르며, 별의 온도에 따라 달라지죠. 따라서 이온화 스펙트럼은 별의 온도를 추정하는 데 사용할 수 있습니다. 이후 아서 밀른Arthur Milne과 랄프 파울러Ralph Fowler에 의해 개선된 사하의 방정식은 별의 온도를 정량적으로 계산할 수 있는 방법을 알려주었습니다. 밀른은 케임브리지대학에서 세실리아를 가르친 교수 중 한 명이었습니다.

세실리아는 사하의 방정식으로 하버드 판에 기록된 스펙트럼을 분석하여 각 별의 온도를 계산했습니다. 그녀는 O등급 별이 가장 뜨겁고, M등급으로 갈수록 점점 온도가 낮아진다는 것을 발견했습니다. 이는 이전에 사하, 파울러, 밀른이 수행한 계산이었지만, 그녀는 한 걸음 더 나아갔습니다. 세실리아는 별에 포함된 다양한 원소의 상대 풍부도를 계산했습니다. 결과는 놀라웠습니다.

　　　　　　　　　　　　　지워진 천문학자들

세실리아는 어떤 등급의 별을 조사하든 수소가 가장 풍부한 원소라는 것을 발견했습니다. O등급부터 M등급까지 별의 스펙트럼 선에서 보이는 차이는 대부분 별의 구성이 아닌 별의 온도 차이에 기인한 것이었죠. 그 차이를 고려했을 때, 모든 별의 구성은 거의 동일했습니다. 수소와 헬륨이 가장 많이 관찰된 원소였습니다. 지구 생명체에 필수적인 탄소, 질소, 산소를 포함한 다른 원소들은 관측된 스펙트럼의 2%에 불과했습니다.

　오늘날 우리는 우주에 존재하는 대부분의 물질이 수소와 헬륨이라는 사실을 알고 있습니다. 세실리아 페인은 이에 대한 증거를 최초로 발견했지만, 당시에 그 발견은 매우 예상치 못한 것이었습니다. 과학자들은 태양과 다른 별들이 지구 같은 행성과 비슷한 구성을 가져야 한다고 믿었죠. 그래서 1925년에 발표한 세실리아의 논문은 회의론에 부딪혔습니다. 이 분야의 선도적인 연구자였던 프린스턴대학의 헨리 노리스 러셀Henry Norris Russell은 페인의 논문이 특출나다고 생각했지만 수소와 헬륨의 비율이 비정상적으로 높다고 판단했습니다.

　회의론에도 불구하고 세실리아는 박사학위를 받았습니다. 그녀는 하버드에서 천문학 박사학위를 받은 최초의 인물이 되었지만, 케임브리지처럼 하버드에서는 여성에게 학위를 수여하지 않았기 때문에 엄밀히 말하면 래드클리프에서 받은 박사학위였습니다. 세실리아는 자신의 논문을 수정하고, 자신이 계산한 수소와 헬륨의 값이 너무 높을 수 있다는 메모를 추가하는 등 씁쓸한 시간을 보냈죠. 4년 후, 러셀은 계산 결과를 담은 논문을 발표하여 결국 세실리아가 옳았음을 확인했습니다. 그는 세실리아의 연구를 인정했지만, 러셀의 명성이 워낙 높았기 때문에 그가 처음 발견에 관여한

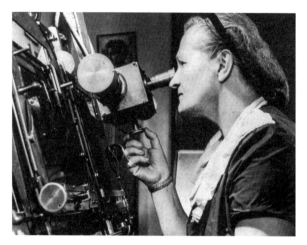

▲ 세실리아 페인 가포슈킨은 별빛 속에서 우주의 화학 성분을 발견했다.

사람으로 알려졌죠. 하지만 세실리아는 자신의 논문을 책으로 출판했고, 과학자들은 결국 그녀의 연구 결과가 얼마나 중요한지 인정했습니다. 1960년 저명한 천문학자 오토 스트루브Otto Struve는 이 논문을 '의심할 여지 없이 천문학에서 가장 뛰어난 박사학위논문'이라고 불렀습니다.

세실리아 페인 박사는 25세의 나이에 이미 우주에 대한 인류의 인식을 변화시켰습니다. 하버드에서 학자적 지위 상승은 보장되어야 마땅했지만, 그렇지 않았습니다. 세실리아는 박사 후 연구원으로 몇 년간 일했지만, 하버드에는 학부에 여성 천문학자가 없었기 때문에 막다른 골목이 기다리고 있었죠. 이전에 플레밍을 변칙적인 인물로 여겼던 로웰 총장은 여성의 지위에 대해 단호한 입장을 견지하고 있었습니다. 그래서 섀플리는 세실리아에게 조교로 일할 것을 제안했고, 그녀는 이를 수락했습니다. 이후 10년 동안 세실리아는 하버드에서 다른 공식적인 직책을 맡지 않았습니다. 그녀는 대

　　　　　　　　　　　　　　　　　　지워진 천문학자들

학 카탈로그에 공식적으로 등재되지 않은 과목을 가르쳤고, 천문대의 천문학자보다 훨씬 적은 급여를 받았습니다.

세실리아는 하버드 내에서 인정을 받지 못했지만 계속해서 중요한 공헌을 했습니다. 1930년에는 고광도 별에 관한 또 다른 주요 저서를 출간했습니다. 1933년 독일을 방문하던 중 러시아 태생의 천문학자 세르게이 가포슈킨Sergei Gaposchkin을 만났는데, 그는 러시아인으로서 일자리를 잃고 박해에 직면해 있었습니다. 세실리아는 그가 미국 입국 비자를 받아 천문대에서 함께 일할 수 있도록 도와주었습니다. 1934년, 두 사람은 뉴욕에서 결혼식을 올려 천문대 직원들을 놀라게 했죠.

이후 수십 년 동안 페인가포슈킨 부부는 세 자녀를 키우면서 하버드 판의 변광성을 백만 개 이상 관측했습니다. 시간이 지남에 따라 밝기가 변하는 변광성에 대한 연구는 이 분야의 기초 연구가 되었습니다. 세실리아의 명성은 날로 높아졌습니다. 그녀가 논문을 바탕으로 쓴 책은 최고 수준으로 여겨졌습니다. 최연소 천문학자로 미국 과학자 인명사전에 특별 공로상을 받고, 국제천문연맹의 위원으로 선출되기도 했죠. 한편, 1932년 애니 점프 캐넌은 여성 과학 연구 지원 협회에서 1,000달러에 달하는 상금의 엘렌 리차드 연구상을 수상했습니다. 캐넌은 이 기금으로 미국 천문학회에서 여성 천문학자에게 수여하는 상을 제정했죠. 1934년 애니 점프 캐넌 상의 첫 수상자는 세실리아 페인가포슈킨이었습니다. 이 상은 오늘날까지 매년 수여되고 있죠.

1938년 하버드는 마침내 고집 센 로웰 총장의 후임으로 제임스 코난트James Conant를 선출했고, 마침내 캐넌과 세실리아는 공식적으로 천문학자라는 직함을 얻었습니다. 캐넌은 그해 74세가 되어

2년 후 은퇴했지만, 1941년 사망할 때까지 천문학 분야에서 활발히 활동했습니다.

세실리아 페인가포슈킨은 하버드 천문대에서 계속해서 연구를 수행하고, 학생들을 지도했으며, 강의를 가르치고, 학회에 참여했습니다. 그러나 천문학자로서 공식적인 인정을 받았음에도 불구하고 더 이상 그녀를 지지하는 사람이 나오지 않았습니다. 다른 저명한 남성들은 교수로 승진했지만 그녀는 무시당했습니다. 천문학자로서의 능력은 의심할 여지가 없을 만큼 뛰어났지만, 동료 천문학자들은 여성이라는 특수한 성별을 들어 아내와 어머니로서의 책임을 떠넘겼습니다. 세실리아는 종종 천문대에서 가사노동과 조직 업무를 맡아야 했죠. 마침내 1954년, 동료 중 한 명인 도널드 멘젤Donald Menzel이 책임자가 되면서 상황을 바로잡기 위해 즉각 행동에 나섰습니다. 세실리아 페인가포슈킨은 하버드에서 30년 이상 근무한 후 천문학 정교수가 되었고, 얼마 지나지 않아 천문학과의 의장으로 임명되어 하버드에서 여성 최초로 학과 의장을 맡게 되었습니다.

이 여성들에 대한 마지막 강의를 마쳤을 때, 강의실에는 정적이 흘렀습니다. 누군가 세실리아 페인가포슈킨의 이름을 딴 달 분화구가 있는지 물었습니다. 달에는 없지만, 금성에는 그녀의 이름을 딴 화산과 소행성이 있습니다. 1979년, 세실리아의 부고 기사에는 '아마도 역사상 가장 저명한 여성 천문학자'라고 묘사되어 있습니다.

세실리아와 캐넌은 모두 선구자였지만 접근 방식은 달랐습니다. 캐넌은 당시 여성에게 주어진 역할의 제약 속에서 빛을 발할 수 있는 방법을 찾았습니다. 반면 세실리아는 자칭 '여성의 역할'에 대한 반항아로, 지적으로 열등한 존재로 취급받는 것을 싫어했고 그러한 제약을 깨부쉈죠. 캐넌과 플레밍을 비롯한 다른 여성들이 없었다면 세실리아가 이룬 업적은 불가능했을 것입니다.

강연장을 나서면서, 저는 이 여성들의 이야기가 미래의 캐넌, 세실리아, 모리, 플레밍에게 영감을 주기를 바랐습니다. 왜냐하면 '때때로 훌륭한 천문학자들은 성장하는 아이들의 마음에 연료를 공급하기 때문이죠(Occasionally, Brilliant Astronomers Fuel Growing Kids' Minds).'

2

시간에 대하여

빅뱅을 발견한 선구자들

우주로 시간을 되돌아보는 방법

우리 몸은 시간을 측정할 수 있도록 되어 있습니다. 심장에 손을 얹어 보세요. 한 번의 심장 박동은 1초가 지났음을 나타냅니다. 흰머리와 피부의 주름 하나하나가 세월의 기록입니다. 한편 시간의 역사는 어떨까요? 시간은 언제 시작되었을까요? 놀랍게도 지금 우리는 그 질문에 대한 답을 가지고 있습니다. 시간과 공간은 심장이 500조 번 뛸 수 있는 시간만큼 과거에, 즉 약 5,000억 년 전에 탄생했습니다. 물론 그 탄생을 실제로 목격한 사람은 아무도 없었죠. 하지만 인간은 어떻게든 알아낼 방법을 찾아냈습니다. 그것을 알아낸 건 타임머신, 그리고 관찰력이 뛰어난 한 젊은 여성이었죠.

시간을 되돌아보려면 우주를 바라봐야 합니다. 예를 들어, 우리가 태양을 쳐다보고 있다면 8분 전의 태양을 보고 있는 것입니다. 태양 빛이 지구에서 우리 눈에 도달하기까지 거리인 1억 5천만 킬로미터를 이동하는 데 걸리는 시간이 8분이기 때문이죠. 반면에 우리와 가장 가까운 이웃인 달은 384,400킬로미터밖에 떨어져 있지 않습니다. 따라서 달빛이 우리에게 도달하는 데 걸리는 시간은 심장이 두 번 뛸 때 걸리는 시간도 채 안 되죠. 즉 달을 찍은 아름다운 사진은 전부 촬영되기 약 1.3초 전의 모습을 담은 사진인 것입니다. 지구에 있는 우리가 지금 이 순간의 달이나 태양을 그대로 볼 수 있는 방법은 없습니다.

물론 이는 지구 위에서 우리가 볼 수 있는 모든 물체에도 해당됩니다. 지금 읽고 있는 책이나 휴대전화 화면에서 빛이 눈에 도달하는 데는 항상 유한한 시간이 걸립니다. 다행히 빛은 초당 30만 킬로미터라는 놀라운 속도로 이동하기 때문에 일상생활에서 시차는 거의 느껴지지 않습니다. 하지만 우주에선 다르죠. 어두운 밤에 하늘을 올려다보세요. 목성이 보인다면, 약 40분 전의 목성을 보고 있는 것입니다. 토성은 여러분이 볼 때의 모습보다 한 시간 이상 이전의 토성인 것이죠. 그리고 밤하늘에서 가장 밝은 별인 시리우스를 발견한다면, 거의 9년 전의 과거를 바라보고 있는 것입니다. 심장 박동이 내 몸의 시계라면, 눈은 타임머신이라고 할 수 있죠.

이누이트족이 우르수타티아크Ursuutaattiaq(카시오페이아 자리라고도 함)라고 명명한 별자리에는 태양보다 수십만 배 더 밝게 빛나는 별이 있습니다. 하지만 너무 멀어서 희미한 점처럼 보이죠. 우리 눈으로 볼 수 있는 가장 먼 별 중 하나이며, 그 빛이 지구에 도달하는 데 3,000년 이상이 걸릴 정도로 멀리 떨어져 있습니다. 우르수타티아크로부터 멀지 않은 곳에 보이는 희미한 흰색 얼룩은 바로 250만 광년 떨어진 안드로메다 은하로, 우리 눈으로 볼 수 있는

지워진 천문학자들

가장 먼 천체입니다. 250만 년 전의 안드로메다 은하를 관찰하는 셈이죠. 하지만 우주는 그보다 수천 배 더 큽니다. 관측 가능한 우주 전체를 1킬로미터 길이로 축소하면 안드로메다 은하는 지구에서 3센티미터도 채 떨어져 있지 않죠. 3센티미터보다 더 먼 곳을 보려면 성능이 더 좋은 타임머신을 사용해야 합니다.

갈릴레오 갈릴레이는 1609년에 최초의 타임머신을 만들었습니다. 현재 우리가 망원경이라고 부르는 그의 타임머신은 획기적인 발명품이었습니다. 갈릴레오는 이 망원경을 통해 인간의 눈으로 본 것보다 더 먼 곳을 볼 수 있었습니다. 하지만 당시의 망원경은 손으로 정성스럽게 만든 아주 작은 장치에 불과했기 때문에 효과가 뚜렷하지 않았습니다. 5세기가 지난 지금, 타임머신의 기술은 크게 발전했습니다. 오늘날 가장 성능이 좋은 망원경으로 130억 년이 넘는 과거를 바라볼 정도로 먼 곳에 있는 물체를 볼 수 있습니다. 물체가 망원경으로부터 얼마나 멀리 떨어져 있는지 알아야만 망원경이 우리를 얼마나 먼 과거로 데려가고 있는지 알 수 있습니다. 예를 들어, 태양이 지구로부터 1억 5천만 킬로미터 떨어져 있다는 것을 알고 있으므로 광속으로 이동하는 빛이 그 거리를 이동하는 데 약 8분이 걸린다는 것을 알 수 있죠. 즉 태양의 과거 8분을 되돌아보고 있는 것입니다. 과거 시간을 측정하려면 멀리 있는 물체까지의 거리를 측정하는 것이 중요합니다. 물론 말처럼 쉬운 일은 아닙니다.

또 다른 컴퓨터

애니 점프 캐넌, 세실리아 페인가포슈킨, 그리고 다른 하버드 계산수들이 별빛에 숨겨진 메시지를 풀어낸 이야기는 정말 감동적이지만, 이들이 전부가 아닙니다. 놀랍게도 19세기 말과 20세기 초에 하버드 천문대에는 또 다른 컴퓨터가 있었는데, 그녀는 여성으로서 인류 역사상 가장 중요한 일을 한 인물입니다. 대단한 업적을 남긴 캐넌과 세실리아도 이 인물의 공헌을 인정했을 것입니다. 캐넌과 세실리아가 별들의 마음을 들여다봤다면, 이 여성은 태초의 우주로 통하는 창을 열었습니다.

헨리에타 스완 레빗Henrietta Swan Leavitt의 이야기는 하버드에서 100킬로미터도 채 떨어지지 않은 매사추세츠주 랭커스터에서 시작됩니다. 그녀는 1868년 7월 4일 회중교회 목사였던 조지 로스웰 레빗George Roswell Leavitt과 그의 아내 헨리에타 스완 켄드릭Henrietta Swan Kendrick 사이에서 태어났습니다. 그녀의 가족은 얼마 지나지 않아 케임브리지로 이사했습니다. 레빗 가문은 청교도들이 세운 플리머스 식민지의 청교도 정착민 중 한 명인 조시아 레빗Josiah Leavitt의 조상으로 거슬러 올라갑니다. 아버지가 이끌던 교회는 자연스럽게 헨리에타의 어린 시절의 중심지였으며, 종교는 그녀의 삶 전반에 걸쳐 중요한 요소였습니다. 다섯 남매 중 오빠인 로스웰은 다섯 살 때, 두 살배기 여동생 미라Mira는 열두 살 때 세상을 떠났습니다. 그녀는 어릴 때부터 시간의 덧없는 진리를 알게 되었습니다.

레빗 가족은 교육의 가치를 잘 알고 있었습니다. 헨리에타의 아버지는 신학 박사 학위를 받았고, 오빠인 에라스무스 다윈 레빗Erasmus Darwin Leavitt은 보스턴 수도국에서 사용하는 레빗 펌프 엔진

지워진 천문학자들

을 설계한 저명한 기계공학자였습니다. 고등학교를 졸업한 헨리에 타는 1885년 오벌린대학에 입학하여 3년을 보낸 후 당시 하버드의 여성 대학 교육 협회로 알려진 래드클리프대학으로 편입했습니다. 그녀가 들은 수업은 주로 언어, 사회과학, 예술 분야였으며 수학과 물리학이 약간 섞여 있었습니다. 래드클리프대학 4학년 때 천문학 수업을 들으며 깊은 인상을 받았습니다. 1892년, 레빗은 래드클리 프에서 하버드 학사학위와 동등한 학위를 받고 졸업했습니다. 하버 드 학위는 남성에게 문호를 개방한 반면, 여성인 헨리에타의 커리 어 전망은 제한적이었습니다. 이 시기에는 청력 손실로도 고통받고 있었죠. 그녀는 하버드 천문대 소장인 에드워드 피커링의 감독 아 래 무급 천문학 조교로 하버드대학에 남기로 결심합니다.

하버드에서 많은 여성들이 별의 분광학적 분류를 연구하는 동 안 헨리에타 레빗은 별의 겉보기 밝기, 즉 크기를 분석하는 광도 측정을 연구했습니다. 밤하늘을 올려다보면 별들의 밝기가 모두 다 른 것을 볼 수 있습니다. 시리우스처럼 눈부시게 빛나서 놓칠 수 없는 것도 있습니다. 다른 별들은 너무 희미해서 잘못 본 건 아닌 지 의심스러울 정도죠. 고대 로마의 천문학자 히파르쿠스Hipparchus 와 훗날 그리스 과학자 프톨레마이오스Ptolemy는 별을 가장 밝은 1 등급부터 가장 어두운 6등급까지 6가지 밝기로 분류하려고 시도했 습니다. 1등급 별은 2등급 별보다 약 2.5배 밝았고, 2등급 별은 3 등급 별보다 약 2.5배 밝았으며, 3등급 별은 4등급 별보다 약 2.5배 밝았습니다. 가장 희미한 6등급 별은 가장 밝은 별보다 $100(2.5^5)$배 더 희미하죠. 천체의 겉보기 밝기를 측정하는 현대의 척도는 프톨 레마이오스가 눈으로 본 6등급을 훨씬 뛰어넘습니다. 허블 망원경 은 31등급의 천체 이미지를 포착할 수 있습니다. 이는 시리우스보다 무려 10조 배나 더 어두운 천체죠.

레빗은 하버드의 유리판에 있는 수천 개의 별의 크기를 목록으로 작성하기 시작했습니다. 그녀는 현미경이나 돋보기를 통해 사진판의 각 별을 이미 알려진 크기의 천체 이미지와 비교하는 데 몇 시간을 보냈죠. 또 피커링은 레빗에게 우주라는 어두운 바닷속에서 스트로보 조명처럼 시간에 따라 밝기가 변하는 변광성을 찾아달라고 부탁했습니다. 밝기 변화를 식별하는 편리한 방법은 하늘의 한 영역을 촬영한 사진과 다른 시간에 촬영한 같은 영역의 음화 사진을 겹쳐서 비교하는 것입니다. 음화는 밝은 배경에 어두운 별을 표시하고, 표준 양화는 어두운 배경에 흰색 별을 보여줍니다. 오버레이된 이미지에서는 시간이 지나도 밝기가 변하지 않는 별이 모두 회색 점으로 바뀝니다. 밝아지거나 어두워지는 별은 이미지가 완전히 상쇄되지 않기 때문에 발견할 수 있습니다. 흰색 또는 어두운 고리는 별의 밝기가 계속해서 변화했음을 나타내죠.

레빗은 상쇄되지 않는 이미지를 찾아내 그 특징적인 고리를 가진 별을 찾으려고 노력했습니다. 엄청나게 힘든 작업이었지만, 레빗은 동요 없이 집중했습니다. 그녀는 앞면에 기록된 이미지가 손상되지 않도록 유리 사진 플레이트의 뒷면에 글자를 써서 각 변광성 후보 별에 꼬리표를 붙였습니다. 그리고 노트에 해당 별과 그 주변 다른 별들의 상대적 위치를 주의 깊게 베껴 하늘에서 해당 지역의 지도를 만들었죠. 또 발견된 변광성 별마다 다른 시간에 촬영한 똑같은 별의 사진을 찾아봄으로써 시간이 지남에 따라 고리가 커지거나 작아지는지 확인했습니다. 그녀는 이미지의 크기를 신중하게 측정하여 크기를 추정하고 노트에 기록했습니다. 그리고 다음 후보 별을 위해 이 작업을 다시 반복했죠.

지워진 천문학자들

1896년, 레빗은 휴식이 필요하다고 결심했습니다. 그 휴식은 길어졌죠. 그녀는 이후 2년 동안 유럽을 여행했습니다. 미국으로 돌아온 뒤에는 천문대로 돌아가는 대신 위스콘신으로 이주한 가족과 함께하기로 결정했습니다. 하지만 그녀는 자신의 연구 결과를 요약한 논문 초안을 작성하여 위스콘신으로 가져갔죠. 그 후 몇 년 동안 벨로이트대학에서 일했지만 천문 탐사만큼 자극적인 일은 아니었습니다. 별들이 레빗을 다시 불러들였습니다.

1902년, 레빗은 위스콘신에서 진행하던 프로젝트를 마무리할 수 있을지 궁금해하며 피커링에게 편지를 보냈습니다. 그녀는 그에게 유급 일자리를 줄 수 있는지 직접 묻지 않고 대신 천문학 분야에서 자신에게 적합한 일자리를 알고 있는지 물었습니다. 피커링은 힌트를 얻었습니다. 그는 시간당 30센트의 급여와 함께 하버드의 직원 자리를 제안하는 답장을 보냈습니다. 후한 금액은 아니었지만 여성 컴퓨터의 표준 급여보다는 높았습니다. 레빗은 이를 감사한 마음으로 수락하고 케임브리지로 돌아와 연구를 계속했습니다. 그녀의 세심한 측정은 놀라운 발견으로 이어졌고, 우주를 매핑하는 새로운 척도가 되었습니다.

우주에서 거리를 측정하는 방법

어두운 터널에서 가장 가까운 출구를 찾고 있다고 상상해 보세요. 저 멀리서 터널의 출구를 표시하는 가로등 불빛이 깜빡이는 것이 보입니다. 얼마나 멀리 있는지는 알 수 없습니다. 반대편을 보니 더 밝아 보이는 다른 가로등 불빛이 보입니다. 첫 번째 출구보다 더 가까이 있어서 밝아 보이는 것일까요, 아니면 전구가 더 밝아서 밝아 보이는 것일까요? 전혀 알 수 없습니다.

별의 밝기를 기준으로 별이 얼마나 멀리 떨어져 있는지 알아내려고 할 때도 같은 문제가 발생합니다. 별이 더 가까워서 더 밝게 보이는 것일까요, 아니면 더 많은 빛을 발산하는 것일까요? 별이 실제로 얼마나 멀리 떨어져 있는지 알아내려면 약간의 독창성이 필요합니다. 레빗이 살던 시대에 거리를 측정하는 가장 일반적인 기법 중 하나는 시차법이었습니다. 우리가 직접 시도해 볼 수 있죠.

왼쪽 눈을 감아 봅시다. 팔길이 정도 떨어진 곳에 사과를 놓고 오른쪽 눈으로 사과를 바라봅니다. 이제 오른쪽 눈을 감고 왼쪽 눈으로 사과를 바라보면 사과의 위치가 배경을 기준으로 바뀌는 것을 볼 수 있습니다. 이 효과는 사과를 향해 윙크를 빠르게 하며 눈을 전환하면 쉽게 확인할 수 있죠. '시차'라는 현상은 이해하기 매우 간단합니다. 왼쪽 눈에서 사과와 그 너머를 향하는 직선을 그리면 그 시선에 따라 사과 뒤에 놓인 배경 물체가 오른쪽 눈의 시선에 따라 사과 뒤에 놓인 물체와 다르게 보입니다. 말 그대로 눈을 바꿔서 시점을 바꾼 것입니다. 이제 사과를 두 배 더 멀리 두고 각 눈으로 사과를 바라보세요. 배경에 비해 사과 위치의 변화가 적다는 것을 알 수 있을 것입니다. 그러나 사과를 더 가까이 이동하면 효과가 증가합니다. 시차 효과의 크기는 사과가 얼마나 멀리 떨어져 있는지에 따라 달라집니다. 실제로 눈 사이의 거리(시점의 변화)와 벽과 같은 고정된 멀리 떨어진 배경에 대한 시차 이동의 양을 알면 간단한 기하학을 사용하여 눈에서 사과까지의 거리를 추정할 수 있습니다.

이 측정 기법의 문제점은 특정 거리 이상에서는 효과를 볼 수

지워진 천문학자들

없다는 것입니다. 멀리 있는 산을 배경으로 집이나 나무와 같은 훨씬 큰 물체를 보고 시차를 이용해 얼마나 멀리 있는지 알아내면 더 먼 거리를 추정할 수 있습니다. 하지만 아주 먼 거리에서는 이마저도 너무 작아져서 측정할 수 없죠. 밤에 별을 올려다보며 시차 효과를 감지하기 위해 눈을 서로 감았다 뜨기를 반복해도 아무런 효과가 없을 것입니다. 너무 멀리 떨어져 있기 때문이죠. 사실 19세기 이전에는 인간의 눈 사이가 너무 가까워서 별의 시차가 관측된 적이 없었습니다.

물체가 가까워지면 시차 효과가 뚜렷해지는 것처럼, 두 시점 사이의 거리(기준선)가 증가하면 시차 변화도 커집니다. 이 역시 직접 실험해 볼 수 있습니다. 약 1미터 떨어진 테이블 위에서 사과를 촬영한 다음, 사과와 1미터 거리를 유지한 채 오른쪽으로 5걸음 이동하여 사과를 다시 촬영해 보세요. 시선 전환 실험에서보다 훨씬 더 큰 시차 변화를 느낄 수 있을 것입니다. 카메라의 두 시점이 눈 사이의 평균 7센티미터 거리 대신 이제 5걸음의 길이만큼(약 2미터) 분리되어 있기 때문입니다. 기준 거리를 늘리면 시차 효과도 증가합니다.

이제 망원경으로 별의 이미지를 찍은 다음 3억 킬로미터 떨어진 위치로 이동하여 또 다른 이미지를 찍는다고 상상해 보세요. 지구가 1년에 한 번 태양을 공전한다는 점을 고려하면 실제로 가능한 일입니다. 1월 1일에 별을 관측한 후 6개월을 기다렸다가 다시 관측한다면, 지구가 공전 궤도에서 태양 반대편으로 이동하면서 망원경의 시점(기준선)이 3억 킬로미터나 바뀌었을 것입니다. 지구 위치의 엄청난 변화 덕분에 별의 시차를 감지할 수 있죠.

19세기에 이르러 망원경 기술은 갈릴레오 시대와는 비교할 수 없을 정도로 발전했습니다. 천문학자들은 더욱 강력한 렌즈를 장착한 망원경을 제작하여 마침내 가장 가까운 별의 시차를 감지할 수 있을 만큼 해상도를 향상시켰습니다. 6개월에 걸쳐 3억 킬로미터의 기준선을 사용하여 알파 센타우리가 먼 별을 배경으로 아주 미세하게 이동하는 것이 관찰되었습니다. 밤하늘을 180도에 걸쳐 있는 반쪽짜리 돔dome이라고 생각하면, 알파 센타우리의 시차 이동은 1도의 1/3600에 해당하는 1각초에 조금 못 미치는 정도입니다. 이 미세한 변화를 감지하기 위해서는 당시 최고의 망원경이 필요했습니다. 3억 킬로미터를 기준으로 천문학자들은 별이 31조 킬로미터 떨어진 곳에 있다면 1각초의 시차 이동이 일어날 것이라고 계산했습니다. 31 뒤에 12개의 0이 붙는 셈입니다. 너무 많은 0을 표시하지 않기 위해 과학자들은 이 거리를 '1초의 시차에 해당하는 거리'의 줄임말인 1파섹으로 표시했죠. 알파 센타우리는 약 1.3파섹, 즉 태양보다 20만 배 이상 멀리 떨어져 있는 것으로 측정되었습니다. 이 별이 바로 우리와 가장 가까운 이웃인 항성계입니다. 대부분의 별은 너무 멀어서 3억 킬로미터를 기준선으로 삼아도 뚜렷한 시차를 측정할 수 없죠.

변광성의 패턴

1902년 하버드로 돌아온 헨리에타 레빗의 업무는 시차나 거리 측정이 아니었습니다. 그녀는 시간에 따라 밝기가 변하는 변수를 포함하여 별의 밝기를 분류하는 일을 맡았습니다. 일부 변광성은 며칠에서 몇 달에 걸쳐 더 밝아지거나 어두워지기도 했습니다. 때

지워진 천문학자들

로는 거의 식별할 수 없을 정도로 변경 사항이 많았고, 천체망원경의 추적 오류나 흔들림 때문에 확인할 수 없는 경우도 있었죠.

처음에 레빗은 독일의 천문학자 막스 볼프Max Wolf가 여러 변광성을 발견한 오리온 대성운에 집중했습니다. 그녀는 '플라이 스패커'라고 이름 붙인 긴 손잡이에 장착된, 이미 알려진 별의 이미지가 담긴 작은 기준판을 사용하여 오리온 대성운의 아름다운 이미지에서 곧 50개가 넘는 변광성들을 발견했습니다. 활력을 얻은 그녀는 탐구 범위를 넓혔습니다.

레빗은 남반구에 있는 두 개의 성운에 주목했는데, 호주의 아드냐마타나Adnyamathanha 원주민들은 이 성운을 부타 바르클라Yutha Varkla 또는 바알나파Vaalnapa(두 법관)라고 불렀습니다. 유럽인들은 16세기 초 지구를 일주하며 이 성운을 관찰한 페르디난드 마젤란Ferdinand Magellan의 이름을 따서 대마젤란 은하와 소마젤란 은하로 명명했습니다. 헨리에타 레빗은 은하를 직접 보지는 못했지만 한 여성 후원자의 도움으로 유리판에 포착된 성운의 이미지를 분석할 수 있었죠.

피커링은 하버드대학에서 천구의 북반구뿐 아니라 하버드에서는 보이지 않는 남반구 하늘까지 관측하는 꿈을 항상 꾸고 있었습니다. 그는 뉴욕의 부유한 상속녀 캐서린 울프 브루스Catherine Wolf Bruce에게 적도 남쪽에 세울 천문대를 위한 강력한 새 망원경 기금으로 5만 달러를 기부해 달라고 설득했습니다. 천문대 직원이었던 솔론 베일리Solon Bailey는 남미로 파견되어 페루 아레키파에 하버드의 새로운 남부 관측소를 설립했습니다. 1895년에 세계에서 가장 강력한 사진 망원경인 브루스 망원경이 이곳에 설치되어 수천 개의 별들로 가득한 부타 바르클라 구름을 비롯해 남쪽 하늘을 놀랍

▲ 1895년 페루 아레키파에 설치된 브루스 망원경은 기금으로 5만 달러를 기부한 캐서린 브루스의 이름을 따서 명명됐다. 이 망원경은 당시 세계에서 가장 강력한 사진 망원경이었으며, 헨리에타 레빗이 주기-광도 관계를 분석하는 데 도움을 주었다.

도록 세밀하게 포착했습니다. 유리판은 컴퓨터가 분석할 수 있도록 조심스럽게 하버드로 보내졌죠.

레빗은 유리판을 통해 다양한 별을 관측할 수 있었습니다. 1905년까지 그녀는 소마젤란은하에서만 거의 1,000개의 변광성을 발견했습니다. 피커링이 천문대 뉴스레터에 정기적으로 발표하는 관측 결과도 주목받았죠. 프린스턴의 교수이자 태양 분광학 분야의 선도적인 연구자 중 한 명인 찰스 영Charles Young은 레빗을 변광성 '괴물'이라고 불렀습니다. 워싱턴 포스트는 그녀를 유명한 예능인 알선

지워진 천문학자들

업자인 찰스 프로만Charles Frohman과 비교하며 "(별을 발견한) 그녀의 기록은 프로만의 그것과 거의 같다"고 비유했죠.

레빗의 업무는 3년 동안 계속되었고, 크리스마스에는 벨로이트에 있는 가족을 방문하기 위해 휴가를 내기도 했습니다. 한편 피커링과 솔론 베일리는 전단지와 학회를 통해 자신의 연구 결과를 더 큰 천문학 커뮤니티에 꾸준히 발표했습니다. 마침내 하버드에서 별을 조사한 지 10년이 지난 1908년, 헨리에타 레빗은 하버드 대학 천문대 연보에 획기적인 논문을 발표했습니다. 21페이지 분량의 이 논문은 제목 그대로 '마젤란 은하에 있는 1,777가지 변광성'에 대한 내용이었습니다. 그녀는 각 별을 자세히 묘사하고 별의 크기 변화를 상세한 표로 제시했습니다. 논문 마지막에 그녀는 과학적인 요점을 전달했습니다.

"더 밝은 변광성의 주기가 더 길다는 점은 주목할 만합니다."

레빗은 밝기가 변화하는 1,777개의 별 중 16개의 맥동 주기를 계산할 수 있는 충분한 데이터를 확보했습니다. 각각의 별에 대해 가장 밝은 최대 크기에서 가장 어두운 최소 크기로 내려갔다가 다시 최대 크기로 올라가는 데 걸리는 시간, 즉 주기를 신중하게 추정했죠. 한 열에는 주기를, 다른 열에는 크기를 나열한 표를 만들었고, 그때 레빗은 별의 크기와 주기 사이의 관계를 발견했습니다. 변광성이 밝을수록 맥동이 느려진다는 것이죠.

물리학에서는 가장 단순한 관계가 가장 강력한 힘을 발휘하는 경우가 많습니다. 뉴턴의 $F = ma$ 공식은 우주의 모든 움직이는 물체에 대한 힘과 가속도를 설명했습니다. 아인슈타인은 $E = mc^2$ 공식으로 물질 내부의 엄청난 에너지를 밝혀냈죠. 헨리에타 레빗이 변광성의 주기와 광도 사이의 관계를 발견한 것도 마찬가지로 과학자로서의 강력한 통찰력을 보여주었습니다.

레빗은 소마젤란 은하에서 추적한 모든 변광성들이 모두 같은 성운에 속해 있기 때문에 지구에서 거의 같은 거리에 있다고 가정했습니다. 60와트 전구와 100와트 전구를 같은 거리에 놓으면 100와트 전구가 더 많은 빛을 방출하기 때문에 더 밝게 보이겠죠. 마찬가지로, 같은 성운에서 같은 거리에 있는 변광성이 다른 변광성보다 더 밝다면, 더 많은 에너지를 방출하고 있으므로 더 밝아 보일 것입니다. 따라서 지구에서 거의 같은 거리에 있는 성운에서 더 밝은 변광성이 더 긴 주기를 갖는다는 레빗의 관찰은 옳았습니다. 이 발견은 변광성까지의 거리를 측정할 수 있는 방법을 보여주었죠.

시간이 지남에 따라 밝아졌다가 어두워지는 두 개의 변광성 A와 B를 관측하고, 관측한 자료를 사용하여 주기를 계산한다고 가정해 봅시다. 그런 다음 레빗의 주기-광도 관계를 사용하면 두 별의 상대적인 광도를 계산할 수 있습니다. 예를 들어, 두 별의 광도를 기준으로 두 별이 같은 거리에 있다면 별 A가 별 B보다 절반 정도 밝게 보일 것이라고 계산할 수 있습니다. 실제로 하늘에서 별 A가 B보다 더 어둡게 보인다면 두 별은 지구에서 같은 거리에 있지 않으므로 별 A가 더 멀리 떨어져 있는 것입니다. 반대로 별 A가 밝게 보인다면 별 B보다 더 가까운 것이죠. 별 사이의 상대 거리는 겉보기 밝기로 정확히 계산할 수 있습니다. 이렇게 가변성 쌍 사이의 상대 거리를 구할 수 있지만, 적어도 하나의 변광성까지 실제 거리를 측정해야 합니다. 일단 그 거리가 정해지면, 그 별을 기준으로 다른 모든 변광성과의 거리를 계산하는 데 필요한 보

▲ 헨리에타 스완 레빗의 주기-광도 관계는 오늘날에도 여전히 물리학 및 천문학의 초석이 되고 있다.

정을 할 수 있습니다. 이것이 시차로 측정할 수 없는 멀리 떨어진 별까지의 거리를 측정하는 방법이죠.

레빗은 우주 매핑의 문을 여는 열쇠를 발견했습니다. 그러나 당시에는 적어도 하나의 변광성까지의 실제 거리를 알 수 없었기 때문에 거리 척도를 보정할 방법이 없었습니다. 게다가 1908년에 발표한 첫 번째 논문에서 주기-광도 관계는 단 16개의 별을 기준으로 한 미약한 것이었습니다. 이는 연관성을 설득력 있게 증명하기에 충분하지 않았고, 그녀의 관찰력을 증명할 수 없었죠. 레빗은 같은 해에 더 많은 데이터를 수집하기 위해 연구에 착수했지만, 곧 병으로 입원하면서 연구를 중단하고 회복을 위해 위스콘신으로 돌아갔습니다.

1년이 지났지만 레빗은 여전히 천문대로 돌아갈 수 있을 만큼 회복되지 않았습니다. 피커링은 그녀에게 편지를 보내 작업을 계속할 수 있도록 사진판과 장비를 보내주겠다고 제안했습니다. 그는 특히 자신의 숙원 사업인 천구의 북극 주변에 있는 별의 밝기를 정리하는 프로젝트에 기여해 주기를 간절히 바랐죠. 그녀는 동의했고 곧 하버드에서 장비가 도착했습니다. 그 후 몇 달 동안 그녀는 북극성 연구에 대한 보고서를 정기적으로 피커링에게 보냈습니다. 변광성 연구는 뒷전으로 밀려났죠. 레빗은 1910년에 마침내 천문대로 돌아왔지만, 아버지의 사망으로 인해 체류 기간이 짧아졌고, 어머니와 함께하기 위해 고향으로 돌아갔습니다. 그해 가을, 그녀는 마침내 케임브리지에 있는 삼촌의 집으로 이사하여 다시 한번 변광성에 집중할 수 있었습니다. 첫 발견이 발표된 지 4년 후인 1912년, 레빗은 마젤란 은하의 변광성 주기에 대한 최신 연구 결과를 하버드대학 천문대 회보에 발표했습니다. 그녀는 25개의 별에 대한 주기와 밝기를 그래프로 그렸는데, 이번엔 의심의 여지가 없었습니다. 그녀는 단호하게 말했습니다.

> "이 변광성들의 밝기와 주기 사이에는 놀라운 관계가 있습니다. 최댓값과 최솟값에 해당하는 두 일련의 점들 사이에 직선을 쉽게 그릴 수 있으므로 변수의 밝기와 주기 사이에 간단한 관계가 있음을 알 수 있습니다."

그녀는 또한 이것이 항성 거리 측정에 어떤 의미가 있는지 깨닫고 '이런 유형의 일부 변수의 시차도 측정할 수 있기를 바란다'고 썼습니다. 시차를 사용하여 변수 중 하나에 대한 불일치를 찾을 수 있다면, 그 결과를 사용하여 나머지 주기-광도 척도를 보정하고 다른 별과의 거리를 계산할 수 있으니까요.

지워진 천문학자들

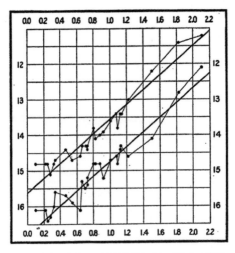

▲ 헨리에타 레빗의 1912년 논문에서 나온 그래프는 가변성
별의 주기(가로축)와 밝기(세로축) 사이의 관계를 나타낸다.

　불과 1년 후, 덴마크의 천문학자 에야르 헤르츠스프룽Einar Hertz-
sprung은 레빗이 누군가 해주기를 바랐던 대로 은하수에서 변광성들
의 시차를 측정하고 척도를 보정했습니다. 이 새로운 척도로 그는
마젤란 은하까지의 거리를 약 3,000광년(30경 킬로미터)으로 추정했
습니다. 이는 지금까지 측정된 가장 먼 거리의 기록을 쉽게 깼지만,
사실 오타였을 가능성이 높습니다. 헤르츠스프룽은 마젤란운까지
의 거리를 30,000광년이라는 놀라운 거리로 계산했습니다(오늘날에
는 그보다 더 멀다는 것이 밝혀졌죠). 하지만 레빗 법칙의 힘은 분
명했습니다. 3,000광년도 이전에는 시차를 이용해 측정할 수 있었
던 최대 거리인 약 100광년보다 훨씬 더 멀었습니다. 시차의 한계
가 깨진 것입니다.

시간의 시작

레빗의 엄청난 발견에도 불구하고 피커링은 별의 밝기를 측정하는 표준으로 사용할 수 있는 북반구 별의 밝기 목록을 만드는 데 집착했습니다. 그가 보기에 그것이 레빗의 주된 임무였죠. 레빗은 3년 동안 피커링의 프로젝트에 집중하며 성실히 따랐습니다. 이 기간 그녀의 건강은 여전히 좋지 않았고, 1913년에는 위 수술 후 3개월 동안 병상에 누워 있었습니다. 이는 앞으로 훨씬 더 심각한 상태가 될 것이라는 암시였죠.

그럼에도 불구하고 그녀는 천천히, 그러나 꾸준히 작업을 계속했습니다. 마침내 레빗은 13개의 서로 다른 망원경으로 촬영한 300여 장의 사진 건판을 검토한 끝에 천구의 북극 주변에 있는 96개 별에 대한 195페이지 분량의 백과사전을 출판했습니다. 이는 별의 밝기를 17가지로 분류하는 데 사용할 수 있는 사진 측정에 대한 하버드 표준의 토대가 되었습니다. 또한 레빗은 조사 과정에서 1890년에 관측된 성단자신성 T 파이시디스가 몇 년의 공백이 지난 후 다시 폭발하는 것을 발견했습니다. 이것은 최초로 발견된 반복신성이었습니다(오늘날 과학자들은 쌍성의 백색왜성이 동반성으로부터 중력으로 충분한 물질을 끌어당겨 폭발을 일으킬 때 이러한 반복신성이 발생한다는 사실을 알고 있습니다).

한편, 주기-광도 관계는 천문학계의 관심을 끌기 시작했습니다. 1907년 할로 섀플리(훗날의 하버드 천문대 소장)는 저널리즘을 공부하기 위해 미주리대학에 입학했지만, 저널리즘 스쿨이 아직 운영되지 않는다는 사실을 알고 급작스럽게 학위를 변경했습니다. 알파벳 순으로 나열된 대학 프로그램 목록을 살펴보다가 그에게 가장

지워진 천문학자들

먼저 눈에 들어온 프로그램은 천문학이었고, 마침 자신에게 잘 맞는 학과였죠. 프린스턴대학을 졸업하고 대학원 과정을 마친 후, 그는 패서디나에 있는 윌슨산 천문대에서 일할 수 있는 자리를 제안받았습니다. 그 무렵 섀플리는 변광성에 대한 연구를 통해 주기-광도 관계를 알게 되었습니다. 1917년 피커링에게 보낸 편지에서 그는 '레빗 양Miss Leavitt'의 변광성에 대한 추가 연구에 대해 물으며 '주기와 밝기의 관계에 대한 그녀의 발견은 항성 천문학에서 가장 중요한 결과 중 하나가 될 것'이라고 언급했습니다. 아마도 그는 은하수의 크기를 측정하려는 자신의 야심찬 별 지도 제작 프로젝트 때문에 이렇게 느꼈을 것입니다.

레빗의 주기-광도 관계를 이용해 은하계 속 다양한 별까지의 거리를 계산한 할로 섀플리는 은하수의 크기를 측정한 사람으로 역사책에 기록되었습니다. 그는 별들이 궁수자리의 한 지점을 중심으로 모여 있는 것을 발견하고 은하수의 중심이 그 지역 어딘가에 있을 것이라는 결론을 내렸습니다. 변광성을 사용하여 거리를 계산한 결과, 우리 태양계가 은하계 중심에서 상상할 수 없을 정도로 멀리 떨어진 외곽에 위치한다는 사실도 깨달았죠. 그의 말대로, 우리 인간은 우주에서 중심적인 역할을 하는 것이 아니라, 그저 주변에 흩어진 존재에 불과한 것입니다. 은하수가 얼마나 거대한지 놀란 그는 은하수가 우주 전체라는 확신을 갖게 되었습니다. 30만 광년 지름의 은하수 밖에는 무엇이 있을까요? 1920년 천문학자 히버 커티스Heber Cutis와의 유명한 토론에서 섀플리는 다른 은하계, 즉 당시에는 '섬우주'라고 불렸던 은하의 존재에 대해 견해를 제시했습니다. 이 논쟁의 승자는 분명하지 않았지만, 레빗의 연구는 당시 주요 천문학자들의 주목을 받았습니다.

불과 1년 후, 섀플리는 사망한 에드워드 피커링의 뒤를 이어 하버드 천문대 책임자로 일할 기회를 제안받았습니다. 당시 천문대에서 가장 뛰어난 직원 중 한 명이었던 레빗은 광도 측정 부서의 책임자가 되어 있었고, 섀플리의 부임에 흥분했습니다. 이전 서신에서 그는 레빗에게 변광성 분석을 계속할 것을 강력히 권유했기 때문입니다. 섀플리는 일반적으로 여성 직원들을 지지했지만, 그들의 업무량을 '여성들의 시간girl-hours'으로 측정하는 등 거들먹거리는 태도로 일관했습니다. 하지만 레빗과는 거의 동등한 위치에서 연구에 대해 논의했죠. 결국 섀플리가 유명해진 것은 레빗의 통찰력을 응용한 결과일 뿐이었습니다. 그의 지원으로 마침내 레빗은 변광성에 집중할 수 있었습니다.

두 사람의 파트너십이 활개를 칠 준비가 되자마자 레빗은 시한부 판정을 받았습니다. 그해에 위암으로 다시 입원한 것이죠. 레빗은 1921년 12월 12일에 세상을 떠났습니다.

헨리에타 레빗은 자신의 업적이 가장 밝은 빛을 발하는 순간까지 살지 못했습니다. 섀플리가 '거리'라는 열쇠를 사용하여 우리은하의 크기를 측정했고, 변호사에서 천문학자가 된 에드윈 허블Edwin Hubble은 우주 전체의 크기에 관한 문제를 풀었습니다. 섀플리와 허블은 공통점이 많았습니다. 두 사람 모두 미주리주에서 단 4세 차이로 태어났고, 불과 100킬로미터 떨어진 곳에서 자랐습니다. 두 사람 모두 천문학에 입문하기 전에는 다른 직업을 가지려고 했습니다. 허블의 경우 아버지는 그가 변호사가 되기를 원했고, 아버지가 돌아가신 후에야 천문학을 선택했습니다. 섀플리와 마찬가지로 허블도 프린스턴에서 헨리 노리스 러셀의 학생이었으며 캘리포니아에 있는 윌슨산 천문대의 직원 자리를 수락했죠.

지워진 천문학자들

허블은 당시 세계에서 가장 큰 윌슨산 천문대의 후커 망원경으로 안드로메다 은하에서 변광성을 발견하여, 이 변광성들이 은하수의 일부가 되기에는 너무 멀리 떨어져 있다는 사실을 설득력 있게 증명했습니다. 이 발견이 얼마나 중요한지 알고 있던 허블은 극적인 효과를 위해 1924년 뉴욕 타임스에 자신의 연구 결과를 발표했습니다. 이는 천문학자들에게 발표하기도 전에 일어난 일이었고, 과학 저널에 공식적으로 논문을 게재하기 훨씬 전이었죠. 1929년 마침내 이 연구가 학술지에 실렸을 때 새플리는 "이 논문이 내 우주를 파괴했다"며 후회했죠. 실제로 이 논문은 태양계를 우주 속 셀 수 없이 많은 은하 중 한 은하의 가장자리에 놓이게 한 논문이었습니다.

허블은 우주 크기에 대한 논쟁을 해결한 것으로 유명해졌지만, 이제 막 시작했을 뿐이었죠. 그는 윌슨산 천문대의 전직 청소부였던 밀턴 휴메이슨Milton Humason과 동업을 시작했는데, 그는 야간 청소 교대 근무 중에 천문학을 독학으로 배웠습니다. 휴메이슨은 망원경 조작과 천체 사진 촬영에 능숙해져 천문대 최초로 독학으로 공부한 직원이 되었습니다. 휴메이슨과 허블은 함께 먼 은하계의 변광성들을 관측하여 지구에서 얼마나 멀리 떨어져 있는지 계산했습니다. 동시에 분광학을 사용하여 은하가 얼마나 빨리 움직이는지 측정했죠. 두 사람이 발견한 것은 충격적이었습니다.

모든 은하가 우리은하에서 멀어지고 있었습니다. 이는 또 다른 천문학자인 애리조나 로웰 천문대의 베스토 슬리퍼Vesto Slipher가 이전에 언급한 내용이지만, 변광성으로부터의 거리를 측정할 수 있게 되면서 새로운 통찰의 길이 열린 것입니다. 가장 멀리 있는 은하가 가장 빠른 속도로 멀어지고 있었으며, 이는 우주가 팽창한다는 명백한 신호였습니다.

우주 팽창 이론을 시각화하는 간단한 방법은 제가 좋아하는 초코칩 쿠키를 굽는다고 생각하는 것입니다. 각 초콜릿 칩이 쿠키라는 우주의 은하계이고, 그중 하나가 우리은하라고 가정해 봅시다. 쿠키 반죽 우주가 구워지고 팽창함에 따라 초콜릿 칩은 더 멀리 이동합니다. 우리은하를 포함하는 모든 은하의 관점에서 볼 때, 다른 모든 은하는 각각의 은하로부터 멀어지고 있습니다. 얼마 후 쿠키가 팽창하여 초콜릿 칩이 처음보다 두 배 더 멀리 떨어져 있다고 가정해 봅시다. 1센티미터 떨어져 있던 초콜릿 칩 은하는 이제 2센티미터 떨어져 있고, 2센티미터 떨어져 있던 은하는 이제 4센티미터 떨어져 있습니다. 따라서 가장 가까운 은하는 1센티미터 더 멀어졌고, 가장 먼 은하는 같은 시간 동안 2센티미터 더 멀어진 것입니다. 우리의 관점에서 볼 때, 더 먼 은하일수록 같은 시간에 더 큰 거리를 이동했으므로 더 빠른 후퇴 속도를 갖습니다. 허블과 휴메이슨은 바로 그 효과를 관찰했습니다. 모든 은하가 우리은하로부터 멀어지는 동안, 더 멀리 떨어진 은하일수록 더 빨리 멀어지고 있었습니다. 우주 팽창을 발견한 것입니다.

또한 허블과 휴메이슨은 측정한 데이터로 오늘날 '허블 상수'라고 불리는 우주의 팽창 속도를 계산했습니다. 적절한 속도로 팽창을 되감으면 팽창이 시작된 시점, 즉 빅뱅이 언제 일어났는지를 알아낼 수 있습니다. 1929년 허블의 계산에 따르면 우주는 약 20억 년 전에 탄생했습니다. 하지만 이후 데이터 오류로 인해 허블의 계산이 틀렸다는 사실이 밝혀졌습니다. 수년에 걸쳐 허블 상수는 더 나은 망원경을 통해 개정되었습니다. 1990년, NASA는 허블 망원경을 발사했으며, 그 주요 임무는 우주의 깊이를 탐사하고 허블 상수를 정밀하게 측정하는 것이었습니다. 2001년, 웬디 프리드먼Wen-

지워진 천문학자들

dy Freedman 박사는 허블 망원경의 관측 결과를 바탕으로 허블 상수의 새로운 측정값을 발표했습니다. 이 수치는 10%의 오차 범위로 계산되었으며 우주의 나이가 140억 년이 조금 안 되는 것으로 나타났죠. 헨리에타 레빗은 일찍 생을 마감한 탓에 우주에서 수십억 번의 심장 박동만을 누렸지만, 이 계산이 가능했던 것은 그녀 덕분이었습니다.

전쟁 중의 천문학자

시간과 공간의 탄생에 관한 빅뱅 이론은 논란의 여지가 많았습니다. 많은 과학자들은 우주가 변하지 않고 영원하며 무한하다는 개념에서 만족감과 안락함을 느꼈습니다. 아인슈타인조차도 우주가 끊임없이 변화하는 유동적인 상태라는 데 회의적이었습니다. 정적인 우주를 설명하기 위해 일반상대성이론 방정식을 수정하기도 했죠. 하지만 허블과 휴메이슨이 제시한 논란의 여지가 없는 증거를 보고 나서야 그는 자신의 '실수'를 공개적으로 인정했습니다. 아인슈타인의 항복에도 불구하고 빅뱅은 계속해서 열띤 논쟁을 불러일으켰습니다. 우주는 무한하고 영원할까요, 아니면 빅뱅으로 시작해 팽창할까요?

빅뱅 이론의 가장 큰 반증은 우주 그 자체와 안에 있는 모든 것들인 것 같았습니다. 1948년 물리학자 조지 가모프George Gamow와 그의 박사 과정 학생 랄프 앨퍼Ralph Alpher는 빅뱅 직후 우주는 수소핵이 생성될 정도로 뜨겁고 밀도가 높았을 것이라고 계산했습니다. 우주가 팽창하고 냉각되면서 양성자와 중성자 서로 결합하여 헬륨 핵이 생성되기에 적합한 조건이 만들어졌을 거라고 봤죠. 앨퍼와 가모프의 계산은 우주에 풍부한 수소와 헬륨을 정확하게 설명할 수 있었습니다. 그러나 우주의 더 많은 팽창과 냉각은 이 핵합성 과정을 멈추게 할 것입니다. 그들이 주장한 모델은 오늘날 우리가 관찰할 수 있는, 헬륨보다 무거운 원소가 어떻게 형성되는지 설명할 수 없었죠. 그렇다면 리튬과 산소, 질소 및 기타 모든 원소는 어디에서 왔을까요?

영국의 천문학자 마거릿 버비지Margaret Burbidge는 빅뱅 이론의 확고한 지지자는 아니었습니다. 그녀는 별을 상세히 관측해서 우주의 무거운 원소에 숨겨진 비밀을 발견하고 빅뱅 논쟁에 기여하게 됩니다.

마거릿은 제1차 세계대전이 끝난 직후인 1919년 영국 데번포트에서 엘리너 마거릿 피치Eleanor Margaret Peachy라는 이름으로 태어났습니다. 그녀의 아버지는 화학 강사였고 어머니는 그의 학생 중 한 명이었죠. 마거릿은 과학을 향한 부모의 사랑을 물려받았고, 어머니는 마거릿의 롤모델이 되었습니다. 어린 시절, 마거릿은 프랑스로 건너가는 페리에서 밤하늘의 매력에 푹 빠졌습니다. 대부분의 소녀들은 천문학을 취미 정도로 생각했지만, 마거릿은 수학에 소질이 있어 천문학 교과서를 들추며 본격적으로 공부하기 시작했습니다.

마거릿의 먼 친척 중 한 명은 영국의 유명한 천문학자이자 수학자인 제임스 홉우드 진스James Hopwood Jeans 경으로, 마거릿을 매료시킨 인기 과학 서적 〈신비한 우주The Mysterious Universe〉를 저술한 인물입니다. 그녀는 큰 숫자를 좋아했는데, 특히 가장 가까운 별이 40조 킬로미터 이상 떨어져 있다는 사실에 감격했습니다. 어른이 되면 별까지의 거리를 측정해보고 싶다고 결심했죠. 그녀는 독

지워진 천문학자들

서를 통해 얻은 지식과 훌륭한 과학 선생님의 영향으로 결국 유니버시티 칼리지 런던(UCL)에 진학하여 천문학, 수학, 물리학을 공부했습니다. 그리고 제2차 세계대전 발발 직전인 1939년에 우등으로 졸업했죠. 전쟁은 마거릿에게 뜻밖의 기회를 주었습니다. 남자들이 전쟁에 참전하여 자리를 비운 동안 박사 학위를 취득하는 동시에 런던대학 천문대(ULO)의 망원경을 관리하고 운영하며 몇 년을 보낼 수 있었죠.

전쟁 중 정전으로 인해 도시가 캄캄해지자, 광해가 사라진 어두운 밤하늘은 ULO에 더 나은 관측 환경을 제공했습니다. 하지만 곧 폭탄이 떨어지기 시작했죠. 마거릿은 굴하지 않고 관측을 계속했고, 폭격으로 인한 손상이 발생한 경우 유지 보수와 수리도 했습니다. 마거릿은 말년에 폭탄의 위험에도 불구하고 ULO 돔에서의 그 밤이 "나의 초기 꿈을 이루었다"고 회고했습니다. 1943년에 완성된 마거릿의 박사 학위 논문 주제는 변광성 감마 카시오페이아에 대한 스펙트럼 분석이었습니다. 헨리에타 레빗도 인정했을 법한 뛰어난 논문이었죠.

섀플리와 허블처럼 마거릿도 캘리포니아의 윌슨산 천문대에 주목했습니다. 그곳의 후커 망원경은 당시 세계 최대 규모였죠. 전쟁이 끝난 후 마거릿은 윌슨산 천문대에 박사 후 연구원직을 지원했지만 거절당했습니다. 이 펠로우십은 남성만 지원 가능하다는 간결한 거절 통지서를 받은 것이죠(펠로우십 모집 공고에는 그렇게 적혀 있지 않았지만요). 아마 펠로우십 선발 위원회에서는 여성이 지원할 것이라고는 상상도 못했을 것입니다. 천문학계에서 성차별을 처음 경험한 마거릿은 눈을 번쩍 떴습니다. 그녀는 회고록에 이렇게 적었습니다.

'좌우명이 생겼습니다.
돌담 같은 장애물로 인해 노력이 좌절되면 반드시 그 주변을
돌아서라도 목표를 향한 다른 길을 찾아야 한다는 것입니다.'

당분간 미국에 갈 수 없게 된 마거릿은 UCL에 남아 이후 베스트셀러 공상과학 작가가 되는 아서 클라크Arthur Clarke를 비롯한 학부생들에게 천문학을 가르쳤습니다. 또한 그녀는 대학에서 물리학 강의를 청강하기로 결정했습니다. 진로와 관련된 다양한 주제를 배울 수 있었을 뿐만 아니라 물리학 박사 과정 학생 중 한 명인 6년 후배 제프리 버비지Geoffrey Burbidge를 만날 수 있는 탁월한 결정이었죠. 버비지는 사교적이고 외향적이지만 마거릿은 그렇지 않았습니다. 그러나 둘 다 음악과 야외 활동을 즐겼죠. 두 사람은 1948년에 결혼했습니다. 제프리는 천문학에 대한 열정을 포함해 마거릿의 모든 면을 너무 사랑한 나머지 자신의 연구 분야를 이론 천체물리학까지 넓혔습니다. 이 천문학자와 물리학자 커플은 모든 면에서 뛰어난 성과를 낸 파트너십을 맺기 시작했죠.

별의 죽음

버비지 부부는 결혼 후 몇 년간 유럽에서 망원경으로 천체를 관측하고 논문을 공동으로 발표했습니다. 1949년 파리에서 열린 컨퍼런스에서 두 사람은 물리학자 프레드 호일Fred Hoyle과 확고한 친구가 되었고, 호일은 이후 연구에서 큰 역할을 하게 됩니다.

한편 마거릿은 미국 방문이라는 목표와, 길을 가로막는 장벽을

지워진 천문학자들

돌아가는 방법을 찾겠다는 원칙을 잊지 않았습니다. 1951년, 그녀는 국제천문연맹으로부터 보조금을 받아 여성을 환영하는 시카고대학의 여키스 천문대를 방문했습니다. 동시에 제프리는 할로우 섀플리가 책임자로 재직 중이던 하버드 대학 천문대에서 펠로우십을 받았죠.

미국에서 마거릿 버비지는 자신의 시야가 빠르게 확장되는 것을 느꼈습니다. 여키스 망원경과 텍사스에 있는 거대한 82인치 맥도널드 망원경으로 별을 관측한 건 잊을 수 없는 경험이었죠. 이 기간 그녀의 연구는 별의 화학적 구성을 분석하는 데 중점을 두었습니다. 마거릿은 하버드의 제프리를 방문하여 세실리아 페인의 획기적인 별 구성 연구에 대해 배울 수 있는 기회를 잡았죠. 이듬해 버비지 부부는 여키스에서 박사 후 연구원 자리를 수락하고 별의 풍부한 원소를 관찰하고 분석하며 여러 편의 논문을 발표하는 등 행복한 시간을 보냈습니다. 1953년 비자가 만료되자 부부 모두 맨체스터대학에서 일하거나, 더 명망 있는 케임브리지대학에서 제프리 혼자 일할 수 있는 자리 중에서 하나를 선택해야 했습니다. 마거릿은 분석해야 할 항성 스펙트럼이 많아서 추가 관측이 필요 없었기 때문에 케임브리지를 선택했습니다.

버비지 부부는 작은 아파트에서 마거릿이 맥도널드 망원경을 통해 관측한 한 변광성의 풍부한 원소들을 조사했습니다. 그 결과 희토류라고 하는 무거운 원소가 비정상적으로 많이 함유되어 있는 것을 발견했죠. 이 변광성은 태양에 비해 몇 배나 더 많은 무거운 원소를 가지고 있습니다. 그들은 별의 자기장이 무거운 원소의 형성을 주도하는 핵 융합 과정에 영향을 미쳤는지 탐구하고자 했습니다. 당시 패서디나 칼텍Caltech의 선도적인 핵물리학자였던 윌리엄

(윌리) 파울러William Fowler는 별의 중심에서 중원소가 생성될 수 있다는 개념인 항성 핵합성이라는 아이디어를 처음 제안한 프레드 호일과 함께 케임브리지에서 안식년을 보내던 중이었습니다. 파울러는 버비지 부부의 연구 결과에 흥미를 느끼고 공동연구를 제안했죠. 네 명의 연구자는 힘을 합쳐 보다 자세한 별의 핵융합 과정과 중원소 생성 원리를 구축하기 위해 노력했습니다. 핵합성 연구는 네 사람 사이에 우정을 빠르게 일구었죠. 파울러의 안식년이 끝나자 그는 버비지 부부가 계속 함께 연구할 수 있도록 패서디나로 이사할 것을 권유했습니다. 마거릿은 윌슨산에서 다시 펠로우십에 도전할 수 있었고, 제프리는 칼텍에서 켈로그Kellogg 펠로우십을 받아 파울러와 함께 일할 수 있었습니다. 하지만 윌슨산 천문대는 표면적으로는 여자 화장실이 없다는 이유로 여전히 여성에게 폐쇄적이었습니다. 이 장애물을 피해 돌아갈 방법을 찾기 위해 마거릿과 남편은 역할을 바꿨습니다. 1955년 마거릿은 반일제 켈로그 펠로우십을 받았고, 제프는 카네기 펠로우십을 수락하여 마거릿이 윌슨산 천문대에서 '조수'로서 함께 관찰할 수 있도록 했죠.

하지만 이 미봉책은 윌슨산 천문대에서 저항에 부딪혔습니다. 결국 책임자인 아이라 보웬Ira Bowen은 부부가 남자들과 함께하는 기숙사가 아닌 산에 있는 별도의 오두막에서 지내는 것을 조건으로 한발 물러섰습니다. 버비지 부부는 동의했습니다. 적어도 제프리가 계산을 하는 동안 마거릿은 망원경을 조작하고 관측할 수 있었으니까요.

모든 직원이 이 합의를 지지한 것은 아니었습니다. 아이러니하게도 마거릿을 비판한 사람 중 한 명은 밀턴 휴메이슨이었습니다. 그 자신도 청소부에서 천문학자가 되었지만, 많은 적대감에 직면하여 천문대에서 그녀가 설 자리가 없다고 생각했습니다. 하지만 마거릿은 그의 생각이 틀렸다는 것을 증명했죠. 시간이 지난 뒤 휴메이슨은 마거릿을 최고의 관측자 중 한 명으로 인정하게 되었고, 이는 세계 최고의 관측자 중 한 명으로 널리 알려진 사람으로부터 극찬을 받은 것입니다.

4명의 친구로 이루어진 천문학 연구팀은 마거릿의 관측 데이터를 사용해 이론적 모델을 테스트하고 개선하면서 핵 합성 모델을 계속 구축해 나갔습니다. 이 무렵 마거릿은 임신 중이었지만 출산 직전까지 관측을 계속했습니다. 1956년 8월에 딸 사라Sarah가 태어났고, 마거릿은 출산 후 얼마 지나지 않아 일터로 복귀했습니다. 그러나 그녀의 복귀로 인해 제프가 파울러와 함께 일하고 있던 칼텍의 다른 연구원들의 아내들에게 큰 반감을 사게 되었죠. 그 해, 4인조는 마침내 우주에서 관측되는 풍부한 원소들의 생성 메커니즘을 밝혀낼 수 있었습니다. 사라의 합류로 별의 죽음에 기반한 핵 합성 모델이 탄생했죠.

모든 별은 처음에는 핵융합 원자로로, 수소 핵을 중심부 깊은 곳에서 헬륨으로 융합하고, 그 과정에서 막대한 에너지를 방출합니다. 이렇게 생성된 바깥쪽으로 향하는 에너지 복사가 안쪽의 중력과 균형을 이루며 별은 동적 평형을 유지합니다. 수소가 모두 헬륨으로 융합되어 소진되면 핵융합로 노심에서 에너지 생산이 중단되고, 외부로 향하는 복사 압력이 멈추며 별은 자체 중력에 의해 붕괴하기 시작합니다. 압력이 쌓이고 핵의 온도가 상승하면 원자로가 다시 점화되죠. 이제 헬륨 융합이 시작되어 별이 에너지는 물론 탄소와 수소를 생산하고 헬륨이 다 떨어질 때까지 별이 다시 팽창합니다. 그런 다음 중력이 다시 한번 별을 붕괴시켜 핵융합이 시작될

▲ 마거릿 버비지가 제프 버비지(왼쪽), 윌리엄 파울러린 칼텍 교수와 함께 항성 핵합성에 대해 연구하고 있는 모습. 그들과 프레드 호일은 유명한 B^2FH 논문을 발표했다.

수 있을 만큼 압력과 온도가 높아지면 더 무거운 원소가 생성됩니다. 죽어가는 별이 마지막 숨을 내쉬며 철이 될 때까지 점점 더 무거운 원소를 내뿜으면서 이 과정은 계속됩니다. 철을 더 무거운 원소로 융합해도 더 많은 에너지를 생산하지 못합니다. 이 시점에서 별은 핵융합 주기를 끝내고 냉각되어 백색왜성이 되어 별의 삶을 끝내죠. 하지만 가장 거대한 별은 여기서 멈추지 않습니다. 중력 붕괴가 너무 커서 은하 전체보다 더 밝은 폭발을 일으킵니다. 바로 초신성이 되는 것이죠. 주기율표에서 철보다 더 무거운 원소들은 초신성 폭발과 초 거대질량 별이 죽고 남은 핵이라고 할 수 있는 중성자의 합병을 통해 생깁니다.

B^2FH 논문의 네 명의 저자는 별의 변화하는 수명주기 동안 다양한 원소의 합성을 유도하는 데 필요한 별의 극한 온도와 압력 조건을 연구했습니다. 마거릿은 마운트 윌슨에서 관측을 통해 항

지워진 천문학자들

성 핵 합성 모델에서 예측한 원소들이 풍부하다는 것을 확인했습니다. 모든 것이 들어맞는 것처럼 보였지만, 세부적인 부분을 더 확인해야 하는 어려움이 있었습니다. 여러 가지 프로세스가 작용하고 있었기 때문에 각각을 확인하고 설명해야 했죠. 마거릿과 제프리는 모든 연구 결과를 정리한 논문의 초고를 작성하기 위해 노력했습니다. 최종 버전은 1957년 Reviews of Modern Physics에 게재되었습니다. 수백 페이지에 달하는 이 대작에는 추가 이미지와 참고문헌이 첨부되어 항성 핵 합성 이론과 이를 뒷받침하는 데이터가 정리되어 있었습니다. 물리학자들은 보통 자신의 연구에 대해 다소 건조한 설명을 쓰는 경향이 있지만, 마거릿은 시를 좋아했고, 이 논문은 매우 기념비적이었기 때문에 셰익스피어의 인용문 두 개를 조합하여 시작하기로 선택했습니다.

"우리 위에 있는 별들이
우리의 상태를 지배한다." (리어왕, 4막 3장)

하지만 아마도

"사랑하는 브루투스여, 잘못은 우리 별에 있는 것이 아니라
우리 자신에게 있다." (줄리어스 시저, 1막 2장)

마거릿 버비지가 핵합성 논문의 제1저자로 이름을 올렸고, 그 뒤를 이어 제프리 버비지, 윌리엄 파울러, 프레드 호일이 공동 저자로 이름을 올렸습니다. 이 논문은 저자들의 이름을 따서 B^2FH라는 별칭이 붙을 정도로 큰 영향력을 발휘했습니다. 이 논문은 핵천체물리학 분야의 시발점이 되었으며 물리학 및 천문학 분야에서 가장 획기적인 논문 중 하나로 남아 있습니다. 빅뱅으로 수소와 헬륨이 만들어졌다고 알려져 있지만 그 외의 모든 것은 버비지, 파울러, 호일이 만들어낸 것입니다.

퀘이사 사냥꾼

B^2FH의 저자들은 빅뱅 모델의 약점, 즉 우주에 풍부한 중원소를 설명할 수 없다는 점을 탐구하기 시작했습니다. 그러나 중원소의 기원에 대한 그들의 설명은 실제로 빅뱅 이론과 모순되지 않았습니다. 오히려 중원소 생성의 수수께끼를 풀고, 새로운 별들이 태어나고 죽으면서 진화하고 팽창하는 우주에서 이러한 원소들이 태어났다는 것을 보여줌으로써 모델을 보완했죠. 윌리 파울러는 "우리 모두는 말 그대로 별 부스러기이다"라는 유명한 말을 남겼습니다. 마거릿 버비지는 '별똥별 부인Lady Stardust'라는 별명을 얻었습니다.

1957년, 제프리 버비지는 시카고대학의 천문학 교수 자리를 제안받았습니다. 친족등용금지 규정 때문에 마거릿은 비슷한 직책을 맡을 수 없었지만, 대신 지명직 펠로우십을 제안받았습니다. 그녀는 미국에서 가장 큰 망원경을 사용해 사랑하는 별을 계속 관측할 수 있다는 사실을 알고 흔쾌히 수락했습니다. 부부는 연구 초점을 바꾸고 맥도널드 망원경을 사용하여 빛의 스펙트럼을 측정하고 은하의 역학 및 질량을 분석하는 혁신적인 방법을 개발했습니다. 그 후 10년 동안 두 사람은 60편이 넘는 논문을 발표하며 이 분야의 연구에 박차를 가했습니다. 이 관측에는 또 다른 중요한 발견의 첫 번째 힌트가 숨겨져 있었습니다. 버비지 부부의 계산에 따르면 일부 은하단은 질량 대 광도의 비율이 비정상적으로 높다는 사실이 밝혀졌습니다. 즉, 은하단의 별들이 방출하는 빛의 양을 고려할 때 은하단의 질량이 너무 높은 것처럼 보였습니다. 그러나 그들의 연구는 별이 집중된 은하의 더 밝은 내부로 제한되어 명확한 결론을 내리기에는 데이터가 충분하지 않았죠. 1980년대에는 이후 자세히 설명할 공동 연구자인 베라 루빈Vera Rubin이 더 자세한 연구를 통해 은하의 추가 질량을 확인하여 우주 암흑 물질에 대한 최초의 명확한 증거로 환영받았습니다. 현재의 우주론 모델은 암흑 물질이 빅뱅 이후 우주의 구조를 만드는 데 중요한 역할을 했다는 것을 보여줍니다.

B²FH 논문과 그 이후의 활발한 연구로 버비지 부부는 천문학계에서 존경 받게 되었습니다. 학회에서 강연과 발표 제안이 쏟아졌고, 무엇보다도 은하단을 연구한 지 10년이 지나자 제프리와 마거릿에게 매력적인 교수직 제안이 들어왔습니다. 캘리포니아대학 샌디에이고 캠퍼스는 시카고대학과 마찬가지로 친족등용금지 규정이 있었지만, 제프리에게는 물리학 교수 자리를, 마거릿에게는 화학 교수 자리를 제안함으로써 이를 우회했죠. 두 사람은 동등한 파트너로서 경력을 이어갈 수 있는 기회를 놓치지 않고 1962년 UCSD로 자리를 옮겼고, 이때 그들의 연구에서 또 다른 예기치 않

은 전환점을 맞이하게 됩니다.

1963년, 천문학자들은 우주에서 전파를 방출하며 지금까지 알려진 가장 밝은 은하보다 수십 배나 밝은 천체를 찾아내는 놀라운 발견을 했습니다. 이 퀘이사(준성)quasar 전파원은 광속의 6분의 1에 해당하는 초당 47,000킬로미터의 놀라운 속도로 지구에서 멀어지고 있었습니다. 허블–르메르트 법칙에 따르면, 빠르게 움직이는 물체일수록 지구에서 더 멀리 떨어져 있습니다. 이 물체는 너무 빨리 움직여서 지구와의 거리가 25억 광년을 넘었죠. 마거릿 버비지는 이것에 바로 매료되었습니다. 그녀는 이 신비로운 퀘이사를 더 많이 찾아낼 수 있는 관측 기술과 망원경이 있었기 때문에 평소와 같은 집중력과 결단력을 가지고 연구에 착수했습니다. 그 후 10년 동안 그녀는 우주에서 가장 멀리 떨어진 천체로 남아 기네스북에 등재된 퀘이사 OQ172를 포함하여 수십 개의 퀘이사를 발견했습니다. 1967년, 그녀는 제프와 함께 퀘이사와 그 특성에 대한 요약본을 〈준성별 천체Quasi-Stellar Objects〉라는 책으로 출판했습니다. 이 책은 이후 수십 년 동안 이 분야의 표준 교과서가 되었습니다.

항성 핵합성과 마찬가지로 퀘이사는 빅뱅 이론과 팽창하는 우주를 지지하는 또 다른 증거인 것처럼 보였습니다. 퀘이사는 모두 빛의 파장이 '적색편이'되거나 늘어나서 지구에서 멀어지고 있는 것으로 관측되었습니다. 만약 퀘이사가 지구를 향해 움직이고 있었다면, 방출된 광파가 눌리거나 '청색편이'가 되었을 것입니다. 그러나 청색편이 퀘이사는 지금까지 관측된 적이 없으며, 우주의 팽창보다 적색 편이를 더 잘 설명할 수 있는 다른 대안 모델도 없었습니다. 여전히 정상우주론을 지지하는 제프리 버비지와 프레드 호일은 대안을 설명하려고 노력했지만 널리 받아들여지지 않았습니다. 마거릿도 정상우주론을 지지했지만, 제프리보다는 열렬하지 않았습니다. 그녀에게 퀘이사와 은하 자전, 별의 화학적 구성은 관측의 관점에서 볼 때 매우 흥미로웠고, 궁극적으로 어떤 모델이 확정되든 새로운 물리학의 문을 열었기 때문입니다.

버비지는 칼텍에서 파울러와 협력하면서 1953년 사망한 에드윈 허블의 미망인인 그레이스 허블Grace Hubble과 인연을 맺게 되었습니다. NASA가 허블 망원경의 발사 작업을 시작할 때 버비지는 퀘이사와 같은 매우 먼 천체를 연구하기 위해 특별히 설계된 희미한 물체 분광기(FOS)를 개발하는 데 주도적인 역할을 했습니다. 1990년 허블 망원경이 처음으로 발사되었을 때 문제가 발생했습니다. 광학 망원경의 주 거울에 결함이 생겨 이미지가 흐릿하게 보였기 때문이죠. 다행히도 NASA는 우주에서 망원경을 수리하기 위해 혁신적인 후속 임무를 수행했고, 큰 성공을 거두었습니다. 덕분에 망원경의 후속 이미지는 더욱 장관을 이루었습니다. 하지만 버비지의 FOS는 처음부터 완벽하게 작동하여 새로운 데이터를 풍부하게 제공했습니다. 전쟁 중 런던 ULO 주변에 떨어진 폭탄의 경험에 의해 그녀는 극한의 우주 환경에서 원활하게 작동할 수 있는 장치를 설계할 수 있었습니다. FOS가 관측한 수많은 관측 자료에 의해 M87 은하의 중심에는 초거대 질량 블랙홀이 있다는 것이 확인됐습니다. 이 블랙홀은 2019년에 전 세계의 전파 망원경 네트워크 EHT(Event Horizon Telescope, 사건의 지평선 망원경, 역자주)를 통해 이미지화 되었습니다.

변화를 위한 투쟁

허블 망원경은 2020년 4월에 30번째 생일을 맞이했습니다. 우주에서 오랜 기간 저명한 경력을 쌓아온 허블 망원경은 마지막 10년간의 운영에 들어갔고, 곧 후계자 망원경이 발사 준비를 마쳤습니다.

2021년 크리스마스, 저는 전 세계인들과 함께 허블의 후계자인 제임스웹 우주망원경(JWST)이 ESA의 로켓을 타고 우주로 날아오르는 모습을 경외감 속에서 지켜보았습니다. JWST는 허블보다 100배 더 희미한 물체를 볼 수 있도록 설계되었으며, 우주의 가장 먼곳과 그 탄생 직후의 초기 시기를 탐구할 수 있는 능력을 가지고 있습니다. JWST는 발사 후 1년도 채 되지 않아 가장 멀고 어린 은하의 숨 막히는 이미지를 포착하여 그 약속을 지켰습니다. 헨리에타 레빗이 이 놀라운 새 망원경으로 무엇을 관측하고 싶었던 걸까요? 망원경에 그녀의 이름이 명명되지 않은 이유도 궁금합니다.

하버드 재학 시절부터 레빗은 관측 가능한 우주를 넘어서 140억 년 전 우주의 시작까지 이어지는 곳까지 영향력을 남겼습니다. 그녀의 존재는 천문대에 오래 머물렀고, 심지어 어두운 밤에 그녀의 유령이 책상에서 떠다닌다는 소문도 돌았습니다(아마도 그녀의 책상을 물려받은 세실리아 페인이 밤늦게까지 일하는 것을 좋아했기 때문이었을 것입니다). 그러나 레빗의 과학적 존재감은 분명 지속되어 미래의 천문학에서의 거리 측정에 영향을 미쳤습니다.

1925년 스웨덴 왕립과학원 회원인 예스타 미타그레플레르Gösta Mittag-Leffler는 섀플리 원장에게 편지를 보내 레빗을 노벨상 후보로 추천할 것을 제안했습니다. 하지만 미타그레플레르는 레빗이 사망했다는 소식을 듣지 못했고, 레빗은 이미 사망했기 때문에 수상

지워진 천문학자들

자격이 없었습니다. 레빗은 자신의 삶을 모두 소진했지만 인류가 시간의 역사에서 제자리를 찾는 데 도움을 주었습니다. 달의 레빗 분화구와 레빗 소행성은 그녀의 이름을 따서 명명되었으며, 텍사스 맥도날드 천문대의 망원경에도 그녀의 이름이 새겨져 있습니다. 그럼에도 불구하고 그녀는 결국 대중의 과학적 기억에서 희미해졌습니다.

에드윈 허블은 그의 이름을 딴 유명한 망원경과 허블 법칙 덕분에 영원히 잊히지 않을 것입니다. 그러나 주기광도 관계는 처음에는 레빗의 이름을 붙이지 않았습니다(현재는 점차 레빗 법칙으로 불리고 있습니다). NASA의 주력 우주 망원경 중 여성을 기리는 망원경은 없죠. 이러한 누락을 바로잡을 수 있는 명백한 기회가 있었음에도 불구하고 NASA는 허블의 후임 망원경에 NASA의 전 국장의 이름을 따서 명명했습니다. 제임스 웹이 트루먼 행정부 시절 라벤더 공포Lavender Scare 당시 과학자들에 대한 동성애 차별에 연루되었다는 증거가 드러나면서 망원경의 이름을 바꿔야 한다는 주장이 제기되었습니다. 여러 가지 이름이 제안되었지만 헨리에타 레빗보다 더 좋은 이름은 없을 것 같습니다.

마거릿 버비지는 경력을 쌓는 동안 많은 과학적 사실을 발견해 인정받았지만, 남성의 전유물로 여겨지던 천문학자라는 직위에서 인정받지는 못했습니다. 예를 들어 1972년, 그녀는 영국 왕립 그리니치 천문대의 책임자로 임명되어 여성 최초로 이 저명한 직책을 맡게 되었습니다. 300년이 넘는 기간 동안 이 천문대장은 왕립 천문학자로도 임명되었습니다. 그러나 버비지에게는 그 직함이 주어지지 않았고 다른 전파 천문학자인 마틴 라일Martin Ryle이 대신 왕립 천문학자로 임명되었습니다. 버비지는 행정적 역할에 필요한 정치적 조율을 좋아하지 않았고, 2년 만에 사임하고 샌디에이고의 교수직으로 돌아갔습니다.

버비지는 1971년 미국 천문학회(AAS)에서 여성에게만 수여하는 애니 점프 캐넌 상을 거절해 화제가 되기도 했습니다. 그녀는 여성이 남성과 동등한 기회를 부여받기를 원했습니다. 이 사건은 성 편견에 대한 논의를 일으켰고, 천문학에서 여성의 지위에 관한 최초의 위원회가 만들어지는 계기가 되었습니다. 1976년 버비지가 AAS 회장이 되었을 때, AAS는 미국 평등권 수정안을 비준하지 않은 주에서는 어떤 회의나 회의도 개최하지 않기로 합의했습니다. 1984년, 마거릿은 학회가 성별에 관계없이 수여하는 최고 영예인 AAS 헨리 노리스 러셀 렉처십Henry Noriss Russell Lectureship을 수상했습니다. 그러나 그해 노벨 물리학상은 그녀의 절친한 친구이자 B²FH 공동 저자인 윌리엄 파울러의 우주 화학 원소 형성에 대한 연구로 돌아갔습니다. 파울러는 그가 유일한 수상자라는 사실에 충격을 받았지만, 수상을 거부하지 않았습니다.

마거릿 버비지는 남은 경력 동안 계속해서 여성의 권리를 옹호했습니다. 그녀는 많은 여성들이 천문학을 선택하도록 영감을 주었고, 개인적인 멘토링을 제공했죠. 제프리는 마거릿의 모든 활동에 동행했습니다. 1963년 인도로 여행을 떠난 두 사람은 그곳의 매력에 빠져 여러 차례 돌아와 학회에 참석하고, 프레드 호일의 제자였던 인도 물리학자 자얀트 나리카르Jayant Narlikar와 공동연구를 진행하기도 했습니다. 제프리는 2010년에 여든네 살의 나이로 세상을 떠났습니다. 마거릿은 2020년에 마침내 별을 향해 떠났죠. 그녀는 B²FH 논문의 페이지 수인 100세까지 살았습니다.

지워진 천문학자들

최근 저는 제 커리어에서 마거릿 버비지를 떠올리게 하는 딜레마에 직면했습니다. 제 연구 분야와 관련된 논문 선집에 글을 기고해 달라는 초대를 받아 기뻤습니다. 그런데 원고를 제출한 이후, 저를 초대한 건 출판물 기고자의 다양성을 높이기 위해서였다는 사실을 알게 되었습니다. 즉, '여성' 저자가 필요했던 것이죠. 편집자는 논문을 제출해준 모든 저자에게 감사를 표하며 제 연구에 대해선 언급하지 않은 채 '다양성'을 더해준 데 대해 저에게 고마움을 표시했습니다. 저는 어떻게 대응해야 할지 고민했습니다. 진정성 없는 형식주의에 반대해야 할까요, 아니면 풍파를 일으키지 말고 조용히 있어야 할까요? 여성이라는 이유만으로 논문이 게재되는 것을 원치 않았지만, 한편으로는 철회하면 저만 피해를 보는 것이 아닐까요? 어차피 다른 논문은 출판될 것이고, 젊은 연구자(특히 젊은 여성)들로 하여금 또다시 저자가 모두 남성인 상황에 직면하도록 하고 싶지 않았습니다.

그러다 마거릿 버비지가 애니 점프 캐넌 상을 공개적으로 거부한 것이 떠올랐습니다. 그래서 저는 논문을 철회하고 편집자와 다른 모든 저자에게 그 이유를 설명했습니다. 저는 버비지와 같은 효과를 얻지는 못했습니다. 하지만 편집자로부터 사과와 함께 더 분발하겠다는 약속을 받았죠.

3

탈출 속도에 대하여
우주 탐험의 길잡이들

#Mary_Golda_Ross
#Joyce_Neighbors
#Dilhan_Eryurt
#Claudia_Alexander

인간, 우주로 나아가다

로켓이 조용히 하늘로 솟구쳐 오릅니다. 곧이어 엔진의 웅장한 굉음이 귀를 울립니다. 우주선을 움직이는 엄청난 힘, 그리고 성층권으로 떠오르는 작은 얼룩을 조화시키며 저도 모르게 숨을 참았습니다. 이 작은 우주선이 정말 중력을 이길 수 있을까요? 화성까지 도달할 수 있을까요?

저는 2013년 11월의 화창한 날, 플로리다 케이프 커내버럴Cape Canaveral에서 화성 정찰 위성인 MAVEN이 발사되는 것을 목격할 수 있었던 운이 좋은 사람 중 한 명이었습니다. MAVEN은 Mars Atmosphere and Volatile EvolutioN(화성 대기와 휘발성 물질의 변천)의 약자입니다. MAVEN이라는 이름의 로봇 탐사기는 인간의 눈으로는 볼 수 없는 것을 관찰하고, 화성 대기에서 무슨 일이 일어났는지, 화성인은 왜 없는지를 연구할 예정이었습니다. 이 우주선은 너무 빨리 구름 속으로 사라졌고, 저도 이 탐사 임무에 참여

▲ 1964년 아틀라스–아제나 로켓을 타고 발사된 화성 탐사선 마
리너 4호는 다른 행성의 사진을 최초로 촬영했다.

하고 싶다는 열망이 남았습니다. 그 후 저는 NASA의 케네디 우주
센터 방문자 단지를 돌아다니며 역대 우주선을 전시해 놓은 로켓
정원Rocket Garden의 모습에 감탄하고 우주 비행의 역사에 관한 전시
를 둘러보았습니다.

　인류는 꽤 오랫동안 화성에 집착해 왔습니다. 사실 MAVEN은
지구인이 이웃 행성을 탐사하려는 마흔 두 번째 임무였죠. 1960년
소련이 첫 번째 시도를 했지만 실패로 돌아갔습니다. 그 다음 시도
도 실패했고요. 그리고 그 다음, 또 그 다음 시도도 전부 실패했습
니다. 시속 10만 킬로미터 이상의 속도로 궤도를 따라 이동하면서
수천만 킬로미터 떨어진 행성을 향해 우주선을 조준한다는 것은

　　　　　　　　　　　　　　　　　지워진 천문학자들

매우 어려운 일입니다.

소련은 미국이 1964년 NASA의 마리너Mariner 3호 우주선을 발사하여 화성으로의 첫 비행을 시도하기 전까지 다섯 번이나 실패했습니다. 미국의 마리너 3호 발사도 실패했죠. 우주 경쟁에서 지고 싶지 않았던 NASA는 3주 후에 마리너 4호를 발사했습니다. 발사는 성공했지만, 관제 센터가 탐사선이 목적지에 도착할 때까지 모니터링하고 초조히 기다리는 동안 8개월이라는 긴 시간이 흘렀습니다. 마침내 우주 깊은 곳에서 소식이 들려왔습니다. 마리너 4호가 화성 항해에 성공했고, 지구에 있는 사람들에게 보낼 사진을 몇 장 찍었다는 소식이었죠. 도착한 사진은 선명하지 않은 흑백 사진 21장뿐이었지만, 지구가 아닌 다른 행성의 표면을 근접 촬영한 최초의 사진이었습니다. 이 사진 앨범은 전 세계를 매료시켰죠.

소련은 화성 최초 탐사 경쟁에서 패했지만 달 탐사에서는 여전히 앞서 있었습니다. 1957년에 지구 궤도를 도는 최초의 인공위성인 스푸트니크Sputnik를 발사하여 유리한 고지를 선점했습니다. 하지만 달을 향한 첫 번째 임무는 실패로 끝났습니다. 이후 두 번의 시도도 실패했죠. 그리고 1959년, 소련의 루나Luna 1호가 달의 뒷면을 촬영한 최초의 탐사선이 되는 데 성공했습니다. NASA는 1958년부터 1964년까지 무려 13번의 달 탐사를 시도했지만 모두 실패로 돌아갔습니다. 마침내 1964년에 마리너 4호가 화성으로 떠나기 직전, 레인저Ranger 7호가 달 탐사에 성공했다는 사진을 지구로 전송했습니다. 불과 5년 후, 인류가 처음으로 달에 발을 디딘 것은 정말 기적과도 같은 일이었습니다.

저는 케네디 방문자 센터의 전시물을 돌아다니며 이 놀라운 역사에 대한 글을 읽었습니다.

"인간에게는 작은 발걸음이지만,
인류에게는 거대한 도약입니다!"

우주비행사 닐 암스트롱Neil Armstrong이 1969년 인류 최초로 달에 발자국을 남기며 외쳤던 이 말은 무척 인상적이죠. 아폴로Apollo 11호 달 착륙선에도 상징적인 명판이 새겨져 있습니다.

"우리는 모든 인류를 위해 평화로이 왔습니다."

저는 영감을 받으면서도 동시에 소외감을 느꼈습니다. 우주 탐험 이야기에서 여성은 찾을 수 없었기 때문이죠. 달 탐사 임무를 수행한 24명의 우주비행사는 모두 남성입니다. 하지만 별을 향한 우리의 작은 발걸음 뒤에 숨겨진 진짜 이야기는 따로 있습니다. 달에 닿을 기회는 없었지만 지구에서 큰 도약을 한 여성을 포함한 많은 용감한 사람들의 이야기죠.

텍사스, 앨라배마, 캘리포니아, 버지니아, 플로리다, 뉴멕시코의 사막에 있는 NASA 센터와 미국 전역의 연구소와 회사에서 여성으로 구성된 팀이 복잡한 계산을 수행하고, 솔루션을 설계했으며, 우주 비행에 필요한 시스템을 구축했습니다. 오늘날 가장 잘 알려진 여성은 아마도 닐 암스트롱과 다른 우주비행사들을 달까지 안전하게 데려다주고 돌아온 뛰어난 과학자 캐서린 존슨Katherine Johnson일 것입니다. 하지만 그녀만 있는 것이 아닙니다.

최초의 인공위성과 인간을 궤도에 올려놓는 임무, 태양계의 모든 행성을 향한 임무, 우주왕복선 임무, 우주정거장 프로젝트, 소행성과 혜성 탐사, 태양계 외곽을 향한 역사적인 보이저호의 여행,

지워진 천문학자들

달을 향한 아폴로 임무에 모두 여성들이 참여했습니다. 그들은 수학자, 엔지니어, 의사, 컴퓨터 과학자, 천문학자, 물리학자, 몽상가였습니다.

오클라호마에서 온 선생님

1908년 오클라호마에서 태어난 메리 골다 로스Mary Golda Ross는 증조할아버지를 직접 만난 적은 없지만 그를 알고 있었습니다. 존 로스John Ross는 영어로 체로키족으로 알려진 애니기두와기Anigidu-wagi 부족의 존경받는 최장수 지도자였습니다. 코우위스구위Koowis-guwi 추장은 전쟁을 선포하지 않고도 애팔래치아 산맥에 있는 애니기두와기 부족의 조상 땅을 지키기 위해 할 수 있는 모든 일을 다 했습니다. 그러나 체로키 땅에서 금이 발견되었고 그의 모든 노력은 실패로 돌아갔죠. 1838년 겨울, 7,000명의 군인과 남부 민병대가 16,000명의 비무장 체로키를 땅에서 밀어내고 서부로 강제 이주시켰는데, 이것이 '눈물의 길'로 알려지게 되었습니다. 존 로스는 아내 콰티Quatie를 비롯한 수많은 희생자를 애도한 후 오클라호마에서 체로키 부족을 재건하는 데 집중할 힘을 얻었습니다. 그는 체로키 헌법을 새로 만들고, 탈레콰Tahlequah에 새로운 수도를 건설하고, 학교와 법원, 신문을 만드는 데 도움을 주었습니다. 남북전쟁의 대격변과 더 많은 조약이 체결되는 상황 속에서 부족을 이끌기도 했죠. 끊임없는 노력에도 불구하고 그는 1866년 체로키를 독립시키는 꿈을 이루지 못한 채 세상을 떠났습니다.

메리 로스의 어린 시절은 체로키족에게 또 다른 암흑기였습니다. 메리가 태어나기 1년 전인 1907년, 오클라호마는 공식적으로 주가 되었고 미국 원주민이 아닌 정착민들에게 개방되었습니다. 체로키 족의 길고 고통스러운 재건 과정은 좌절되었습니다. 부족 정부는 외면당하고 빈곤이 주요 문제로 떠올랐습니다. 이러한 혼란 속에서 메리는 오자크Ozark 산맥 근처의 오클라호마주 파크힐에서 네 남매와 함께 자랐습니다. 전쟁에 시달리던 부족은 여전히 교육을 중시했기 때문에 메리는 학교를 다닐 수 있는 인근 탈레콰의 조부모와 함께 살도록 보내졌습니다. 영재였던 그녀는 고등학교 졸업장을 받는 여성이 많지 않던 시절, 16세에 고등학교를 졸업하며 '골드'라는 별명에 걸맞은 멋진 삶을 살았습니다.

1846년 존 로스 추장은 남학생과 여학생을 위한 고등 교육 기관을 설립할 것을 제안했고, 메리의 고향인 파크힐에 체로키 여자 신학교의 주춧돌을 놓았습니다. 1889년, 기존 학교가 불타 없어진 후 탈레콰 북쪽에 더 큰 규모의 새 건물이 지어졌습니다. 오클라호마주가 생긴 후 신학교는 주립학교가 되어 노스이스턴 주립 교사 대학으로 이름이 바뀌었고, 이후 미국 최초로 남성과 여성 교수진에게 동등한 임금을 지급하는 기관이 되었습니다. 1924년 메리가 이곳에 입학하는 것을 본 추장이 얼마나 자랑스러워했을까요?

메리는 다른 어떤 것보다 수학을 즐겼습니다. "수학은 늘 저에게 게임이었어요."라고 말하곤 했죠. 메리는 수학을 전공하기로 했습니다. 많은 경우 교실에서 유일한 여성이었던 메리는 남학생들이 반대편에 앉아 있는 동안 교실 한쪽에 혼자 앉아 있곤 했습니다. 하지만 개의치 않았죠. 그녀는 아웃사이더가 된다는 것이 어떤 의미인지 알고 있었고, 무엇이든 혼자서도 잘 해낼 수 있다는 것을 알았기 때문입니다. 실제로 남학생들보다 더 좋은 성과를 보였죠.

1928년, 20세의 메리 로스는 수학 학사 학위를 받은 미국 내 몇 안 되는 여성 중 한 명이 되었습니다.

메리가 대학을 졸업할 무렵, 미국 정부는 미국 전역의 '아메리카 원주민' 현황에 관한 보고서를 발표했습니다. 847페이지에 달하는 '메리엄 보고서Meriam Report'에는 암울한 그림이 그려져 있었죠. 영양실조가 가장 큰 문제였습니다. 유아 사망률은 전국 평균보다 두 배나 높았고, 아메리카 원주민의 약 96%는 연간 소득이 200달러 미만이었습니다. 원주민 아이들을 가족과 그들의 문화로부터 분리시키는 기숙학교 시스템은 '매우 부적절하다'고 평가될 정도로 더 나은 교육 시스템이 절실했습니다.

로스는 수학과 과학 교육이 학생들이 현대사회에서 더 빠르게 성공하고 멀리 나아가는 데 도움이 될 것이라고 믿었습니다. 그녀는 졸업 후 10년 동안 오클라호마의 작은 마을에 있는 공립학교에서 학생들을 가르쳤습니다. 한편, 이때는 격동의 시기였습니다. 1929년 주식 시장이 폭락하면서 경제 시장에서 수십억 달러가 사라졌고, 대공황이 시작됐습니다. 10년 동안 이어진 경제적 어려움은 모두에게 큰 타격을 입혔지만, 인디언계 미국인들에게는 너무나 익숙한 일이었습니다. 1930년대에는 오클라호마와 인근 주에 더스트볼Dust Bowl이라는 가뭄, 먼지, 생태적 재앙도 닥쳤습니다. 약 250만 명이 일자리를 찾아 떠나는 대이동이 일어났죠. 거의 50만 명의 오클라호마 주민들이 행렬에 합류했습니다. 메리 로스도 그중 한 명이었습니다.

1936년, 로스는 공무원 시험에 합격하여 인디언 사무국(BIA)에 고용되었습니다. 통계학자로 잠시 근무한 후, BIA의 교육 부서는 학위를 가진 원주민 여성이 교육에 관여해야 한다고 판단하고 로스를 뉴멕시코에 있는 산타페 인디언 학교Santa Fe Indian School의 여학생 고문으로 임명했습니다. 여름 동안 그녀는 콜로라도 주립대학에서 수학 대학원 과정을 수강했습니다. 그녀는 천문학에 큰 흥미를 느꼈고, 이 대학의 모든 천문학 강좌에 등록했습니다. 1938년, 그녀는 천문학 분야에서 새로운 전문 지식을 쌓으며 수학 석사 학위를 취득했습니다. 1930년대에 여성이 고급 수학 학위를 취득한 것은 드문 일이었고, 미국 원주민 여성이 수학 학위를 취득한 것은 전례 없는 일이었습니다. 메리 로스는 커리어에 있어 새로운 문을 열 준비가 되어 있었죠.

스컹크 웍스에서 일하다

미국이 제2차 세계대전에 참전했을 때, '전쟁터에 나간 남성들이 남긴 일을 해달라'는 문구의 여성 근로자 모집 포스터가 곳곳에 붙었습니다. 남성들이 참전한 상황에서 국가에 남은 여성들이 일을 계속해야 했죠. 600만 명의 미국 여성이 그 부름에 응해 노동에 참여했습니다. 이들은 사무직, 실험실 기술자, 트럭 운전사, 비행기 조종사, 공장 기술자와 병원 종사자로 일하며 아이들을 돌보는 동시에 전쟁 물자를 계속 생산했습니다. 기혼 여성은 4명 중 1명꼴로 전쟁 중 일하러 나갔습니다. 30만 명 이상의 여성이 항공 산업에 종사했는데, 이는 전쟁 전보다 50배 이상 증가한 수치죠. 1943년에는 여성이 항공 산업 인력의 3분의 2를 차지했는데, 이는 모든 산업에서 여성 비율이 가장 많이 증가한 수치였습니다. 메리 골다 로스도 신입사원 중 한 명이었죠.

지워진 천문학자들

아버지는 메리에게 자신의 기술력을 전쟁에 적용할 수 있는 방법을 찾으라고 격려했습니다. 메리는 1942년 캘리포니아에 있는 친구를 방문하던 중, 록히드 항공기 회사Lockheed Aircraft Corporation에 일자리가 있다는 소식을 들었습니다. 록히드는 공군을 위해 중요한 작업을 수행하고 있었기 때문에 버뱅크Burbank 공장은 교외 주택가처럼 보이도록 위장되어 있을 정도로 비밀리에 운영되고 있었습니다. 그녀는 독일 공군과 일본 제국 공군의 위력에 맞서기 위해 새로 개발된 주력 전투기인 P-38 라이트닝 전투기 개발에 지원하여 채용되었습니다. P-38은 가볍고 빨랐으며, 세계 최초로 시속 640킬로미터의 속도를 낼 수 있는 군용기였습니다. 하지만 고속으로 급강하할 시 조종장치가 잠기고 비행기가 실속하는 문제가 발생했습니다. 이 설계 결함으로 인해 1941년 테스트 파일럿 랄프 버든 Ralph Virden은 목숨을 잃었죠.

메리는 P-38의 설계를 개선하기 위해 바쁘게 일하는 팀에 합류했습니다. 이 팀은 록히드 건물에 개인 공간을 제공받고 '스컹크 웍스Skunk Works'로 불리게 된 록히드 첨단 개발 프로그램의 핵심을 구성하게 됩니다. 기존의 항공기 제작 핸드북은 P-38의 문제를 해결하는 데 큰 도움이 되지 못했습니다. 따라서 안전과 안정성을 보장하면서도 속도에 알맞은 최적의 구조를 설계해야 했습니다. 즉 계산과 실험을 새롭게 수행해야 했죠. 메리의 팀은 이 과제를 잘 수행해냈습니다. P-38은 전쟁 동안 9,000대가 넘는 항공기를 대량 생산하여 전쟁 기간 내내 생산 및 사용된 유일한 미국 전투기가 되었습니다. 혹시 메리는 한때 동족인 인디언들에게 비극적으로 사용되었던 미국의 군사력에 기여하는 데 주저하지는 않았을까요? 하지만 메리의 아버지는 전쟁을 돕도록 격려했고, 독일 나치즘과 일본

▲ 메리 골다 로스의 모습. 로스는 수학과 천문학을 좋아하여 NASA의 우주 프로그램에서 우주
선 발사를 도왔다.

제국주의의 위협이 강력한 동기부여로 작용했습니다. 사실 로스는
천문학에 대한 애정에서 비롯된, 남몰래 우주여행을 꿈꿔왔다는
동기도 있었죠.

　전쟁이 끝나자 여성들은 집으로 돌아가 주부이자 어머니가 되어
야 했습니다. 마치 시간을 거슬러 올라가 전쟁이 일어나지 않았던
것처럼요. 기술직에 종사하던 여성들은 남자들이 일터로 돌아왔을
때 해고되었습니다. 그러나 록히드는 메리를 남성의 자리를 대신했
던 여성으로 보지 않았죠. 록히드는 전쟁에서 돌아온 남성 수학자
와 엔지니어를 채용할 수 있었음에도 불구하고 메리에게 팀의 영
구 멤버로 남아달라고 요청했습니다. 또 그녀의 재능에 깊은 인상
을 받아 수학 학위를 보충하기 위해 캘리포니아대학에서 항공 공
학 자격증을 취득할 수 있도록 비용을 지원했죠. 스컹크 웍스는 40

　　　　　　　　　　　　　　　지워진 천문학자들

명의 과학자로 구성된 엘리트 R&D 팀으로 공식 출범했고, 로스는 유일한 여성이자 유일한 아메리카 원주민으로 초대받았습니다.

복수의 무기

　제2차 세계대전은 끝났지만 냉전은 이제 막 시작되었습니다. 메리 로스와 스컹크 웍스 팀은 전투기 설계에서 나아가 소련과 중국, 이후 쿠바와 베트남 상공에서 고고도 정찰 임무를 수행하는 U-2 정찰기를 설계했습니다. 스컹크 웍스는 군사용 미사일과 로켓도 개발했지만, 대부분의 프로젝트는 기밀로 유지되고 있습니다. U-2는 네바다의 군사 기지로 알려진 51구역을 포함한 비밀 장소에서 시험 비행을 했는데, 이곳은 수년 동안 UFO 애호가들에게 큰 영감을 준 장소입니다. 동쪽에 있는 뉴멕시코에서는 전쟁이 끝나면서 미국 우주 프로그램이 시작되었습니다.

　인류가 달에 첫 발자국을 남기기 2만 년 전, 뉴멕시코 남부 오테로Otero 호수 기슭의 화석화된 돌에 인류의 발자국이 남았습니다. 한동안 초원은 평화로웠지만, 기후가 서서히 변하면서 약 1만 2천 년 전 고대 호수가 증발했습니다. 건조한 바람이 메마른 분지를 가로질러 불면서 고운 하얀 석고 모래로 이루어진 거대한 모래 언덕이 만들어졌습니다. 현재 화이트 샌드White Sand 국립공원의 일부인 이 지역은 700제곱킬로미터가 넘는 세계 최대의 석고 모래밭으로 알려져 있습니다. 매년 수십만 명의 관광객이 이 공원을 찾아 눈처럼 하얀 사막에 감탄합니다. 20년 전, 저도 관광객 중 한 명이었습니다. 빛나는 하얀 모래언덕과 낯설고 이질적인 풍경에 즉시 반했습니다. 저는 사막에 매료되어 몇 년 후 연인과 사막에서 결혼식을 올렸습니다. 탁 트인 하늘 아래 사방의 모래언덕과 발아래 반짝이는 모래를 바라보며 서약을 주고받았죠. 그곳에 가면 마치 다른 행성에 온 것 같은 기분이 듭니다. 사실 화이트 샌드는 인간에게 다른 세계로 향하는 문을 열어주는 데 큰 역할을 했습니다.

공원은 아름답지만, 인근 지역에는 어두운 역사가 있습니다. 1945년 7월 9일, 미 전쟁부는 화이트 샌드 공원 주변 지역을 군사무기 실험장인 화이트 샌드 미사일 레인지로 지정했는데, 이는 단순한 무기가 아니라 뉴멕시코주 로스알라모스 북부에 설계 중인 대량 살상용 원자폭탄을 시험하기 위한 것이었습니다. 불과 일주일 후인 1945년 7월 16일, 화이트 샌드의 트리니티 부지 위 푸른 하늘에 버섯구름이 떠올랐습니다. 그로부터 3주 뒤에는 히로시마와 나가사키 상공에 버섯구름이 피어올라 물리학계에 영원히 핏빛 얼룩을 남겼죠. 그 다음 주, 일본은 항복하고 제2차 세계대전은 종식되었습니다. 이로 인해 화이트 샌드에는 독일군으로부터 압수한 독일제 Aggregat4(A-4) 탄도미사일 100기를 포함한 막대한 양의 무기와 장비가 들어오게 됐습니다.

액체 연료 로켓 엔진으로 초음속으로 움직이는 세계 최초의 장거리 유도 미사일인 A-4는 나치 친위대원이자 물리학자였던 베르너 폰 브라운Wernher von Braun의 아이디어로 탄생했습니다. 폰 브라운은 별에 도달할 수 있는 로켓을 만들겠다는 꿈이 있었습니다. 전쟁 중에는 별이 아닌 런던이 목표였죠. 히틀러는 연합군의 독일 폭격에 대응하기 위해 '복수의 무기'를 요구했습니다. A-4가 바로 그 무기였습니다. 독일군은 이 무기에 Vergeltungswaffe 2(Vengeance 2), 줄여서 V-2라는 별명을 붙였습니다. 전쟁 막바지 몇 달 동안

지워진 천문학자들

런던과 앤트워프에 3,000여 발의 폭탄이 쏟아져 수천 명이 사망했습니다. 폰 브라운은 말년에 〈나는 별을 겨냥한다I Aim at the Stars〉라는 자서전을 썼습니다(한 코미디언은 "하지만 가끔은 런던을 맞히기도 했습니다."라며 씁쓸하게 비꼬았죠). 그가 전쟁 중에 시험 발사한 발사체 중 하나는 별을 향해 날아간 적이 있습니다. 1944년 6월 20일, V-2 로켓이 대기권 너머까지 올라갔다가 지구로 다시 내려왔죠. 인류가 100킬로미터의 대기권을 넘어 물체를 보낸 것은 그때가 처음이었습니다. 우주로 향하는 문이 열린 것이죠.

전쟁이 끝나자 모두가 독일의 로켓 기술과 이를 연구한 과학자들을 손에 넣으려고 안간힘을 썼습니다. 미국과 러시아는 전리품 대부분을 나눠 가졌는데, 특히 독일의 로켓 제조 및 미사일 발사 시설은 소련 우주 프로그램의 토대를 마련하는 데 도움이 되었습니다. 한편 미국은 화이트 샌드에서 우주 발사 시험용 V-2 로켓을 개조하기 위해 서둘렀습니다. 러시아는 하룻밤 사이에 2,000명 이상의 독일 과학자와 기술자를 데려가 소련에서 일하도록 했습니다. 미국인들도 1,600명을 데려갔습니다. 그중에는 베르너 폰 브라운도 있었죠.

폰 브라운은 1939년 나치당에 가입한 것은 자신의 일을 포기할 수 없었기 때문이라고 미국 당국에 말했지만, 사실 1937년에 이미 당원이 된 상태였습니다. 또한 독일 로켓 및 미사일 프로그램의 책임자였음에도 불구하고 당에서 정치적으로 활동하지 않았다고 주장했죠. 하인리히 히믈러Heinrich Himmler가 친위대 중위 직책을 제안했을 때도 폰 브라운은 수락할 수밖에 없었다고 주장했습니다. 그가 설계하고 생산에 들어간 독일 V-2 미사일은 런던 시민뿐만 아니라 미텔바우도라 강제수용소에서 미사일 제작을 위해 노예 노동자로 일했던 수천 명의 수감자에게도 죽음을 가져다주었습니다. 수감자들은 폰 브라운이 수용소를 자주 방문했다고 말했지만, 그 역시 나중에 이를 부인했습니다. 그는 포로들에 가해진 잔인한 처우에 대해 알고 있었다고 인정했지만, 개입할 힘이 없었다고 말했죠.

그가 자발적인 나치였든 아니든, 로켓 마법사 같은 놀라운 능력은 전쟁 후의 후폭풍으로부터 그를 보호해 주었습니다. 그의 팀은 화이트 샌드 시험장에서 100킬로미터도 채 떨어지지 않은 텍사스의 한 육군 기지로 보내졌습니다. 그곳에서 그들은 미군에게 로켓과 미사일 기술을 교육하고 우주 발사를 위한 V-2의 조립과 개조 작업을 도왔습니다. 최초의 V-2는 1946년 화이트 샌드에서 시험 발사되었고, 라이프지Life는 5페이지에 걸쳐 다뤘습니다. 1947년, 미국 V-2가 최초로 동물을 실어 우주로 날아올랐습니다. 그 동물은 뉴멕시코 초파리였죠.

마침내 이륙하다

베르너 폰 브라운은 미국인들을 우주로 인도할 수 있는 프로그램에서 점점 더 중요한 역할을 맡게 됩니다. 1950년, 그의 팀은 앨라배마 주 헌츠빌로 이전하여 우주를 비행하기 위해 개선된 새로운 로켓을 계속 설계했습니다.

한편 소련도 로켓 발사를 목표로 하고 있었지만, 미국만큼 공개적으로 발표하지는 않았습니다. 1957년 10월 4일, 미국인들은 러시아가 최초의 인공위성을 궤도에 쏘아 올렸다는 소식을 접하고 큰

지워진 천문학자들

충격을 받았습니다. 스푸트니크 1호는 산소와 등유를 연소시키는 로켓에 의해 우주로 쏘아 올려진, 팔이 네 개 달린 기묘한 모양의 금속 구였습니다. '삐' 소리를 내는 것 외에는 별다른 기능을 할 수 없었지만, 그 '삐' 소리는 전 세계인을 집중시켰죠. 냉전이 거세지고 스푸트니크가 치솟으며 미국의 자존심은 땅으로 고꾸라졌습니다. 게다가 한 달 후 소련은 스푸트니크 2호에 라이카Laika라는 개를 태우고 지구를 돌며 역사에 획을 그었습니다. 미국이 실어올렸던 초파리보다 훨씬 더 인상적인 성과였습니다. 초파리는 살아남았지만 라이카는 집에 돌아가지 못했죠.

스푸트니크가 발사되기 전 해에 앨리스 조이스 커 네이버스Alice Joyce Kerr Neighbors는 앨라배마에 있는 베르너 폰 브라운의 팀에 합류했습니다. 앨라배마 출신인 그녀는 랜돌프 카운티의 한 농장에서 8남매 중 한 명으로 태어났고 자랐습니다. 집 안은 가난했지만 아이들이 학교를 그만두는 일은 없었고, 어머니도 그럴 생각이 없었죠. 조이스가 5학년이 되었을 때, 난해한 수학 문제를 풀어내 선생님을 당황시켰습니다. 그때 그녀는 수학에 재능이 있다는 것을 알게 되었죠.

1948년 고등학교를 졸업한 후, 그녀는 대학 등록금을 마련하기 위해 잠시 일하며 돈을 벌었습니다. 1950년, 그녀는 오번대학에 입학하여 수학 전공, 물리학 부전공으로 졸업했습니다. 그리고 남편 빌Bill과 함께 헌츠빌로 이사하기 전까지 물리학 대학원 과정을 계속 공부했죠. 빌은 냉전 시대에 정보 분야에서 극비 연구를 맡으며 경력을 쌓기 시작했고, 조이스는 1956년 육군 탄도 미사일국(ABMA)에 입사했고, 폰 브라운의 팀에서 일한 최초의 여성 과학자가 되었습니다.

▲ 베르너 폰 브라운 팀의 첫 여성 과학자인 조이스 네이버스는
NASA에서 뛰어난 경력을 쌓은 후 록히드에서 근무했다.

헌츠빌 로켓 팀은 위성을 궤도에 올려놓기 위한 발사 시스템을
설계하는 임무를 맡았습니다. 가장 빠른 방법은 기존의 레드스톤
Redstone 미사일을 개조하는 것이었죠. 그들은 로켓의 길이를 늘리
고 엔진을 최적화하여 위성을 대기권 밖으로 밀어 올리기에 충분
한 추진력을 끌어냈습니다. 한편, 위성 탑재체와 로켓의 2단 부분
은 캘리포니아의 제트 추진 연구소에서 제작 중이었습니다. 그곳에
서 메이시 로버츠Macie Roberts가 이끄는 여성 컴퓨터 팀이 미션 매개
변수를 설계하기 위해 수학적인 계산을 수행했습니다.

그러나 아이젠하워Eisenhower 대통령은 결국 해군 위성 임무인 프
로젝트 뱅가드Project Vanguard에 승인을 내리고 육군 프로젝트를 취

지워진 천문학자들

소했습니다. 그리고 뱅가드가 발사되기 전인 1957년 10월에는 스푸트니크 1호가, 11월에는 스푸트니크 2호와 라이카의 우주여행이 신문을 장식했습니다. 12월에는 뱅가드 로켓이 발사대에서 폭발했죠. 익스플로러Explorer 1로 명명된 육군의 임무가 다시 시작되었습니다.

조이스 네이버스는 익스플로러의 정확한 비행 경로를 계산하고 비행 중 가장 높은 지점을 결정하는 임무를 맡은 팀을 이끌었습니다. 바로 이때 2단 엔진이 점화되어 위성을 궤도에 올려놓는 것이죠. 엔진이 잘못된 타이밍에 점화되면 모든 것이 실패로 돌아갑니다. 로켓 연료의 무게와 연소율, 엔진의 성능에 따라 달라지는 계산은 매우 까다로웠으며, 우주비행 초창기에는 표준화된 계산법조차 없었습니다. 이러한 어려움에도 불구하고 네이버스는 자신의 팀이 이 일을 해낼 수 있다고 생각했습니다. 이들의 계산은 비행 경로를 확정하는 데 도움이 되었고 1958년 1월 31일, 익스플로러 1호가 이륙했습니다.

그 첫 로켓이 날아오르는 모습을 지켜본 네이버스의 기분은 어땠을까요? 몇 년 후 그 순간에 대해 물었을 때, 그녀는 그저 "매우 성공적이었다"라고만 말했습니다. 궤도는 예상보다 조금 더 높았지만, 위성은 지구 궤도를 성공적으로 돌았을 뿐만 아니라 지구 주변의 하전 입자 구역을 탐지하는 주요 목표까지 달성했습니다. 이를 익스플로러 1호의 수석 과학자인 제임스 밴 앨런James van Allen의 이름을 따서 밴 앨런대라고 부르게 되었죠.

익스플로러 1호의 성공은 미국이 스푸트니크 쇼크에서 어느 정도 회복하는 데 도움이 되었습니다. 뉴스릴Newsreels은 미국 최초의 우주 위성에 대한 소식을 화려하게 보도했습니다. 폰 브라운, 밴 앨런, 제트 추진 연구소(JPL)의 책임자 윌리엄 피커링William

Pickering의 사진이 신문과 잡지에 실렸고 그들은 전국적인 유명 인사가 되었습니다. 그러나 조이스 네이버스와 JPL의 여성 컴퓨터 팀은 1면을 장식하지 못했습니다. 다만 네이버스의 업적은 매우 중요하게 여겨져, 팀의 또 다른 주요 독일 과학자인 베르너 폰 브라운과 에른스트 스툴링거Ernst Stuhlinger의 서명 옆에 자신의 이름을 임무 차트에 서명하는 특별한 영광을 얻었습니다. 그런데 이름 이니셜과 성만 적을 수 있었습니다. 여성의 이름이 들어가면 도표의 신뢰성이 떨어질 수 있다는 이유 때문이었죠. 반면 나치 전범의 이름이 들어가는 건 문제가 되지 않았습니다.

로켓 발사 경쟁

미국의 우주 프로그램은 익스플로러 1호와 함께 시작되었습니다. 하지만 그 이전에도 미 공군은 우주 기반 위성 정찰 시스템의 가능성을 모색하고 있었죠. 1956년 록히드는 공군과 로켓 시스템을 제작하는 계약을 체결했고, 메리 로스는 마침내 우주 비행에 참여할 기회를 얻게 되었습니다. 메리는 록히드가 아제나Agena 로켓을 개발하는 데 결정적인 역할을 했고, 록히드는 그녀의 사례를 채용에 활용했습니다.

> "그녀는 주요 기술과 운영에 필요한 사항을 수립하여
> 우주선 설계에 중요한 데이터를 제공했습니다."

P-38 라이트닝 전투기가 전쟁의 주역이었던 것처럼, 아제나 로

지워진 천문학자들

켓은 우주 시대의 주역으로 여겨지게 되었습니다.

아제나는 아주 크지도, 강력하지도 않았지만 다용도로 사용할 수 있었습니다. 1단이 발사된 후 밝은 별처럼 하늘에서 점화되어 여러 대형 로켓 상단의 2단으로 안정적으로 작동했죠. 그래서 켄타우로스자리 베타 별의 라틴어 이름인 '아제나'로 명명된 것입니다. 하지만 아제나는 단순한 2단 로켓이 아니었습니다. 우주에 진입하면 엔진을 여러 번 재가동할 수 있어 기동성 있는 우주선이자 위성 운영을 위한 유연한 플랫폼으로 활용할 수 있었습니다. 덕분에 1959년부터 1987년까지 361회 발사되어 세계에서 가장 많이 비행한 로켓 중 하나가 되었죠. 1989년 록히드 보고서에 따르면 아제나의 엔진은 99% 이상의 신뢰도를 보여 우주로 600회 이상 발사되었습니다. 대부분의 비행은 방위 관련 위성 발사를 위한 것이었지만, 몇몇은 NASA의 중요한 임무를 위한 것이었습니다.

1959년 초, 소련의 무인우주선 루나 1호가 지구로부터 달을 향해 나아가기 위해 필요한 탈출 속도를 초과하는 데 성공했지만, 달에 도달하지는 못했습니다. 그해 9월에 발사된 루나 2호는 실패하지 않고 달 표면에 충돌한 최초의 우주선이 되었죠. 충돌하기 전에 두 개의 금속 구가 폭발하여 달 표면에 'SSSR(소련)'이라는 글자와 발사 날짜가 새겨진 작은 펜던트가 떨어졌습니다. 그 펜던트들은 여전히 그 자리에 그대로 놓여 있죠. 지구에서는 그 달에 소련의 지도자 니키타 흐루쇼프가 그 달, 유일하게 미국을 방문하여 아이젠하워 대통령에게 루나 2호 펜던트 복제품을 선물했습니다. 흐루쇼프는 분명 그 순간을 즐겼겠죠.

1961년 4월 12일, 소련의 또 다른 승리는 국경을 초월한 엄청난 사건이었으며 오늘날까지도 전 세계에서 매년 '유리의 밤Yuri's Night'

으로 기념하고 있습니다. 최초의 우주비행사 유리 가가린은 하루아침에 유명해졌고, 혹시라도 문제가 생길까 봐 다시는 우주 비행을 할 수 없을 정도로 국보급 인물이 되었습니다. 한 달도 채 지나지 않아 미국 우주비행사 앨런 셰퍼드Alan Shepard가 앨라배마에 있는 폰 브라운 연구팀이 개발한 주피터Jupiter 로켓으로 구동되는 머큐리Mercury 우주선을 타고 가가린을 따라 우주로 향했습니다. 엄밀히 말하면 인간이 우주선을 조종한 최초의 우주비행이었지만(가가린은 우주선을 직접 조종하지 않았습니다), '앨런의 밤'은 없었습니다. 가가린이 여전히 영광을 누리고 있었죠. 1963년 최초의 여성 우주인이 되어 이후 9년 동안 유일하게 우주에 다녀온 소련의 우주비행사 발렌티나 테레시코바Valentina Tereshkova를 기념하는 '발렌티나의 밤'도 없습니다. 한국은 2008년에 여성을 최초의 우주비행사로 선발한 유일한 국가로 남아 있습니다(그 이전에는 영국과 이란의 첫 우주인 역시 여성이었지만, 민간 자금으로 임무를 수행했습니다).

1961년 가가린의 비행 이후, 미국은 우주 경쟁에서 또 다른 승리의 순간이 필요했습니다. 바로 이듬해, 레인저 4호가 달의 뒷면에 도달한 최초의 탐사선이 되었죠. 그해, 마리너 2호도 금성 비행에 성공하여 인간이 만든 물체 중 최초로 다른 행성과 근접 비행에 성공했습니다. 메리 로스는 매우 만족스럽게 임무를 수행했을 것입니다. 레인저와 마리너 모두 록히드의 아제나 2단 로켓과 제너럴 다이내믹스General Dynamics가 개발한 더 강력한 아틀라스Atlas 1단 로켓을 함께 사용하여 발사되었기 때문이죠. 1962년 12월 금성을 지나간 마리너 2호는 금성이 믿을 수 없을 정도로 뜨겁고 사람이 살 수 없는 행성이라는 사실을 알려주며 우리가 살고 있는 푸른 행성이 얼마나 소중한지 다시 한번 일깨워주었습니다. 이 탐사선은 지

지워진 천문학자들

구에 금성의 태양풍과 우주 광선에 대한 데이터를 지구에 전송한 후 연락이 끊겼습니다. 마리너 2호는 더 이상 지구에 신호를 보내지 않지만, 오늘날에도 태양 궤도를 계속 돌고 있습니다.

화성은 우주 경쟁의 다음 격전지였습니다. 소련은 착륙선을 화성에 착륙시키기 위해 스푸트니크 22호를 발사하고 4번의 플라이바이를 시도하지만 실패하고 말았죠. 하지만 NASA는 이미 검증된 아틀라스-아제나 계획을 다시 시도했습니다. 1965년, 마리너 4호가 화성을 지나고 그 상징적인 사진을 본국으로 보냈습니다. MAVEN 발사 후 케네디 우주 센터를 방문했을 때 저는 그곳에 전시된 화성 사진을 바라보았습니다. 흐릿했지만 여전히 환상적이었죠. MAVEN이 나중에 훨씬 더 높은 화질의 이미지를 보내주었지만, 마리너가 보내준 최초의 사진은 저를 소름 돋게 했습니다.

지구돋이

뉴멕시코 북서쪽 포코너스Four Corners의 디네Diné(나바호족Navajo) 보호구역에는 좌초된 배가 하나 있습니다. 진짜 배가 아니라 평평하고 텅 빈 사막에서 2km 높이로 솟은 거대한 붉은 암석인 모나드녹monadnock입니다. 애리조나주 모뉴먼트 밸리Monument Valley 인근의 침식된 바위가 더 잘 알려져 있지만, 포코너스의 배처럼 생긴 모나드녹은 제가 무척 좋아하는 곳입니다. 다른 사람들이 바위를 보며 대형 유람선을 떠올리겠지만, 저는 거대한 외계 우주선을 상상합니다. 이 지역의 나바호족도 제 생각에 동의할 것입니다. 그들은 이 바위를 체비타이Tsé Bit'a'í, 즉 날개를 가진 바위라고 부릅니다. 쉽락Shiprock의 나바호족 여성들이 아폴로 달 탐사 프로그램에 날개를 달아준 것을 생각하면 적절한 이름인 것 같습니다. 1957년 스푸트니크 1호로 전 세계가 열광하고 있을 때, 캘리포니아에서는 페어차일드 반도체라는 신생 기업이 설립되면서 또 다른 혁명이 시작되었습니다. 이듬해 페어차일드 설립자 중 한 명인 로버트 노이스Robert Noyce와 텍사스 인스트루먼트의 잭 킬비Jack Kilby라는 두 명의 물리학자가 실리콘 '칩'에 최초의 집적 회로를 시연했습니다. 킬비는 이 발명으로 2000년에 노벨 물리학상을 수상했죠. 노이스는 1990년에 사망하면서 노벨상을 놓쳤지만, 그의 회사인 페어차일드와 그 집적 회로는 현대 컴퓨터 혁명의 시초가 되었습니다. 페어차일드의 문을 두드린 초기 고객 중 하나는 NASA였습니다. 인간을 달에 착륙시키려는 야심찬 아폴로 프로그램에는 안정적인 실시간 컴퓨팅 성능이 필요했지만, 컴퓨터는 달에 날려 보낼 수 있을 만큼 가볍고 견고해야 했습니다. 통합 회로가 바로 그 해답이었죠.

저렴하고 신뢰할 수 있는 칩 제조 방법을 찾던 페어차일드는 쉽락의 나바호족 부족으로 칩을 가져왔습니다. 이 보호구역에는 최저임금법도, 노동조합도 없었습니다. 실업률이 높았고 인디고족 미국인 고용에 대한 세금 감면과 기타 인센티브가 있었죠. 페어차일드는 1965년 쉽락에 공장을 세우고 나바호족 여성을 거의 독점적으로 고용했는데, 이들이 '온순하고 값싸서' 기본적으로 '모범적인' 노동력으로 간주했습니다. 데이지 해리슨Daisy Harrison은 이후 10년 동안 그곳에서 일한 수백 명의 나바호족 여성 중 한 명이었습니다.

지워진 천문학자들

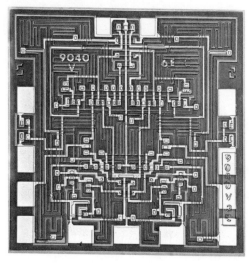

▲ 페어차일드 회사 브로셔 속 이미지. 9040 집적 회로는 나바호족 양탄자 패턴과 매우 흡사하다.

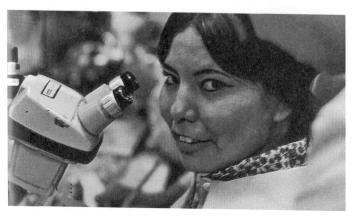

▲ 쉽락 공장에서 일한 나바호족 여성 직원들

3 탈출 속도에 대하여

향후 실리콘 밸리로 발전하게 될 지역의 엔지니어들은 여성들이 수행한 첨단 제조 작업을 단순노동으로 여겼으며, 이를 원주민의 양탄자 짜기와 비교했습니다. 하지만 그러한 묘사는 양탄자 짜기나 칩 제조 작업 모두에 대해 적절하지 않았습니다. 1960년대에는 실리콘 마이크로칩을 만드는 것이 쉽지 않았습니다. 작은 전자 부품을 실리콘 웨이퍼에 정확하게 배치하고 회로를 손상시키지 않고 특정 패턴으로 연결해야 했기 때문이죠. 이 모든 작업은 현미경을 통해 눈을 가늘게 뜨고 손으로 직접 수행해야 했습니다. 이 작업에는 기술, 집중력, 집중력, 지식이 필요했습니다. 가장 중요한 것은 우주 프로그램을 위해 만들어진 칩은 절대적으로 신뢰할 수 있어야 한다는 것이었습니다. 실패의 여지는 없었죠. 쉽락 공장의 직원들은 혁신적인 기술을 개발하여 실패율을 다른 공장보다 4배나 낮은 5%로 낮췄습니다.

한편 달을 향한 경쟁은 점점 뜨거워지고 있었습니다. 1966년 1월, 소련의 루나 9호가 무인 우주선으로서는 최초로 달 착륙에 성공하면서 미국의 달 탐사 프로젝트에 불이 붙었습니다. 다음 달, NASA는 향후 유인 달 비행에 중요한 우주 기동을 테스트했습니다. 3월 16일 아침, 제미니 8호는 우주비행사 닐 암스트롱과 데이비드 스콧David Scott이 탑승한 채 케이프 커내버럴의 19번 발사대에서 이륙했습니다. 그보다 두 시간 전에는 승무원이 탑승하지 않는 아제나 표적 우주선이 케이프 14번 발사대에서 발사되었습니다. 록히드 팀은 도킹 스테이션 추가 및 지구는 물론 제미니 우주선에서도 원격으로 조종할 수 있도록 개조했습니다. 제미니가 지구 궤도에서 아제나와 만나 도킹할 계획이었죠.

두 번의 발사는 모두 완벽한 타이밍에 이루어졌고 제미니는 계획대로 아제나를 쫓아 도킹할 수 있었습니다. 그런데 문제가 생겼습니다. 연결된 두 우주선이 통제할 수 없을 정도로 회전하기 시작한 것입니다. 우주비행사들은 아제나의 제어장치가 작동하지 않는다고 생각하고 도킹을 해제했지만, 문제는 제미니에 있었고 제미니는 도킹이 해제되자마자 더 빠르게 회전하기 시작했습니다. 빠른 회전으로 우주비행사들이 의식을 잃기 직전, 닐 암스트롱은 절박한 생각을 떠올렸습니다. 그는 모든 추진기를 끄고 재진입 제어 장치를 사용하여 회전을 멈췄습니다. 이 방법은 성공했죠. 재진입 연료의 4분의 1만 남은 상태에서 제미니호는 우주비행사들과 함께 무사히 착륙할 수 있었습니다. 록히드의 아제나 팀은 문제가 아제나가 아니라 제미니의 추진기 결함 때문이었다는 사실을 알고 안도했습니다.

아틀라스-아제나 시스템은 6개월 후 미국 최초의 달 궤도 탐사선인 루나 오비터Lunar Orbiter 1호를 발사하는 데 다시 사용되었습니다. 달 표면의 지형을 조사하고 적절한 착륙 지점을 파악하는 임무를 맡은 달 탐사선은 지구에 대한 우리의 관점을 영원히 바꿔놓은 사진, 즉 달 분화구 위로 초승달 모양의 지구가 솟아오른 이미지를 본국으로 보냈습니다.

달로 향하다

케네디 우주 센터Kennedy Space Center에 전시된 새턴 VSaturn V 로켓은 축구장보다 약간 더 큰 길이에 달합니다. 똑바로 세우면 36층 높이가 넘죠. 이 로켓을 조립하기 위해 건물 하나를 통째로 지어야 했습니다. 새턴 V는 60억 달러(현재 달러로 환산하면 500억 달러에 달합니다) 규모의 미국 정부 달 탐사 프로젝트의 정점이었습니다. 정치인들이 과학에 이렇게 막대한 투자를 한 적은 없었습니다. 물론 사실 이 자금은 과학 자체와는 거의 관련이 없었습니다. 냉전이 한창이던 당시 미국이 소련과의 우주 경쟁에서 패배하는 것은 상상할 수 없는 일이었기 때문에 막대한 자금이 흘러들어갔죠. 1966년 4월, 소련의 루나 10호가 인간이 만든 최초의 인공위성으로서 달 궤도를 도는 데 성공했습니다. 그리고 1968년에는 소련의 우주 비행사 두 명이 달 주위를 비행한 후 지구로 무사히 귀환하는 또 다른 최초의 기록을 세웠습니다. 미국과 소련의 관계는 〈토끼와 거북이〉 이야기와 비슷했습니다. 거북이 소련이 기록을 세우며 토끼 미국을 앞서가기 시작했습니다. 미국 토끼가 질 틈은 없었습니다. 앨라배마의 마셜 우주 비행 센터에서 베르너 폰 브라운은 주피터 로켓 설계를 출발점으로 삼아 새턴의 사양을 파악하는 등 달 로켓을 만들기 위한 대규모 국가적 노력을 감독했습니다. 조이스 네이버스는 여전히 마셜Marshall에서 아폴로 프로그램의 유도 및 제어 부서에 근무하고 있었습니다. 익스플로러 1호의 초기보다 팀이 크게 확장된 상태였기 때문에 두 명의 우주인을 달 표면까지 끌어올리려면 많은 여성을 포함해 미국 전역에서 30만 명 이상의 인력이 투입되어야 했죠.

새턴 V 달 로켓은 무거운 짐을 들어올릴 수 있도록 설계되었습니다. 문제의 규모를 고려할 때, 그것이 실제로 작동했다는 것은 놀라운 일입니다. 물리학은 명확하고 불변하는 법칙입니다. 모든 작용에는 반드시 반대되는 반작용이 있습니다. 이것이 바로 뉴턴의 제3운동법칙이며, 지금까지 발사되었거나 앞으로 발사될 모든 로켓의 기초가 되는 법칙입니다. 로켓을 위로 밀어 올리려면 가압

된 가스를 반대 방향으로 방출해야 합니다. 풍선을 터뜨리고 묶는 대신 풍선을 놓아둔다고 생각해보세요. 방출된 공기는 풍선을 반대 방향으로 추진시켜 줍니다. 가장 큰 문제는 로켓과 화물이 탈출 속도에 도달할 수 있는 충분한 힘으로 위로 추진되어야 한다는 것입니다. 새턴 V는 3백만 개의 부품과 3백만 킬로그램의 연료로 구동되는 3단 로켓이었습니다. 연료가 액체 상태로 유지되도록 별도의 거대한 탱크에 등유와 액체 산소 및 수소를 극저온으로 냉각한 특수 용기에 저장했습니다. 그런 다음 점화 과정을 거쳤습니다. 매초 15톤의 연료가 매초 5개의 거대한 엔진으로 펌핑되어 제어된 폭발의 힘을 만들어냈죠. 근처의 창문이 깨질 정도의 힘이었습니다. 엔진의 웅장한 소리는 고막을 터뜨리고, 열기가 너무 뜨거워서 노출된 살을 순식간에 태워버릴 수 있었죠. 이륙 시 760만 파운드의 엄청난 추력은 중력의 4.5배에 달하는 힘으로 우주비행사들을 좌석에 고정시켰습니다. 이에 비해 아제나는 최대 추력이 16,000파운드에 불과했습니다. 2단과 3단이 계획대로 점화된다면, 새턴 V는 통학버스 네 대 무게(40,000킬로그램)의 화물을 달로 보낼 수 있습니다.

폰 브라운조차도 모든 것이 계획대로 작동할 것이라고 확신하지 못했고, 모든 단계를 통합하기 전에 각 단계를 개별적으로 실험하는 것이 현명할 것이라고 생각했습니다. 하지만 소련 거북이가 점점 더 가까워지면서, 미국 토끼는 소련 거북이를 뛰어넘어 발사하는 것 외에는 다른 선택의 여지가 없었습니다. 그렇게 해서 아폴로 8호의 승무원들은 1968년 크리스마스 이브에 달 주위를 비행하며 38만 4천 킬로미터 떨어진 곳에서 텔레비전 방송을 통해 고향에 인사를 전했습니다. 새턴 V는 완벽하게 작동했죠. 승무원들은 달 표

▲ 칼텍 제트 추진 연구소의 여성 컴퓨터들은 우주 발사 및 우주선 궤도에 대한 수학적 계산을 수행했다.

면에 착륙하지 못했지만, 이 방송은 당시 역사상 가장 많은 사람들이 시청한 TV 방송이었습니다.

1969년 7월 20일, 닐 암스트롱이 전 인류를 위해 달에 역사적인 첫발을 내딛는 순간, TV 시청률 기록은 또다시 경신되었습니다. 메리 로스와 조이스 네이버스가 지켜보고 있었죠. 쉽락의 여성들과 JPL의 컴퓨터 팀, NASA의 캐서린 존슨과 다른 수학자들, 그리고 이를 가능하게 한 미국 전역의 다른 여성 과학자들도 마찬가지였습니다. 그중에는 아폴로 프로그램에 핵심적인 공헌을 했을 뿐만 아니라 태양계에 대한 인류의 이해를 바꾼 물리학자도 있었습니다.

지워진 천문학자들

컴퓨터로 별을 계산하다

인류가 달에 착륙한 1969년 7월, 딜한 에리트Dilhan Eryurt 박사는 우주 연구와 최초의 달 착륙 성공에 기여한 공로를 인정받아 NASA 아폴로 공로상이라는 기념비적인 상을 받았습니다. 이 표창장은 특별한 의미가 있었죠. 그녀는 미지의 땅을 홀로 여행하는데 무엇이 필요한지 잘 알고 있었죠. 우주라는 바다를 건너지는 않았지만 미국 해안에서 멀리 떨어진 고국에서 NASA까지 여행한 경험이 있었기 때문입니다.

에리트는 1926년 그녀보다 겨우 세 살 많은 나라에서 태어났습니다. 한때 대제국이었던 오스만 제국은 1차 세계대전 이후 몰락했고, 옛 제국의 폐허 위에 튀르키예의 초대 대통령을 역임한 전쟁 영웅 무스타파 케말 파샤Mustafa Kemal Pasha의 지도 아래 새로운 튀르키예 공화국이 탄생했습니다. 케말은 현대적이고 산업화된 튀르키예를 꿈꾸며 유럽 이웃 국가들과 동등한 위치로 자리매김하고자 했습니다. 그의 광범위한 국가 개혁 정책에는 모두를 위한 교육과 여성의 평등권이 포함되었습니다. 10년 만에 그는 현대 튀르키예의 기틀을 마련했으며, 그 공로로 공식적으로 '아타튀르크Ataturk', 즉 튀르키예인의 아버지라는 명예로운 칭호를 받았습니다.

딜한의 아버지인 아비딘 에게Abidin Ege는 정부에서 일하며 고등 교육 학교를 설립하는 데 도움을 주었고, 이 학교는 나중에 대학으로 발전했죠. 그녀는 이후 아버지의 조언에 따라 살아가게 되었습니다.

"딸아, 책을 읽고, 스스로를 교육하고, 조국을 위해 무언가를 해라."

에리트는 앙카라에서 고등학교를 졸업하고 교육부 장관으로부터 케말 아타튀르크Kemal Ataturk의 연설문 사본이라는 표창장과 특별상을 받았습니다. 메리 로스처럼 수학을 좋아했던 딜한은 이스탄불대학의 수학과에 입학했는데, 마침 수학과 천문학이 결합된 학과였고 그때부터 별에 관심을 갖게 되었습니다.

이웃 국가 독일에서 히틀러가 정권을 잡자 독일 과학자들은 터키로 피신했고, 일부는 터키의 대학에서 일자리를 찾았습니다. 독일의 패배는 터키에게 이득이었습니다. 에리트와 동료 학생들은 국내외 최고의 교수들로부터 수준 높은 교육을 받을 수 있었습니다. 터키는 전쟁 기간 내내 중립을 유지하다가 1945년에야 독일에 선전포고를 했습니다. 덕분에 딜한은 그 격동의 시기에 고등 교육에 집중하기가 다소 수월했습니다. 훗날 딜한은 자신의 성공에 대해 이스탄불에서 초창기에 받은 훌륭한 교육 덕분이라고 말했죠.

1946년 에리트가 졸업한 후, 앙카라대학 천문학과의 개설을 맡았던 테브픽 옥타이 카박시오글루Tevfik Oktay Kabakçıoğlu 교수는 그녀에게 조교로 일해 달라고 요청했습니다. 하지만 직원을 채용할 자금이 없었기 때문에 에리트는 2년 동안 무급 명예 조교로 일했죠. 천문학에 대한 지식을 넓힐 기회가 많지 않았던 에리트는 미시간에 있는 외삼촌을 찾아가 1년 반 동안 미시간대학에서 천문학 대학원 과정을 밟기로 결심했습니다. 그녀는 그곳에 계속 머물러 달라는 요청을 받았지만 박사 학위를 마치기 위해 앙카라로 돌아가기로 결정했습니다. 미시간에서의 인맥도 도움이 되었습니다. 이 대학의 저명한 천문학자 휴 앨러Hugh Aller는 그녀에게 항성 대기의 화학 성분을 탐구하기 위해 분석한 쌍성 백조자리 31번의 사진 건판을 제공했습니다. 그녀는 1956년에 연구 결과를 발표하고 앙카라대학 천문학과의 학과장이었던 네덜란드 천문학자 에그버트 크라이켄Egbert Kreiken의 지도 아래 박사 학위를 취득했죠. 그 후 에리트는 부교수직을 수락하여 천문학과의 새로운 교수진이 되었습니다.

1959년 에리트는 국제원자력기구로부터 캐나다의 쵸크 리버Chalk River 원자력 연구소를 방문할 수 있는 펠로우십을 받았습니다. 터키 천문학자로는 최초로 이 영예를 안았는데, 그녀에게 있어 평생 이어질 최초의 순간들의 시작이었습니다. 앙카라대학을 휴직한 에리트는 캐나다로 떠났습니다. 그곳에서 앞으로의 연구에 큰 영향을 미칠 한 연구자를 만났죠. 알라스테어 카메론Alastair Cameron은 별 내부의 핵 과정을 탐구하기 위해 천문학을 독학한 핵 물리학자로, 1957년 별 내부의 무거운 원소 생성을 설명하는 영향력 있는 논문을 발표했고, 같은 해 마거릿 버비지와 동료들은 별의 원소 생성에 관한 훨씬 더 영향력 있는 B^2FH 논문을 발표했습니다. 이 두 논문은 항성 핵 합성 분야의 토대를 마련했습니다. 에리트가 쵸크 리버에 도착했을 때 카메론은 핵 천체 물리학의 연구 주제를 몇 가지 제안했습니다. 그리고 컴퓨터인 쵸크 리버 데이터트론Datatron 205를 그녀에게 소개했습니다.

에리트는 컴퓨터를 처음으로 접했습니다. 그녀는 손으로 일주일이 걸리는 계산을 기계가 단 몇 초 만에 해낸다는 사실을 믿을 수 없었고, 곧 새로운 친구와 대화하는 방법을 터득했죠. 데이터트론은 그녀의 연구 역량을 크게 향상시켰고, 1961년에는 천체물리학 저널에 거대한 수소 별의 계산 모델에 관한 인상적인 단독 저술 논문을 발표했습니다.

캐나다 체류가 끝날 무렵, 에리트는 미국 소롭티미스트Soroptimist 연맹 펠로우십을 통해 인디애나대학을 거쳐 귀국하기로 결정

▲ 딜한 에리트는 NASA의 첫 터키인 과학자입니다.

했습니다. 그곳의 컴퓨팅 연구 센터의 리더이자 별 내부구조 전문
가인 마샬 루벨Marshal Henry Wrubel과 일할 수 있는 절호의 기회였죠.
그 사이 알라스테어 카메론은 뉴욕에 있는 NASA의 고다드 우주
연구소로 자리를 옮겼습니다. 딜한 에리트는 국립과학아카데미 장
학금을 받았을 때, 그곳에서 그와 함께 일할 수 있는 기회를 놓칠
수 없었습니다. 두 사람은 함께 별의 진화에 대해 더 깊이 파고들기
시작했고, 예상치 못한 발견을 하게 됩니다.

태양 모형을 연구하다

고다드 연구소에서 바라본 허드슨강의 풍경은 에리트에게 보스
포러스Bosporus 해협과 그녀가 새로운 목적지까지 얼마나 멀리 왔는
지를 떠올리게 했습니다. 에리트는 당시 고다드Goddard 연구소에서
일하는 유일한 여성이었을 뿐만 아니라 터키 출신으로 NASA에서

일한 최초의 과학자였습니다.

에리트는 태양과 다른 별의 수명주기 모델을 만드는 데 집중했습니다. 그 무렵 컴퓨터 코딩에 능숙했던 그녀는 고다드 연구소의 IBM 슈퍼컴퓨터를 이용해 태양의 초기 역사를 설명하는 복잡한 방정식을 풀었습니다. 1963년, 그녀는 카메론과 함께 〈태양의 초기 진화〉라는 20페이지 분량의 논문을 이카루스Icarus 저널에 발표했습니다. 이 논문에서 그들은 태양의 질량, 반지름, 온도, 압력, 성분을 바탕으로 태양의 에너지 생산에 대한 상세한 모델과 계산을 제시했죠.

에리트와 카메론은 45억 년 전 태양이 처음 형성되었을 때 지금보다 훨씬 더 밝고 온도가 높았으며, 더 많은 에너지를 방출했다는 사실을 발견했습니다. 이전 이론에서는 태양이 시간이 지남에 따라 핵융합으로 인해 더 밝아질 것으로 예상했기 때문에, 에리트와 카메론의 연구 결과는 태양 진화에 대한 천문학자들의 이해를 완전히 바꿔놓았죠. 한때 밝았던 태양이 시간이 지남에 따라 어두워진다는 모델은 이전에 제안되었지만, 이 모델을 확증한 것은 에리트의 상세한 계산이었습니다.

만약 태양이 훨씬 더 뜨겁고 빛이 강할 때 지구와 태양계의 나머지 행성들이 형성되었다면 태양계는 수천 년 동안 극한의 온도에 노출되었을 것입니다. 이는 지구를 포함한 모든 행성의 화학적, 물리적 구성에 상당한 영향을 미쳤을 것이며, 달에도 영향을 미쳤을 것입니다. 모든 달 탐사는 이 점을 고려해야 하죠. 에리트의 연구는 아폴로 프로그램의 임무 매개변수뿐만 아니라 태양계 내 모든 NASA 임무의 계획과 개발에 중요한 태양 모델과 계산을 제공했습니다. 태양의 어린 시절을 밝혀낸 이 여성은 우리가 별을 향해 첫

발을 내딛는 데 큰 역할을 했죠.

 카메론과 에리트는 이후 항성 진화에 관한 일련의 논문을 발표하며 이 분야의 선도적인 전문가로 자리매김했습니다. 태양 모형은 우주 탐사뿐만 아니라 우주를 구성하는 기본 입자를 연구하는 데에도 중요한 역할을 합니다. 이 중 가장 신비로운 입자는 중성미자로, 검출이 거의 불가능하지만 태양의 핵융합 반응에서 엄청난 양으로 생성되는 아원자 입자입니다. 에리트의 태양 모형은 당시 가장 정확하고 상세한 모델 중 하나였습니다. 그녀는 자신의 모델을 사용하여 태양 중성미자에 대해 예측하고 레이 데이비스Ray Davis와 존 바콜John Bahcall을 비롯한 주요 중성미자 과학자들과 연구 결과를 공유했습니다. 데이비스는 1965년 태양 중성미자를 최초로 검출한 과학자가 되었고, 이후 2002년 노벨물리학상을 수상했습니다. 중성미자 물리학은 그 당시 가장 인기 있는 연구 분야 중 하나가 되었죠. 1994년, '가장 흥미롭고 활발한 물리학 분야의 발전'을 모은 책을 출판하는 저명한 물리학 시리즈인 Frontiers in Physics에서 태양 중성미자에 대한 특별호를 발간했습니다. 초기 태양 모형에 관한 섹션에서 에리트와 카메론의 태양 진화에 관한 연구는 4편의 논문 중 하나에 포함됐습니다. 다른 논문 두 편은 노벨상 수상자들이 쓴 것이었지만, 여성 저자는 없었습니다.

 펠로우십이 끝난 후 에리트는 고다드에 선임 연구원으로 남아달라는 초대를 받았습니다. 그녀는 그곳에서 10년간 근무하며 태양 진화와 중성미자에 대한 연구를 계속했습니다. 1968년, 1년 동안 터키를 방문했을 때 그녀는 터키 과학 기술 연구위원회(TÜBİ-TAK)와 협력하여 최초의 전국 천문학 회의를 조직했습니다. 25명만이 참가했지만 국가 천문학 네트워크의 씨앗이 된 행사였죠. 이

지워진 천문학자들

대회는 격년으로 열리는 행사로 성장하여 매년 규모가 커졌고 지금은 전국에서 수백 명의 연구자들이 모이고 있습니다.

딜한 에리트는 1973년까지 고다드에 남았습니다. 그해는 메리 로스가 스컹크 웍스에서 기밀 프로그램으로 오랜 경력을 쌓은 후 록히드에서 은퇴한 해였습니다. 우주여행에 관심이 많았던 로스는 미래의 화성과 금성 여행에 관한 NASA의 행성 비행 핸드북 3권의 주요 저자 중 한 명이 되었습니다. 또한 두 행성의 플라이바이를 위한 개념 설계 작업에도 참여했습니다. 그녀의 재직 기간 동안 록히드는 재임 기간 동안 새로운 항공기 개발을 계속했습니다. 그녀가 은퇴할 때까지 개발에 중요한 역할을 담당했던 아제나는 캐나다 최초의 위성인 알루에트Alouette와 영국의 컴샛Comsat 통신 위성을 포함해 200개가 넘는 임무를 수행했습니다.

록히드에서 은퇴한 후 로스는 1953년 공동 창립에 참여했던 여성공학자협회 로스앤젤레스 지부에서 더 많은 시간을 할애하여 몇 년 동안 전국 집행위원회에서 활동했습니다. 그녀는 내성적인 성격이었지만 롤모델로서 자신의 영향력을 알고 있었고, 여성과 미국 원주민 청소년들이 과학 분야에서 경력을 쌓도록 장려하는 강연과 세미나를 열었습니다. 미국 인디언 과학 및 공학 협회와 에너지 자원 부족 협의회가 교육 프로그램을 확장하고 홍보하는 데에도 도움을 주었습니다.

2004년, 로스는 조카에게 아주 특별한 날을 위해 체로키Chero-kee 전통 드레스를 만들어 달라고 부탁했습니다. 워싱턴 D.C.의 내셔널 몰에 국립 미국 인디언 박물관이 개관했는데, 96세의 나이에 메리 로스는 2만 5천 명의 원주민과 함께 개관 행렬에 참여하기로 되어 있었죠. 불과 몇 년 전, 그녀는 동료 오클라호마족인 치카소

Chickasaw 부족의 존 헤링턴John Herrington이 미국 원주민 최초로 우주에 가는 것을 자랑스럽게 지켜본 적이 있었습니다. 박물관 개관식에서 그녀는 "과거의 이야기가 아니라 현재 진행 중인 이야기"인 원주민의 이야기를 전할 때가 되었다고 말했죠. 그녀는 3년 후 박물관에 40만 달러의 기부금을 남기고 세상을 떠났습니다.

2019년, 미국 조폐국은 메리 로스의 특별한 삶을 기념하는 기념 금화를 발행했습니다. 로스의 이야기는 여전히 독특합니다. 미국 원주민은 전체 인구의 2%에 불과하지만 여전히 미국 내 과학자 중 0.5% 미만에 불과합니다. 원주민이 지닌 지식은 여전히 무시되고 있으며, NASA와 그 파트너들이 하늘을 바라보는 가운데 하와이의 높은 봉우리에 망원경을 건설하기 위해 원주민의 신성한 땅이 또다시 빼앗기고 있고, 주요 망원경의 상당수가 원주민의 땅에 건설되고 있습니다. 식민지 시대의 태도는 여전히 우주 탐사 문화에 내재되어 있으며, '마지막 개척지'를 탐험하는 '개척자'의 이야기로 남아 있습니다. 1970년 한 원주민 학자 모임에서는 우주의 인디언과 들소를 동정해야 한다는 의견이 있었습니다.

1986년 메리 로스가 록히드에서 은퇴한 지 10년이 지난 후 조이스 네이버스가 입사했습니다. 50년 이상 뛰어난 경력을 쌓은 후 NASA에서 은퇴한 네이버스에게 어려움이 없었던 것은 아니었습니다. 역사적인 익스플로러 계획과 아폴로 계획 이후 NASA가 예산 삭감에 직면했을 때 일자리를 위협받았습니다. 남편이 일을 해서 부양할 수 있는데 왜 굳이 일을 해야 하냐는 것이었죠. 하지만 네이버스는 자신의 자리를 지키기 위해 싸웠고, 결국 승리했습니다. 이후 NASA 최초의 우주 정거장인 스카이랩Skylab과 일반 상대성이론을 실험한 중력탐사Gravity Probe B를 비롯한 여러 프로젝트에 참여했죠. 1997년에 은퇴하기 전까지 10년을 더 록히드에서 근무했습니다. 근무하는 동안은 물론 은퇴 후에도 여성의 권리를 옹호하고 과학계에서 소수자의 대표성을 높이기 위해 노력했습니다. 그녀는 2020년에 89세의 나이로 세상을 떠났습니다 .

메리 로스가 은퇴하던 해에 딜한 에리트도 NASA를 떠났습니다. 오랫동안 뛰어난 경력을 쌓아온 그녀는 미국에 영원히 남을 수도 있었지만, 고향이 그녀를 불렀습니다. 아버지의 말대로 조국을 위해 무언가를 해야 할 때였죠. 에리트는 1973년 앙카라에 있는 중동 공과대학 물리학과의 교수직을 수락하고 그곳에 천체물리학부를 신설했습니다. 1977년에는 튀르키예 최고의 과학자상인 투비타크TÜBİTAK 과학상을 수상했습니다. 그녀는 연구를 계속하여 수십 편의 논문을 발표하고 차세대 튀르키예 천체 물리학자를 양성했죠.

그러나 튀르키예의 천문학은 주요 천문대 없이는 발전할 수 없었습니다. 고대에도 그런 천문대가 존재했으니, 현대판 천문대를 만들면 어떨까요? 에리트는 다른 과학자들과 함께 튀르키예에 국립 천문대를 세워야 한다고 주장했습니다. 1991년 투비타크 국립 천문대가 설립되었고, 딜한 에리트는 이 기념비적인 날에 특별 명패를 수여받았습니다. 2017년, 이 천문대는 먼 별을 도는 새로운 행성을 발견했다고 발표했습니다. 에리트는 그 발견을 축하하고 싶었지만 2012년 심장마비로 세상을 떠났습니다. 그녀는 유언을 통해 자신의 재산을 터키 국립교육청에 기부하여 소녀들의 교육을 지원하도록 했습니다.

2020년 7월 20일, 구글Google은 달 착륙 50주년을 기념하여 딜한 에리트 교수의 삶을 기념하기 위해 두들Doodle을 만들었습니다.

그녀는 조국의 초창기 모습을 보았고, 어린 시절의 태양을 연구했으며, 미래의 젊은이들에게 영감을 주었습니다.

혜성을 연구한 과학자

딜한 에리트, 메리 로스, 조이스 네이버스 등 수많은 여성들이 인류가 탈출 속도에 도달하는 것을 도왔을 때 클라우디아 조안 알렉산더Claudia Joan Alexander는 겨우 10세였습니다. 어렸을 때 그들의 이름을 들어본 적도 없었고, 그들이 훗날 자신이 걸어갈 우주로 가는 길을 닦았다는 사실도 몰랐죠. 텔레비전에서 백인 남성이 달 위를 걷는 모습을 보면서 자신과 같은 흑인 소녀가 NASA에서 일할 자리가 있을 거라고는 상상도 하지 못했습니다. 우주 경쟁이 한창이던 당시 NASA의 극소수 흑인 과학자들에게 '우주'와 '인종'이라는 단어는 서로 어울리지 않았죠.

1962년, 마샬 키스Marshall Keith는 네 명의 아프리카계 미국인 친구들과 함께 앨라배마 헌츠빌의 한 식당에 들어가 음식을 주문했습니다. 키스는 헌츠빌에 있는 NASA 마셜 센터의 백인 직원으로, 그곳에서 폰 브라운은 새턴 V 로켓을 제작하는 데 한창이었죠. 키스의 식사가 도착하자, 그는 자신의 음식을 친구인 리언 펠더Leon Felder에게 건넸습니다. 모든 시선이 그들에게 집중되었죠. 펠더가 식사를 시작하자 매니저가 다가왔습니다. 매니저가 음식에 소금과 후추를 뿌렸지만 펠더는 계속 먹었습니다. 매니저는 카운터에 케첩을 쏟았고, 펠더는 친구들이 조용히 뒷정리를 하는 동안에도 계속 먹었습니다. 매니저가 접시를 집어 바닥에 부수고 나서야 먹는 것을 멈췄죠.

며칠 후, 마셜 키스는 무장 괴한들에게 끌려가 구타를 당했습니다. 아프리카계 미국인 친구와 함께 식사를 했다는 이유였죠. 이후 키스는 가족을 지키기 위해 NASA를 사임하고 마을을 떠났습니다. 미국 전역에서 흑인 시위대와 마셜 키스와 같은 백인 지지자들이 목숨을 걸고 인종차별을 종식시키기 위해 싸우고 있었습니다.

캐서린 존슨은 이미 20년 전에 인종 차별에 맞서 싸웠고, 1940년 웨스트버지니아대학에 입학한 최초의 흑인 학생 세 명 중 한 명이 되어 그곳의 인종차별을 종식시키는 데 기여했습니다. 하지만 1952년 랭글리에 있는 NASA에서 일하기 위해 고용되었을 때, 그녀는 악명 높은 웨스트 컴퓨팅 사무실의 '유색인종 컴퓨터'를 위한 별도의 공간으로 보내졌습니다. 그녀와 동료 흑인 여성 과학자들은 백인 우주비행사들의 안전을 보장해야 했지만, 그들과 함께 어울릴 수도, 화장실이나 식당을 이용할 수도 없었습니다. 뿌리 깊은 편견에 맞선 웨스트 컴퓨팅 사무실 여성들의 엄청난 인내심과 무한한 결단력은 이루 말할 수 없습니다. 오늘날에도 물리학계의 유색인종 여성으로서 저는 여전히 과학 분야에서 제 권리를 증명해야 합니다. 그들이 겪었던 상황만큼 어렵지는 않지만 여전히 힘들고 지치는 일입니다. 그런 상황에서 캐서린과 동료들이 우주비행사의 달 착륙을 돕기 위해 어떤 노력을 기울였을지 상상할 수 없습니다.

특히 캐서린은 인간을 우주와 달에 보내는 계산을 수행하는 데 결정적인 역할을 했습니다. 하지만 1960년대만 해도 캐서린같은 NASA의 여성 직원들의 공헌에 대한 인정과 축하로 가득한 해피엔딩은 없었습니다. 여성들은 수십 년 동안 거의 보이지 않는 존재로 남아있었습니다. 심지어 2014년이 되어서야 1961년에 채용된 흑인 남성들이 NASA의 첫 흑인 엔지니어로 기려졌는데, 사실 1958년 웨스트 컴퓨팅 사무실에서 일한 메리 잭슨Mary Jackson이 NASA의 첫 흑인 엔지니어였죠.

물론 인종격리정책이 종식되었다고 해서 NASA에서 인종 차별과 성차별이 완전히 사라진 것은 아니었습니다. 1973년, NASA는 우주선 발사가 아닌 다른 이슈로 헤드라인을 장식했습니다. 뉴욕타임스New York Times는 '최고의 흑인 여성이 NASA에서 쫓겨났다'고 보도했습니다. NASA의 최고위 흑인 관리자였던 루스 베이츠 해리스Ruth Bates Harris는 NASA의 형평성과 다양성 노력이 '거의 완전히 실패했다'는 내용의 보고서를 작성했다는 이유로 해고당했습니다. 여성과 소수 민족은 낮은 직급의 사무직에 머물러 있었습니다. 유색인종 직원의 비율은 1966년 4.6%에서 1973년 5.6%로 소폭 상승하는 데 그치는 등 암울하고 본질적으로 정체된 상태였죠. 모든 우주비행사 집단은 여전히 백인 남성으로만 구성되었습니다. 워싱턴포스트Washington Post는 NASA가 인종차별과 성차별을 제도화했다고 비난했습니다. 전국 수십 개의 민권 단체가 해리스의 축출에 반대하는 목소리를 냈습니다. 한 그룹의 NASA 과학자들은 NASA 소수인종 직원들 'MEAN(Minory Employees At NASA)'가 되기로 결정했습니다. 이들은 NASA 경영진에게 차별, 괴롭힘, 협박이 만연한 직장 문화를 설명하는 편지를 썼죠.

전국적인 소동은 여러 차례의 의회 청문회로 이어졌습니다. 결국 NASA는 해리스를 다시 고용할 수밖에 없었고, 해리스는 점차 평등과 포용으로 나아가도록 마지못해 끌려가게 되었습니다. 여성과 유색인종의 채용률은 점점 높아졌지만, 고착화된 인종 차별을 없애는 데는 훨씬 더 오랜 시간이 걸렸습니다. 1983년, 최초의 백인 남성이 지구를 떠난 지 22년 후, 귀온 블루퍼드Guion Bluford는 아프리카계 미국인 우주비행사로서는 최초로 우주에 진출했습니다. 메이 제미슨Mae Jemison이 최초의 흑인 여성 우주인이 되기까지는 9년이 더 걸렸죠. 1년 후인 1993년에는 클라우디아 알렉산더가 미국 최초로 우주 물리학 박사 학위를 취득한 흑인 여성이 되었습니다.

어릴 때부터 클라우디아는 자신과 비슷한 사람이 아무도 없는 공간에 익숙해져 있었습니다. 1968년 페어차일드 반도체의 창립자인 로버트 노이스Robert Noyce와 고든 무어Gordon Moore는 캘리포니아 산타클라라에 새로운 회사를 설립했습니다. 이 회사의 이름은 인텔Intel이었으며, 아폴로 11호의 성공으로 탄생한 수많은 '페어차일드의 자손Fairchildren' 중 하나였습니다. 페어차일드의 자손들은 실리콘 밸리의 핵심을 형성하는 기업으로 성장했습니다. 하지만 실리콘 밸리의 풍요로움은 페어차일드 시프록 공장의 나바호족 노동자들에게는 미치지 못했습니다. 시설은 1975년에 무장 시위자들이 근무 환경 개선을 요구하며 공장을 일주일간 점거하면서 영구적으로 폐쇄됐죠.

클라우디아 알렉산더는 1959년 브리티시 컬럼비아주 밴쿠버에서 태어났지만, 어머니가 고든 무어에서 일했던 산타클라라의 실리콘 밸리 첨단 기술 세계에서 자랐습니다. 그곳은 매우 미래지향적이면서도 백인 중심적인 곳이었죠. 알렉산더는 학교에서 유일한 흑인 소녀였던 현실 세계보다 공상 과학과 판타지의 상상의 세계를 더 선호했습니다. 그럼에도 불구하고 3학년이 되던 해에 학급 회장으로 선출되었고 1977년 졸업할 때 가장 성공할 가능성이 높은 학생으로 뽑혔습니다. 그녀의 동료 학생들은 그녀에 대해 절대적으로 옳은 평가를 내렸습니다.

알렉산더는 대학에서 역사와 저널리즘에 관심이 많았지만 부모님은 그녀가 토목공학 같은 '실용적인' 공부를 하길 원했습니다. 하지만 뜻대로 되지 않았죠. NASA 에임스 연구 센터에서 여름 인턴십에 참여하는 동안 그녀는 엔지니어링 부서에서 일했지만, 행성과학이 훨씬 더 매력적이라는 것을 알게 되었습니다. 행성 전체가 형성되는 과정을 연구한다는 점이 마음에 들었고, 행성 과학자 칼세이건Carl Sagan의 인기 다큐멘터리 시리즈인 〈코스모스Cosmos〉를 통해 더욱 자극받았습니다.

1983년 알렉산더는 UC 버클리에서 지구물리학 학사학위를 취득한 후 1985년 UCLA에서 역시 지구물리학으로 석사학위를 받았습니다. 그녀의 석사논문은 파이오니어Pioneer 금성 궤도선이 보내온 데이터를 사용하여 금성의 두꺼운 대기에 대한 태양 주기와 태양풍의 영향을 탐구했습니다. 논문을 마친 후 그녀는 NASA의 제트추진연구소(JPL)에 과학자로 취직해 1989년 발사를 목표로 하는 목성 탐사선 갈릴레오 임무의 장비 기획팀에 배정되었습니다. 배정되었습니다. 목성은 그 크기와 여러 개의 위성으로 인해 '미니 태양계'로 불리는 외행성 중 가장 흥미로운 행성으로 꼽히곤 했죠. 이렇게 흥미진진한 미션에 참여할 수 있는 기회에 들뜬 알렉산더는 90시간씩 일주일을 일하며 장비와 실험 설계를 돕고, 지상 망원경을 사용해 목성계를 분석했습니다.

한편 미시간대학의 앤디 나기Andy Nagi 교수는 알렉산더의 석사논문에 깊은 인상을 받아 그녀를 미시간대학 물리학 박사과정에 등록하도록 설득했습니다. 클라우디아는 물리학만 연구하는 정형화된 물리학자가 아니었습니다. 그녀는 고등학교 시절의 외로웠던 시절을 잊지 않았고, 사교 활동을 즐기며 학교생활에 적극적으로

지워진 천문학자들

참여했죠. 특히 지도교수의 헝가리 억양 성대모사를 꽤 잘 할 수 있었습니다. 또한 디트로이트의 청소년들과 함께 일하며 유색인종 여성들이 학교를 졸업할 수 있도록 도왔죠. 1992년, 미시간대학은 그녀를 인간관계 부문 올해의 여성으로 선정했습니다. 이듬해에는 혜성의 핵을 모델링하여 우주 물리학 박사학위를 취득했습니다. 그녀가 연구한 혜성이 그렇듯 알렉산더 박사는 이미 새로운 길을 개척하고 있었습니다. 미국에서는 그녀 이전에 물리학이나 천문학 분야에서 박사학위를 취득한 흑인 여성이 20명에 불과했습니다.

JPL은 알렉산더가 다시 돌아와서 갈릴레오 미션 작업을 계속하기를 원했습니다. 탐사선은 1989년에 성공적으로 발사되었지만 아직 목성에 도달하지 못했기 때문입니다. 갈릴레오 탐사선은 도중에 금성과 소행성 몇 개를 잠깐 살펴본 후 1995년 목성까지 9억 킬로미터의 여정을 마치고 소행성대를 넘어 외행성의 궤도에 진입한 최초의 우주선이 되었습니다. 갈릴레오는 거의 8년 동안이 거대한 행성과 그 위성을 탐사했죠. 알렉산더에게는 꿈이 실현된 순간이었습니다. 마침내 목성의 대기, 거대한 자기장, 목성의 위성, 우주 플라스마, 심지어 혜성까지 탐사하며 그녀를 매료시켰던 행성의 과정을 연구할 수 있게 되었죠. 1994년 슈메이커-레비Shoemaker-Levy 혜성이 목성에 충돌할 때 그녀와 갈릴레오 과학자들은 맨 앞줄에 앉았습니다. 혜성이 태양계에서 다른 천체에 충돌하는 장면을 가까이서 본 것은 사상 처음이었습니다.

갈릴레오는 목성 주위를 총 34회 돌았고, 목성의 주요 위성들을 35회 근접비행 했습니다. 21개의 위성을 발견했는데, 그중 가장 흥미로운 발견은 유로파, 이오, 가니메데, 칼리스토에 관한 것이었습니다. 이 위성들은 태양의 열기로부터 멀리 떨어진 우주 깊은 곳에 있는 차갑고 죽은 얼음 덩어리가 아니었습니다. 갈릴레오는 유로파, 칼리스토, 그리고 가니메데의 얼어붙은 표면 아래에 액체 상태의 물층이 있을 가능성을 보여주는 증거를 발견했습니다. 그곳은 조용하고 순수한 겨울의 신비로운 세계였죠. 가장 안쪽에 있는 위성인 이오는 전혀 얼지 않았습니다. 목성의 중력에 의해 내부는 끊임없이 소용돌이치고, 화산활동에 의해 표면이 계속 변화하면서 끊임없이 움직이고 있습니다. 지구상의 그 어떤 것보다 백 배 이상 많은 활동을 하고 있죠.

알렉산더가 가장 좋아했던 순간은 지질학적으로 완전히 비활성 상태라고 생각했던 가니메데가 실제로 얇은 대기를 가지고 있다는 사실을 발견했을 때였습니다. 전혀 예상치 못한 발견이었기 때문에 그녀의 연구 모델을 수정해야 했죠.

"제 사고방식이 완전히 바뀌는 흥미로운 경험을 한 순간이었습니다. 제 생각이 틀렸다는 사실이 이렇게 기뻤던 적은 처음이었어요!"

갈릴레오의 길고 복잡한 임무가 거의 끝나갈 무렵, 알렉산더는 임무를 감독할 마지막 프로젝트 관리자로 선정되었습니다. 훗날 그녀는 "전 세계에서 NASA 미션의 프로젝트 매니저를 맡아달라고 제안 받는 사람은 그리 많지 않을 것입니다!"라고 말했습니다. 계획은 우주선을 목성에 착륙시켜 갈릴레오가 사라지기 전에 가능한 한 오랫동안 데이터를 기록하는 것이었습니다. 2003년, 알렉산더는 수십억 달러짜리 NASA 위성을 의도적으로 행성과의 충돌 경로에 보내는 특별한 책임을 맡게 되었습니다. 14년간의 다사다난한 임무를 마친 갈릴레오의 마지막은 화려했죠.

지워진 천문학자들

▲ 혜성 67P/추류모프-게라시멘코에 탐사선을 착륙시
키는 데 도움을 준 혜성 전문가, 클라우디아 알렉산더.

   그 무렵 클라우디아 알렉산더는 이미 유럽우주국(ESA)과
NASA와 같은 파트너 간의 국제 협력 프로젝트인 로제타Rosetta의
또 다른 임무에 깊이 관여하고 있었습니다. 로제타는 6.45년 주기
로 태양을 스쳐 지나가는 태양계 외곽의 혜성인 67P/추류모프-게
라시멘코Churyumov-Gerasimenko를 자세히 연구하는 임무를 맡고 있
었습니다. 그러나 더 큰 목표는 태양계의 탄생과 진화를 이해하려
는 역사적인 탐구였죠. 혜성은 태양과 모든 행성이 형성된 원시 태
양 성운에서 남겨진 건축 자재입니다. 혜성은 46억 년 전 태양계
의 기원에 대한 단서이자 지구 생명체의 구성 성분의 원천일 가능
성이 있는 물질입니다. 한마디로 이 행성들은 개봉되기를 기다리
는 천상의 타임캡슐이죠. 혜성과의 만남과 궤도 진입, 태양 주위
를 도는 혜성의 궤도를 따라 탐사선을 보내 혜성 표면에 착륙하는

것이 목표였는데, 이 모든 작업은 이 전에는 아무도 해본 적이 없는 일이었습니다.

NASA는 이 임무를 이끌 프로젝트 과학자가 필요했고, 1999년에 클라우디아 알렉산더가 선발되었습니다. 그녀의 전공이 혜성 연구고 박사학위논문이 혜성의 특성을 모델링하는데 중점을 두었기 때문에 당연한 결과였습니다. 또한 NASA는 그녀의 리더십과 다양한 사람들과 소통하는 타고난 능력 또한 인정하여 프로젝트 매니저의 역할을 맡아달라고 요청했습니다. 그녀는 이제 겨우 40세였는데, 이렇게 중요한 책임을 맡은 사람 중 가장 젊은 사람이었습니다.

소셜 미디어 속 우주

로제타 탐사선은 2004년 3월에 발사되었습니다. 혜성 추류모프-게라시멘코를 만나러 가는 길에 화성을 지나며 셀카를 찍고 소행성 두 개를 지나며 멋진 사진을 지구로 보냈죠. 그리고 2011년에는 목성 궤도를 통과한 후 계획대로 3년 동안 휴면 상태에 들어갔습니다. 그 먼 우주 공간에는 전체 임무를 수행할 수 있는 태양 에너지가 충분하지 않았기 때문입니다. 알렉산더와 지구에 있는 팀원들은 숨을 죽이고 로제타가 깨어나기를 기다렸습니다.

한편, 2004년 NASA의 카시니Cassini 우주선이 토성에 도착했을 때 알렉산더는 로제타 프로젝트 과학자 겸 프로그램 관리자로서의 역할을 유지하면서 카시니의 부프로젝트 과학자로 임무에 합류해달라는 요청을 받았습니다. 알렉산더는 어떻게 그렇게 많은 책임을 다할 수 있었느냐는 질문에 이렇게 답했습니다.

　　　　　　　　　　　　　지워진 천문학자들

"말할 필요도 없이 제 삶은 미쳤다고 할 수 있습니다.
좋은 의미에서요."

그녀의 카시니 임무에서의 역할은 토성의 대기, 자기장, 그리고 위성들을 탐사하는 광범위한 연구를 포함하고 있었습니다.

눈부신 얼음 고리를 가진 토성은 태양계의 슈퍼모델과 같은 행성입니다. 네 개의 외행성 모두 고리를 가지고 있지만, 그중에서도 토성은 그 고리가 가장 돋보이는 행성이죠. 카시니가 촬영한 고리가 있는 토성의 눈부신 사진은 이전의 모든 이미지를 부끄럽게 만들 정도였죠. 그 이미지는 소용돌이치는 대기를 지닌 가스 거성과 복잡한 중력의 춤에 사로잡힌 여러 개의 위성을 보여주었습니다. 알렉산더는 특히 태양계에서 가장 큰 위성인 타이탄에 매료되었습니다. 카시니는 착륙선인 하위헌스Huygens를 보내 타이탄의 표면을 탐사했는데, 이는 탐사선이 태양계 외곽의 물체에 착륙한 최초의 사례였습니다. 토성의 위성은 목성만큼이나 흥미로웠습니다. 타이탄은 지구와 마찬가지로 질소가 풍부한 밀도가 높은 대기권과 액체 상태의 바다, 유기 분자를 가지고 있었습니다. 생명체는 진화의 한 단계에 불과했을까요? 과학자들은 앞으로 몇 년간 이 질문에 대한 답을 찾기 위해 노력할 것입니다.

카시니가 토성의 궤도를 돌고 10년이 지난 2014년, 목표한 혜성에 가까워지자 로제타가 잠에서 깨어났습니다. 지구에 있는 팀원들은 일제히 안도의 한숨을 내쉬었습니다. 지구에서 컴퓨터를 절전모드로 설정해 놓고 3년 후에 고장 없이 자동으로 재시작되기를 기대한다고 상상해 보세요! 알렉산더에게 로제타는 작업의 중심이 되었습니다. 몇 달에 걸친 10번의 기동으로 마침내 탐사선은 혜성 주위를 불과 30킬로미터 떨어진 궤도에 진입했습니다. 이는 20년이 넘는 계획과 꿈, 기다림의 정점이자 놀라운 성과였습니다. 로제타 호는 혜성 촬영을 매핑하고 흥미로운 유기 분자와 물을 찾기 시작했습니다. 첫 번째 과학 데이터에서는 놀랍게도 얼음이 얼어붙은 흔적은 발견되지 않았지만, 혜성 핵 주변의 가스 구름에서 수소와 산소가 검출되었습니다.

2004년 로제타가 우주로 발사되었을 때, 사이버 공간에서는 페이스북Facebook이라는 새로운 앱이 막 출시되었습니다. 이후 10년 간 로제타 탐사선이 혜성을 추적하는 동안 페이스북, 트위터, 인스타그램이 대세가 되었죠. 로제타가 추류모프-게라시멘코에 도착했을 때 로제타의 트위터 팔로워 수는 거의 50만 명에 달했습니다. 그리고 로제타와 함께 착륙한 착륙선 필레Philae는 깊은 우주와 사이버 공간에서 활기를 띠기 시작했죠. 수십만 명의 온라인 우주 애호가들이 용감한 필레의 매력에 푹 빠졌습니다.

"좋아요, @Philae2014, #67P에 줄을 서고 있습니다.
점프할 준비 되셨나요?"
"준비됐어요, @ESA_Rosetta. 조금만 더 밀어줄래요?"

필레는 2014년 11월 혜성에 착륙하는 순간을 트위터로 생중계하여 팔로워들의 환호를 받았습니다. 필레의 추진기가 발사되지 않고 착륙선이 혜성에서 튕겨져 나가자, 지구의 모든 사람들이 일제히 숨을 삼켰습니다. 세 번 튕긴 후 마침내 혜성 표면에 안착했고, 지구 곳곳에서 #CometLanding 해시태그가 유행했습니다. 저는 필레가 착륙할 때의 놀라운 순간과 전 세계 과학 애호가들의

지워진 천문학자들

뜨거운 반응을 생생하게 기억합니다. 필레가 결국 동력을 잃고 침묵만 남았을 때 전 세계는 애도했습니다. 이 무인 착륙선은 임무를 감독한 실제 인간보다 훨씬 더 유명해졌습니다. 그러나 #ClaudiaAlexander 해시태그는 미션 수행 중 온라인에서 트렌드를 형성하지 않았습니다.

필레와 로제타는 200기가바이트가 넘는 데이터와 10만 개가 넘는 이미지를 보내와 과학자들을 수년간 바쁘게 만들었습니다. 한 가지 큰 의문은 지구의 물이 추류모프-게라시멘코와 같은 혜성에서 유래했는지였습니다. 로제타의 분석에 따르면 그 답은 '아니요'인 것으로 보이죠. 과학자들이 연구해야 할 것이 더 많지만, 클라우디아 알렉산더는 더 이상 로제타의 비밀을 풀어갈 수 없었습니다. 2004년에 이 임무가 시작된 직후 그녀는 유방암 진단을 받았습니다. 다년간의 갈릴레오, 카시니, 로제타 임무는 그녀에게 암과의 장기전을 치를 수 있는 인내심을 길러주었죠. 이 후 10년 동안 그녀는 질병과 싸우며 로제타 임무를 지속해 나갔습니다.

알렉산더는 어렸을 적 펼쳤던 상상 속 판타지 세계에 대한 사랑도 다시 불태웠습니다. 이번에는 공상과학과 스팀펑크 작가가 되어 잠시나마 고민에서 벗어나 자신만의 세계를 창조하기로 결심했죠. 그녀는 빅토리아 시대의 증기 동력 기어와 레버를 사용하는 미래 세계를 배경으로 하는 공상과학 장르인 스팀펑크가 어린 독자들에게 과학을 더욱 본능적이고 흥미롭게 만들 수 있다고 믿었습니다. 또한 인기 시리즈 〈Windows to Adventure〉를 비롯한 아동 도서도 집필했습니다. 로제타와 갈릴레오의 매니저로서 그녀는 전 세계의 수많은 청중과 학생들에게 연설하면서 두 미션을 대표하는 대중적인 인물이 되었습니다. 그녀는 다른 흑인 소녀들이 자신처럼 과학

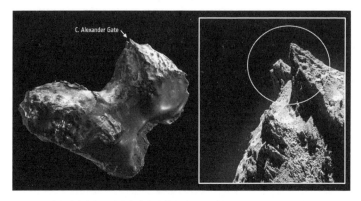

▲ 클라우디아 알렉산더를 기리기 위해 명명된 혜성 67P/추류모프-게라시멘코의 C. Alexander Gate.

분야에서 고립되기를 원하지 않았습니다. 한 인터뷰에서 "역사의 연대기에서 운동선수와 음악가는 사라지지만 인류의 삶의 방식과 우주에 대한 이해를 근본적으로 개선한 사람들은 그들의 발견을 통해 계속 살아남는다"고 말했습니다.

클라우디아 알렉산더 박사의 지구에서의 임무는 로제타의 심우주 임무보다 먼저 끝났습니다. 2015년 7월 11일, 필레가 역사적인 착륙을 한 지 1년도 채 되지 않아 태양 주위를 56바퀴 돌고 난 뒤 암과의 싸움에서 패했습니다. 그녀의 죽음은 필레의 죽음처럼 전 세계를 뒤흔들지는 않았지만, 뉴욕 타임스는 그녀의 많은 업적을 나열하는 부고 기사를 게재했죠. NASA의 한 동료는 그녀의 죽음을 '큰 손실'이라고 표현했습니다. 알렉산더가 로제타 미션에 미친 영향은 매우 컸고, 혜성의 한 지형의 이름이 그녀를 기리기 위해 'C. Alexander Gate'로 명명되었습니다. AAS와 미시간 대학에서는 그녀의 이름을 딴 상을 제정하여 차세대 과학자를 지원하겠다는 사명을 이어가고 있습니다.

저 멀리 우주에서 로제타도 2016년 9월, 혜성 표면에 착륙하며 마침내 60억 킬로미터의 여정을 마쳤습니다. 로제타는 트위터에 마지막 메시지를 남겼죠.

"임무 완료."

4

선택의 기로에서

방사능과 원소 연구자들

선택의 기로에 서다

물리학을 공부하는 동안 사랑에 빠지게 된다면 상당히 산만해질 것입니다. 경험에서 우러나온 이야기죠. 과학자로서 방정식이나 자연의 법칙에 대한 열정과 집착에 대해 말하는 것이 아닙니다(물론 저도 그런 경험을 해봤지만요). 저는 현실적이고, 어지럽고, 멋지고, 인간적인 '로맨스'에 대해 이야기하고 있습니다. 물리학 책을 거의 던져버리다시피 하고, 손을 잡고 걸으면서 새가 지저귀고 꽃이 핀다는 가사의 노래를 흥얼거리는 로맨스 말이죠. 제 커리어 상운 좋게도 연인은 물리학을 전공하는 동료 대학원생이었고, 우리는 자전거 타기와 자연 탐사 도보여행, 콘서트와 영화 관람을 위해 수업을 빼먹고 연구 프로젝트를 무시하면서 양자물리학에 대한 논쟁으로 가득 찬 로맨스를 이어갔습니다. 시공간은 우리를 하나로 모으기 위해 뒤틀리기 시작했죠. 새로운 천년 바로 전날, 우리는 평생의 동반자로서 21세기를 맞이하기로 결심했습니다.

저희 결혼식은 가족뿐만 아니라 동창, 교직원, 교수진으로 구성된 물리학계 가족 모두가 축하해준 즐겁고 괴짜 같은 행사였습니다. 청첩장에는 물리학자들의 명언이 적혀 있었고, 피로연에서는 물리학 농담을 나누며 웃음을 터뜨렸습니다. 우리만의 '물리학 동방박사의 선물[2]'같은 순간에 논문 지도교수는 이날을 기념하기 위해 어떤 선물을 받고 싶은지 물어보았습니다. 저는 제 약혼자에게 파인만의 〈물리학 강의〉 제본을 선물해달라고 요청했는데, 약혼자도 저에게 같은 선물을 해준 줄은 몰랐죠.

결혼 생활이 안정되면서 초기 양자 정보 과학 분야의 박사 학위 연구는 빠르게 진행되었습니다. 제가 탐구하는 모든 과학적 과제들이 흥미로운 결과로 이어지는 새로운 분야에서 일하게 되어 매우 운이 좋았죠(다른 물리학 연구 분야에서는 다소 드문 경우죠). 특히 미세한 입자 사이의 독특한 결합인 양자 얽힘을 연구하는 것이 즐거웠습니다. 어떻게든, 저는 제가 연구하던 얽히고설킨 관계 사이의 연관성에 대해 이야기할 수 있었습니다. 어느새 3년이라는 시간이 흘렀고, 성공적으로 논문을 완성하고 다양한 의견에 대응했습니다. 국제 학회에서 제 연구를 발표하며 이 분야의 선도적인 연구자들을 만났고, 그중 한 명이 자신의 팀에서 박사 후 연구원으로 일할 것을 제안했습니다. 제가 앞으로 하고 싶었던 연구 분야와 딱 맞는 자리였죠. 저는 흥분되고 기뻤지만, 한 가지 문제가 있었습니다. 이 자리를 맡으려면 연인으로부터 15,000킬로미터 떨어진 호주로 이주해야 한다는 것이었습니다. 마치 시공간이 반대 방향으로 휘어져 우리를 멀어지게 만든 것 같았죠.

---

2   Gift of the Magi. 오 헨리 단편소설의 제목이다. 역자주

지워진 천문학자들

저는 커리어와 가족 사이에서 선택해야 하는 최초의 여성은 아니었습니다. 하지만 저와 약혼자 둘 다 물리학 분야에서 학문적 커리어를 쌓고 있다는 점이 선택의 폭을 심각하게 제한했습니다. 이 문제는 물리학의 잘 알려진 문제인 '이체 문제two-body problem'에서 차용한 별명이 있을 정도로 학계에서 흔한 문제입니다. 선택의 기로에서 고민하던 중, 저보다 앞서간 물리학자들의 삶에서 영감이나 교훈을 찾을 수 없을까 고민했습니다. 제 고민은 두 여성에 대한 이야기로 이어졌습니다.

부당함 속에서

뉴욕시 중심부에 위치한 바너드대학은 여성의 고등 교육 발전에 공헌한 오랜 역사를 지니고 있습니다. 1889년 컬럼비아대학의 여학생 입학 금지 정책에 반발하여 설립되었죠. 당시 다른 아이비리그 명문 대학들도 대부분 여성에겐 입학할 자격이 없다고 여겼기 때문에 컬럼비아대학의 입장은 드문 일이 아니었습니다. 더 특이한 점은 당시 컬럼비아의 총장이었던 프레드릭 바너드Fredrick Barnard가 여성의 평등한 교육권을 지지했다는 점입니다. 그는 대학에서 남녀 공학 프로그램을 옹호했지만 다른 아이비리그 학교가 가지 않은 길을 가도록 이사회를 설득하는 데는 실패했습니다. 그럼에도 불구하고 그는 여성들이 학교에서 수업은 들을 수 없지만, 학사 학위를 취득할 수 있는 학습 프로그램인 '컬럼비아 여성 대학 과정'을 만드는 데 성공했습니다.

이 프로그램에 등록한 여성 중 한 명인 애니 네이선 마이어Annie

Nathan Meyer는 컬럼비아대학에서 강의에 참석하고 실험실에서 일하는 것이 금지된 것에 대해 매우 실망했습니다. 그리고 뉴욕 최초의 여성 대학을 설립하는 데 앞장섰죠. 마이어는 자신의 꿈을 실현하기 위해 대중의 지원과 상당한 자금, 대학의 후원이 필요하다는 것을 깨달았고, 이러한 노력을 주도할 수 있는 적임자가 바로 자신이라는 것을 알고 있었습니다. 그녀는 네이션지Nation에 실린 기사에서 뉴욕과 같은 도시가 세계에서 명성을 유지하려면 반드시 여자대학교가 있어야 한다고 강력하게 주장했습니다. 동시에 힘있고 부유한 뉴욕 시민들을 여대 기금 마련을 지원하는 위원회에 초대했죠. 또 다른 현명한 조치로 마이어는 최근 사망한 컬럼비아대학의 총장 프레드릭 바너드의 이름을 따서 새 대학의 이름을 짓자고 제안하여 컬럼비아대학 이사회의 지지를 얻었습니다.

애니 마이어는 1889년 컬럼비아대학 길 건너 바너드대학이 문을 열면서 자신의 비전이 실현되는 것을 볼 수 있었습니다. 처음에는 임대 건물에서 시작했지만 부유한 여성들의 관대한 기부로 새 캠퍼스를 짓고 학생과 강좌를 늘릴 수 있었습니다. 바너드대학은 곧 미국의 저명한 여대 6곳과 어깨를 나란히 하게 되었습니다(마운트홀리오크대학이 1837년에 가장 먼저 설립되었고, 바사, 웰슬리, 스미스, 래드클리프, 브린모어가 그 뒤를 이었습니다). 바너드대학이 일곱 번째 여대로 합류하면서 플레이아데스 성단의 7개의 별에서 이름을 따온 Seven Sisters[3]는 전국 여성들에게 희망과 교육의 빛나는 별자리가 되었습니다. 1904년, 마거릿 몰트비Margaret Maltby 교수를 중심으로 구성된 바너드의 물리학부는 확장을 모색

3   미국 북동부의 명문 여자대학 7개교(바너드대학, 브린모어대학, 마운트 홀리오크대학, 스미스대학, 웰슬리대학, 바사대학, 래드클리프대학)의 총칭이다. 편집자주

하고 있었습니다. 물리학 분야에서 자격을 갖춘 여성 교수를 찾기가 쉽지 않았지만, 바너드는 교수를 채용하는 데 성공했습니다. 해리엇 브룩스는 1901년 캐나다 맥길대학에서 노벨상 수상자인 어니스트 러더퍼드의 지도 아래 수학 및 물리학 석사 학위를 취득한 바 있습니다. 브룩스는 러더퍼드와 맥길대학 총장의 강력한 추천을 받았고, 기대에 부응하는 성과를 거두었죠. 이듬해, 바너드는 연봉을 10% 인상한 1,000달러로 재계약을 체결했습니다. 1906년, 브룩스는 다시 한번 계약 갱신을 받았지만 상황이 바뀌기 직전이었습니다. 그녀는 1907년 여름에 결혼할 예정이라며, 대학 학장 로라 길Laura Gill에게 편지를 보내 결혼이 고용에 영향을 미칠 수 있는지 문의했습니다. 브룩스는 이미 결혼이 문제가 되지 않는다고 생각하는 동료인 마거릿 몰트비와 이야기를 나눈 상태였습니다. 그러나 학과장 길의 생각은 달랐죠. 그는 결혼하면 대학과의 공식적인 관계가 끝날 것이라고 브룩스에게 알렸습니다. 미국 명문대들의 페미니즘 정신은 정말 칭찬받을 만하네요!

브룩스는 학장에게 불같이 화를 내며 결혼은 업무 수행에 방해가 되기보다는 오히려 도움이 될 것이며, 결혼 생활이 업무에 방해가 된다면 사임할 것이라고 편지를 썼습니다. 그녀는 "여성은 자신의 직업에 종사할 권리가 있으며 결혼을 했다는 이유만으로 그 직업을 포기할 수 없다는 것을 보여주는 것이 자신의 책임"이라고 밝혔습니다. 또한 그녀는 여성의 교육은 지원하지만 결혼 후 전문직업에 대한 권리는 보장하지 않는 여대의 위선을 지적했습니다.

"여성의 직업 진출을 권유하고 장려하는 여대가 어떻게 그러한 원칙을 부정하면서 정당하게 설립되고 유지될 수 있는지 상상할 수 없습니다."

당시 여성들은 일반적으로 결혼 후 경력을 포기했는데, 이런 때 바너드대학은 여성 인권 신장이라는 특별한 목표를 가지고 설립된 기관이었습니다. 이런 명문 여대가 이렇듯 고집스럽게 기조를 유지하면서 어떻게 명성을 유지할 수 있었을까요? 사실 학장과 이사회는 '결혼'으로 인해 학교의 명성이 위험에 처했다고 생각한 것이었습니다. 브룩스의 반발에 대해 길 학장은 대부분 남성인 재단 이사들이 여성의 주된 역할은 가사노동이라고 생각한다는 점을 지적했습니다. 두 가지 '전일제 직업'을 병행하는 것은 불가능했고, 따라서 대학에도 좋지 않았습니다. 길은 '가정에서 여성의 존엄성'과 대학의 명성을 유지하기 위해서는 브룩스가 총장직을 사임해야 한다고 결론지었습니다.

전일제 가사노동과 물리학을 포함한 학구적 커리어 사이에서 균형을 맞추는 것은 길 학장과 이사회가 볼 때 이분법적인 문제였습니다. 아이러니하게도 여성 인권 신장이라는 혁신적인 사고를 장려하기 위해 설립된 기관의 리더들이 시대의 틀에서 벗어나지 못하는 것처럼 보였습니다. 브룩스의 동료였던 몰트비 교수는 길 학장에게 편지를 보내 브룩스가 뛰어난 물리학자이자 교사였으며 브룩스를 대신할 만한 자격을 갖춘 다른 여성은 없다며 예외를 인정해 달라고 호소했습니다. 몰트비의 주장은 옳았지만, 그녀의 탄원은 어느 누구의 귀에도 들어가지 않았습니다. 바너드대학은 러더퍼드가 '전설적인 마리 퀴리에 이어 두 번째로 위대한 여성'이라고 묘사한 브룩스를 해고했습니다. 브룩스는 바너드대학에 도착하기도 전에 이미 물리학을 변화시켰습니다.

캐나다 최초의 여성 핵물리학자

몇 년 전 몬트리올을 여행할 때 맥길대학 캠퍼스를 돌아다니다가 물리학과가 있는 건물로 향했습니다. 이 건물은 그곳에서 연구했던 가장 유명한 물리학자인 어니스트 러더퍼드의 이름을 따서 명명되었습니다. 물리학부에는 러더퍼드의 1908년 노벨상 수상과 관련된 장비, 편지, 문서 등 '러더퍼드 컬렉션'을 소장하고 있는 인상적인 박물관도 있습니다. 러더퍼드는 캐나다인이 아닌 데다가 맥길에서 근무한 기간이 10년이 채 되지 않았음에도 불구하고 물리학부에서 그의 유산은 강력한 존재감을 발휘하죠. 그는 이미 영국으로 이주한 후 물리학이 아닌 화학 분야에서 노벨상을 수상했습니다.

캐나다에서 태어나고 자란 해리엇 브룩스는 캐나다 여성 최초로 핵물리학자가 되었습니다. 1901년 맥길대학에서 학위를 취득한 최초의 여성이며, 러더퍼드의 노벨상 수상을 포함해 두 개의 노벨상 수여에 중요한 실험을 수행했습니다. 그러나 맥길에서는 그녀와 그녀의 유산에 대한 흔적을 거의 찾아볼 수 없습니다.

해리엇 브룩스에 대해서는 알려진 바가 거의 없어, 맥길대학에서 물리학과 수학을 공부하기로 결정한 이유조차 알 수 없었습니다. 다만, 그녀와 마찬가지로 학업에 재능이 있었던 여동생 엘리자베스Elizabeth를 포함해 8명의 형제자매 중 대학에 진학한 사람은 두 사람뿐이었다는 사실은 알고 있습니다. 여성의 대학 진학이 이제막 허용되던 시절에 의지할 수 있는 언니가 있다는 것은 큰 도움과 동기 부여가 되었을 것입니다. 오늘날에도 여성들이 학계를 선택하는 데는 어머니의 지지가 큰 영향을 미칩니다. 당시 여성들이 이 분야에 진출하는 데 많은 장애물이 있었음에도 불구하고 해리엇이 물리학을 선택하게 된 이유는 아무도 모릅니다. 굳이 추측하자면, 성별에 관계없이 많은 물리학자들이 2011년 설문조사에서 자신의 전공 선택에 대해 답한 이유 때문일 것입니다.

  "물리학이 좋으니까요."

맥길은 여성 입학에 대한 의지가 컬럼비아 및 국경 남쪽의 다른 아이비리그 학교보다 앞서 있었습니다. 스코틀랜드 출신의 저명한 사업가이자 자선가인 도널드 스미스Donald A. Smith 경이 여성 교육을 지원하기 위해 기부한 기금 덕분이었죠. 그 결과 혜택을 받은 여학생들은 '도날다들(Donaldas)'라는 별명을 얻었습니다. 1894년 신입생으로 맥길에 입학한 해리엇은 금세 캠퍼스 최고의 '도날다' 중 한 명이 되었습니다. 캠퍼스 내 몇 안 되는 여성 중 한 명이라는 것은 모든 여성을 대표하는 듯한 추가적인 부담을 동반했습니다. 한 번의 실수나 망설임으로 인해 여성이 학문에서 성공할 수 없다고 믿는 사람들에게 빌미를 줄 수 있었죠. 이는 오늘날까지도 여성 학자들이 직면하는 위험입니다. 하지만 해리엇은 캠퍼스에서 자신의 능력을 증명해 보였습니다. 학부 시절 내내 모든 과목에서 우수한 성적을 거두며 상과 장학금을 받아 능력을 입증했을 뿐만 아니라 가족의 교육비 지원 부담도 덜어주었습니다. 4년 후, 그녀는 수학과 자연과학(물리학)에서 1등으로 학위를 받고 수학 분야에서 권위 있는 앤 몰슨 금메달Ann Molson Gold Medal을 받은 유일한 학생으로 졸업했습니다. 타이밍도 흠잡을 데가 없었습니다. 어니스트 러더퍼드가 막 맥길대학에 도착한 때였죠.

러더퍼드는 아웃사이더가 되는 것에 대해 잘 알고 있었습니다.

지워진 천문학자들

1871년 뉴질랜드에서 태어난 그는 도시 생활과는 거리가 먼 농촌에서 자랐습니다. 해리엇과 마찬가지로 그도 학교 성적이 우수하여 크라이스트처치의 캔터베리대학에서 수학과 물리학을 공부할 수 있는 장학금을 받았습니다. 두 개의 학사 학위와 석사 학위를 취득한 후 1895년 영국에서 연구를 계속하기 위해 장학금을 신청했지만 받지 못했습니다. 하지만 1등이 장학금을 포기하면서 2등인 러더퍼드가 장학금을 받게 되었습니다. 예상치 못한 기회였기에 더욱 만족스러웠을 것입니다. 가족 농장에서 일하다가 이 소식을 들은 그는 "내가 캐는 감자는 이게 마지막이다!"라고 선언했습니다.

그는 케임브리지대학의 유명한 캐번디시 연구소에서 J. J. 톰슨 교수와 함께 일하기로 결정했습니다. 러더퍼드는 케임브리지 출신이 아닌 최초의 '외국인' 대학원 연구생이었습니다. 그는 실험에서 뛰어난 능력을 보였지만 외국인이기에 승진의 기회가 없었습니다. 톰슨은 그의 잠재력을 알아보고 멀리 떨어진 맥길대학의 교수직에 그를 추천했습니다. 러더퍼드는 1898년에 몬트리올에 도착해 해리엇 브룩스를 자신의 첫 번째 대학원생으로 초대할 수 있었습니다.

러더퍼드는 케임브리지에서 뛰어난 실험가로서 이름을 알리기 시작했습니다. 그는 당시 그 어떤 장치보다 뛰어난 전파 탐지기를 만들었고 우라늄에서 나오는 두 가지 유형의 방사선을 발견했습니다. 재학생이 그의 감독하에 연구하도록 초대받은 것은 큰 영광이었죠. 브룩스의 대학원 연구 프로젝트는 러더퍼드가 뉴질랜드에서 처음 탐구했던 문제에 초점을 맞추었습니다. 전류가 흐르는 상태에서 강철 바늘의 자화를 연구하는 세부적인 실험이 포함되었죠. 저는 맥길대학 디지털 보관소에서 브룩스의 석사학위 논문 사본을 찾아냈습니다. 이 여성 물리학자가 검은색 잉크로 정성스럽게 필기

체로 쓴 여러 수식과 계산, 그래프 용지에 직접 그린 데이터 도표가 소름이 돋을 정도로 정교하게 쓰여 있었습니다. 그녀의 글은 정확하고 간결하며 온도와 압력 등 다양한 변수의 영향에 대한 연구 결과를 명확하게 정리해 놓았습니다. 브룩스는 이 연구가 '빠르게 교류하는 전류에 대한 금속과 전해질의 저항 측정과 특정 유도 용량의 결정'에도 관련이 있다고 주장했죠. 연구 결과는 캐나다 왕립학회에 발표할 만큼 흥미롭고 중요한 것으로 평가되었지만, 학회 회원이 아니었기 때문에 직접 발표할 수 없었습니다.

이 논문은 이후 1899년 캐나다 왕립학회지Transactions of the Royal Society of Canada에 해리엇 브룩스가 단독 저자로 등재된 채로 게재되었습니다. 그러나 1901년이 되어서야 맥길대학은 논문을 공식적으로 승인하고 석사 학위를 수여했으며, 브룩스는 맥길대학에서 대학원 학위를 취득한 최초의 여성이 되었죠. 왜 그렇게 오랜 시간이 걸렸는지는 분명하지 않습니다. 러더퍼드가 이 시기에 결혼을 위해 뉴질랜드로 돌아갔기 때문일 수도 있습니다. 뉴질랜드에 있는 동안 그는 크라이스트처치대학에서 공식적으로 이학박사학위도 받았습니다.

브룩스는 캐나다에서 석사 학위를 기다리는 동안에도 학구열을 늦추지 않았습니다. 그녀는 논문의 마지막 단락에 '친절한 도움을 주신 러더퍼드 교수님께 감사와 존경을 표하고 싶습니다.'라고 썼습니다.

그리고 곧 러더퍼드와 브룩스는 정말 획기적인 다른 연구 분야로 넘어갔습니다.

지워진 천문학자들

마리 퀴리의 등장

1893년, 해리엇 브룩스가 맥길에서 학부 과정을 시작하기 1년 전, 마리 살로메아 스크워도프스카Maria Salomea Skłodowska라는 또 다른 젊은 여성이 프랑스 파리에서 물리학 석사학위를 취득했습니다. 두 여성은 서로 교차하는 주제에 대해 놀랍도록 평행하게 연구를 이어나갔습니다. 심지어 한동안 같은 연구실에서 일하기도 했죠. 두 사람의 커리어와 개인적인 여정은 다소 달랐지만, 브룩스의 이야기는 마리의 이야기를 빼놓고는 말할 수 없습니다.

1867년 러시아제국의 폴란드 바르샤바에서 태어난 마리 스크워도프스카는 교육을 받기 위해 해리엇 브룩스보다 더 힘겨운 싸움을 해야 했습니다. 폴란드 언어와 문화는 민족주의와 독립운동을 억제하려는 러시아 당국의 눈살을 찌푸리게 했습니다. 그러나 스크워도프스카 가문은 굴하지 않았습니다. 고등학교 교사로 수학과 물리학을 가르치던 마리의 아버지는 친폴란드적인 의견으로 결국 해고당했습니다. 이로 인해 가족은 경제적으로 큰 어려움을 겪었지만 마리는 집에서 아버지와 함께 물리학을 배우고 아버지가 수업에 사용하던 실험 도구를 사용할 수 있었습니다. 마리는 뛰어난 학생이었지만 미국의 대학과 마찬가지로 바르샤바대학은 여성의 입학을 허용하지 않았습니다. 대신 마리와 그녀의 절친한 여동생인 브로냐Bronya는 러시아 당국이 폐쇄하는 것을 피하기 위해 장소를 수시로 옮겨 다니며 폴란드 학생들을 위한 비밀 대학에서 학업을 계속했는데, 이 대학은 '비행 대학' 또는 '떠다니는 대학'이라는 별명이 붙었습니다.

가정교사와 가정부로 일하며 돈을 모은 마리는 결국 1891년 바르샤바를 떠나 브로냐가 있는 파리로 떠날 수 있었습니다. 마침내 그녀는 세계적으로 유명한 파리대학에 정식으로 입학했습니다. 파리에서 유학생으로 생활하는 것은 신나는 일인 동시에 도전적인 일이었죠. 마리는 수학과 물리학, 화학 연구에 집중할 수 있는 기회를 좋아했지만 과외로 벌어들인 적은 수입으로는 생계를 유지하기 힘들었습니다. 그럼에도 불구하고 1893년, 그녀는 물리학 석사학위를 취득하며 수석으로 졸업했습니다. 수학 학위를 계속할 형편이 되지 못했지만, 교수들이 그녀의 뛰어난 수학 실력을 알아보고 장학금을 마련해 주었죠. 그래서 이듬해에 그녀는 수학 학위를 마쳤습니다.

마리는 프랑스 대학 출신이라는 점이 도움이 될 거라고 생각하며 바르샤바로 돌아왔지만, 그곳의 학계에서는 여성을 환영하지 않았습니다. 그러던 중 파리는 마리에게 또 다른 기회를 주었습니다. 프랑스에서 보낸 막바지에 마리는 연애에 빠져 있었습니다. 바로 프랑스 물리학자 피에르Pierre를 만나 저만큼이나 로맨틱하고 괴짜 같은 연애를 시작한 것이죠. 마리는 청혼을 받았지만, 폴란드로 돌아가고 싶은 꿈이 있었습니다. 피에르는 마리를 따라가겠다고 다짐했지만, 결국 집에 머무를 만한 일자리가 없던 피에르의 청혼을 수락하고 파리로 돌아왔습니다. 두 사람은 1895년에 결혼했습니다. 결혼을 결심하는 순간 마리의 삶은 완전히 달라졌지만, 해리엇 브룩스와는 전혀 다른 방식이었습니다. 마리의 남편 피에르가 자신의 삶뿐만 아니라 연구실까지 그녀와 공유하겠다고 제안한 것입니다. 피에르의 도움으로 마리는 평생의 연구에 착수하게 됩니다.

한편, 그해 새로운 발견이 물리학계를 뒤흔들었습니다. 독일 뷔

르츠부르크Wurzburg에서 안나 베르타 뢴트겐Anna Bertha Röntgen은 한 사진을 목격한 뒤 "나는 내 죽음을 보았다!"라고 외쳤습니다. 남편 빌헬름 뢴트겐Wilhelm Röntgen은 자신이 발견한 새로운 유형의 방사선을 이용해 촬영한 그녀의 손뼈 사진을 보여주었는데, 그는 이를 '엑스레이'라고 불렀습니다. 뢴트겐은 강연에서 엑스레이 사진을 극적으로 공개했고, 사람들은 피부를 투과할 수 있는 이 신비로운 비가시광선에 흥분하고 호기심을 가졌습니다. 이듬해 프랑스의 물리학자 앙리 베크렐Henri Becquerel은 우라늄이 눈에 보이지 않는 방사선을 방출하며, 이 방사선은 투과성이 매우 높고 X선처럼 사진건판을 감광시킬 수 있다는 사실을 발견했습니다. 대부분의 과학자들은 여전히 엑스레이에 매료되어 있어서 베크렐의 발견에 큰 관심을 기울이지 않았습니다. 하지만 파리에서 마리 퀴리는 즉시 우라늄에서 나오는 이 이상한 방사선에 큰 관심을 보였죠.

마리는 우라늄의 방출을 연구하기 위해 남편이 개발한 오래된 장치인 전위계를 독창적으로 개조했습니다. 우라늄 샘플 주변의 공기가 샘플에서 방출되는 방사선으로 인해 전류를 전달할 수 있다는 사실을 발견한 후, 그녀는 전기계를 사용하여 전하를 측정함으로써 샘플의 방사능 활동을 확인할 수 있었습니다. 그녀는 즉시 방사선은 열, 압력 또는 화학 반응과 같은 다른 외부 요인이 아니라 측정하는 우라늄의 양에만 의존한다는 흥미로운 사실을 발견했습니다. 따라서 방사선은 우라늄 원자 내부에서 나오는 것이 틀림없었습니다. 이것은 원자가 나누어질 수 있다는 것을 의미하지 않을까요? 원자는 모든 물질의 가장 기본적인 단위이므로 나눌 수 없다는 생각은 당시 과학적 사고에 깊이 뿌리박혀 있었습니다. 원자라는 이름은 '나눌 수 없다'는 뜻의 그리스어 'atomos'에서 유래했습

▲ 마리 퀴리와 남편 피에르 퀴리가 연구실에 있는 모습. 퀴리
　부부는 라듐과 폴로늄을 발견하는 등 방사능에 대한 획기적
　인 연구를 수행했다.

니다. 우라늄에 대한 마리의 통찰과 J. J. 톰슨Thomson의 전자의 발견은 결국 원자를 분할하는 물리학의 혁명을 일으켰습니다.

또 마리는 토륨 원소에 대한 중요한 발견을 했습니다. 그 이름의 유래가 된 북유럽의 신 '토르'처럼 토륨은 눈에 보이지 않는 방사선을 자발적으로 방출하는 초능력을 가지고 있었습니다. 마리는 그것이 우라늄과 같은 초능력이라는 것을 깨달았죠. 게다가 우라늄을 함유한 역청 우란광[4]과 비스무트는 우라늄만으로 설명할 수 있는 것보다 더 많은 방사선을 방출했습니다. 따라서 자연적 방사선의 힘을 가진 아직 발견되지 않은 다른 원소도 존재한다는 결론에 도달할 수 있었죠. 1898년 퀴리 부부는 광석에 묻혀 있는 두 가지 원소를 새롭게 발견했는데, 라틴어로 '광선'을 뜻하는 '라듐'과 마리의 고국인 '폴란드'를 기념해 '폴로늄'이라는 이름을 각각 붙였

4　피치블렌드(pitchblende)라고도 하는, 방사성 우라늄 함량이 매우 높은 광물이다. 편집자주

　　　　　　　　　　　　　　　　　　　　지워진 천문학자들

습니다. 이들이 지닌 초능력을 '방사능'이라고 불렀죠.

대서양 건너 캐나다에서 학부 학위를 막 마친 해리엇 브룩스는 맥길에 새로 부임한 물리학 교수 어니스트 러더퍼드를 만났습니다. 러더퍼드 역시 방사능에 매료되었죠. 케임브리지에 있는 동안 그는 우라늄에서 나오는 방사능 중 일부는 금속판으로 차단할 수 있지만 일부는 차단할 수 없다는 것을 관찰했습니다. 따라서 그는 두 가지 유형의 방사선이 방출된다는 결론을 내리고 이를 각각 알파와 베타 방사선으로 불렀습니다. 또한 1900년 러더퍼드는 방사성 원소 토륨이 알파, 베타 방사선과는 다른 또 다른 유형의 미지의 '방출'을 한다는 사실에 주목했습니다. 해리엇 브룩스는 그 방출이 무엇인지 알아내기 위해 노력했죠.

아무도 연구한 적이 없고 보이지 않는 것을 연구하는 것은 벅차게 느껴질 수 있습니다. 하지만 브룩스는 신중하고 재능 있는 물리학자였습니다. 러더퍼드의 팀원들은 모두 직접 장비를 설계하고 제작하는 데 익숙했기 때문에 그녀는 방출물을 연구하는 방법을 개발하기 시작했습니다. 당시에는 기체 내 질량이 다른 입자는 서로 다른 속도로 한 용기에서 다른 용기로 확산된다는 사실이 알려져 있었습니다. 브룩스는 라듐에서 방출되는 방사선의 확산 속도를 주의 깊게 측정했고, 라듐이 확산하는 모습을 통해 그것이 일종의 기체임을 깨달았습니다. 또한 방출된 가스가 라듐 원소보다 가볍다는 사실도 측정할 수 있었죠. 1901년, 그녀와 러더퍼드는 〈라듐에서 나온 새로운 기체The New Gas from Radium〉라는 제목의 논문을 캐나다 왕립학회지에 발표하여 이 방출에 대한 연구 결과를 발표했습니다. 당시에는 명시적으로 주장하지는 않았지만 다섯 번째로 발견된 새로운 방사성 원소인 라돈을 발견한 것이었죠.

▲ 해리엇 브룩스는 라돈 원소를 발견하고 핵물리학 분야를 개척하는 데 기여했다.

대부분의 역사책(그리고 구글)은 라돈이 1900년 독일의 화학자 프리드리히 도른Friedrich Dorn이 라듐에서 방출되는 라돈을 연구한 결과 발견되었다고 설명합니다. 도른이 발표한 연구 논문에 따르면 그는 온도와 습도가 방출에 미치는 영향에 대해 보고했지만 라돈의 성질이나 새로운 원소라는 사실에 대해서는 언급하지 않았습니다. 파리에서 퀴리 부부는 토륨과 라듐의 방출물에 대해서도 주목했지만, 처음에는 물질이 아닌 에너지의 한 형태라고 가정하는 쪽으로 기울었습니다. 따라서 러더퍼드와 브룩스는 이 방출물이 새로운 기체라는 사실을 최초로 명확히 밝혀냈고 이것이 바로 방사능의 비밀을 밝혀낸 통찰력이었죠.

지워진 천문학자들

원소를 변환하다

당시의 과학자들은 원소를 한 물질에서 다른 물질로 변환하는 것은 꿈같은 일이라고 생각했습니다. 오직 금을 만들고자 꿈꾸는 괴짜들만이 그런 연금술을 믿고 있었죠. 맥길의 화학자 프레드릭 소디Frederick Soddy는 1901년 맥길 물리학회가 주최한 원자의 본질에 관한 토론회에서 의견을 말했습니다. 토론에서 반대 의견을 제시한 어니스트 러더퍼드는 전자를 가리키며 원자보다 작은 입자가 존재하므로 원자는 분할할 수 없거나 불변하지 않을 수 있다고 주장했습니다. 토론의 주요 결과는 각 참가자가 서로에게 깊은 인상을 받았다는 것이었습니다. 토론이 끝난 후 러더퍼드는 소디에게 라듐에서 나오는 새로운 기체와 토륨에서 나오는 방출의 원인을 설명해달라고 요청했습니다. 두 과학자는 방출에 대한 자세한 연구를 시작했죠. 그들은 기체를 액체 형태로 냉각시키고 액체의 화학적 관계를 연구했습니다. 어느 날 결과를 바라보던 소디는 "러더퍼드, 이건 변환이야!"라고 외쳤습니다. 러더퍼드가 대답했습니다.

"제발, 소디, 그걸 변환이라고 부르지 마세요.
사람들이 우릴 연금술사로 보고 목을 자르려 할 거예요."

그래서 그들은 '변환transmutation' 대신 더 안전한 용어인 '변환transformation'을 사용했습니다. 어쨌든 그들은 자연의 연금술을 발견한 것이었습니다. 라듐과 토륨의 원자는 실제로 불안정하여 더 가벼운 원자로 이루어진 다른 원소로 변형되었고, 이 과정에서 엄청난 양의 에너지를 방출했습니다. 러더퍼드는 이 연구로 1908년 노벨 화학상을 수상했고, 소디는 1921년 노벨상을 수상했습니다. 방사성 붕괴는 원자를 분할할 수 없다는 의견을 반박하는 동시에 원자의 잠재된 힘을 처음으로 엿볼 수 있는 계기가 되었습니다. 두 과학자 모두 그 순간이 인류의 미래에 얼마나 큰 영향을 미칠지 상상하지 못했을 것입니다. 러더퍼드와 소디는 1901년부터 1903년까지 일련의 논문을 통해 방사능 붕괴 모델을 발표했습니다. 이 이론은 브룩스의 연구에 기반한 것으로, 러더퍼드는 자신의 발표에서 종종 브룩스를 언급했지만, 논문에는 공동 저자로 포함되지 않았습니다. 방사능 붕괴 모델은 그녀의 이름이 아닌 다른 과학자들의 이름과 연관되게 되었죠.

브룩스는 소디와 러더퍼드에 직접 협력하지는 않았지만, 러더퍼드와 함께 1901 Philosophical Magazine에 방사성 원소인 우라늄, 토륨, 라듐, 폴로늄을 비교한 대규모 연구를 발표했습니다. 한 아름다운 실험에서 그들은 우라늄의 베타 방사선이 자석이 있으면 편향될 수 있으므로 음전하를 띤 입자로 구성되어야 한다는 것을 보여주었습니다. 또한 라듐도 자석에 의해 같은 양의 편향된 베타 방사선을 방출하므로 두 원소 모두 동일한 음전하를 띤 입자가 생성된다는 것을 발견했습니다. 이를 통해 베크렐은 베타 입자가 전자라고 제안했던 이전의 관찰 결과를 확인했습니다. 그의 말이 맞았죠. 향후 베타선에 대한 연구는 또 다른 새로운 입자인 중성미자에 대한 증거로 이어졌고, 결국 우리가 알고 있는 입자물리학의 표준 모형이 개발되었습니다. 알파 입자 역시 러더퍼드가 훗날 원자핵을 발견하고 핵물리학을 탄생시키는 데 큰 역할을 하게 됩니다. 하지만 1901년 당시 해리엇 브룩스는 자신이 새로운 물리학 분야를 만드는 데 도움을 주고 있다는 사실을 알지 못했습니다. 그녀는 단지 대학원 공부를 계속하고 싶었을 뿐이었죠. 하지만 맥길대학은 박사학위 과정을 밟을 수 있도록 하지 않았습니다. 러더퍼드의 지원과 맥길 총장의 추천서로 그녀는 1901년 유명한 Seven Sisters 명문대 중 하나인 브린모어대학에서 공부할 수 있는 장학금을 받았습니다.

브린모어는 맥길의 익숙한 환경과는 상당히 달랐습니다. 그곳은 이미 미국에서 네 번째로 큰 여성 대학원 프로그램이었죠. 그리고 여성의 평등한 교육 기회에 초점을 맞춘, 여성을 위한 대학이었습니다. 브룩스는 처음으로 성차별의 무게를 어깨에 짊어질 필요가 없었습니다. 집에서도, 학문적 멘토인 러더퍼드와도 멀리 떨어져 있음에도 불구하고 그녀는 계속해서 뛰어난 성과를 거두었습니다. 최첨단 아이디어와 실험을 접한 그녀의 경험은 브린모어에서의 프로그램에 잘 준비되어 있었고, 자신의 연구를 위해 실험 장비와 실험을 처음부터 스스로 제작하는 데 능숙했습니다. 러더퍼드는 그녀와 정기적으로 연락을 주고받으며 연구와 계획을 지지해 주었습니다.

브룩스의 뛰어난 성과는 주목받았고, 그녀는 그해 브린모어의 권위 있는 유럽 장학금 후보로 지명된 세 명의 학생 중 한 명으로 선정되어 케임브리지대학을 방문할 기회를 얻게 되었습니다. 브룩스는 자존심이 강하고 겸손한 편이었지만, 러더퍼드의 발자취를 따라갈 수 있는 기회를 얻게 되어 기뻤습니다. 브린모어는 수준 높은 교육을 제공했지만, 그녀의 연구는 이미 최고 수준이었기 때문에 그녀의 말대로 '사람들이 많은 것을 알고 있는' 연구 그룹을 갈망했습니다. 그래서 러더퍼드는 자신의 전 제자가 케임브리지의 캐번디시 연구소를 운영하던 전 스승 J. J. 톰슨의 연구팀에 합류할 수 있도록 주선했습니다.

캐번디시는 물리학 연구의 중심지였습니다. 결국 톰슨은 1897년 최초의 아원자 입자인 전자를 발견한 사람이었죠. 이는 베크렐과 퀴리의 방사능 연구와 함께 물리학의 근간을 뒤흔들었습니다. 캐번디시는 원자의 본질을 재고할 수 있는 자연스러운 중심지였으며, 아이디어를 활발하게 논의하고 연구에 적극적으로 의견을 제시하는 곳이었죠. 또한 여성을 동등하게 두 팔 벌려 환영하지 않는 곳이기도 했습니다. 기껏해야 소수의 여성들만이 용인되거나 남성 연구원의 보조 역할에 머물렀죠. 브룩스는 다시 한번 자신이 아웃사이더라는 사실을 깨달았습니다. 그녀는 러더퍼드에게 자신이 느리고 실수투성이로 연구를 진행하며, 다른 사람들이 같은 일을 더 잘하고 더 빨리할 수 있기 때문에 자신의 기여가 중요하지 않다고 느낀다고 편지를 썼습니다.

그녀가 고립된 환경 속에서 자신에 대한 의심을 품는 것은 이해할 만한 일이었지만, 사실 그녀의 연구는 매우 중요했습니다. 톰슨 자신도 러더퍼드에게 브룩스의 토륨 연구가 상당히 흥미롭다고 말한 적이 있었습니다. 그녀는 토륨의 방사능 수치가 약 1분 만에 원래 값의 절반으로 떨어지는 것을 발견했습니다. 이는 사실 방출되는 가스인 라돈의 반감기를 최초로 측정한 것이었죠. 또한 브룩스는 또 다른 중요한 새로운 발견으로 이어질 라듐 연구를 시작했습니다. 한편, 1903년 펠로우십이 끝나자 그녀는 맥길대학의 여성을 위한 로열빅토리아대학에서 여성 교수직을 제안받았습니다. 급여를 받을 수 있다는 점과 캐나다로 돌아가 러더퍼드와 함께 연구를 계속할 수 있다는 전망 때문에 브룩스는 브린모어로 가지 않기로 결심했습니다.

원자 반동을 발견하다

퀴리 부부는 파리에서 빠른 속도로 방사능 연구를 계속했습니다. 그들은 역청 우란광과 비스무트 광석에서 순수한 형태의 라듐과 폴로늄을 분리하기 위한 작업에 착수했습니다. 광석에는 방사성 원소가 극미량만 존재했기 때문에 이 작업은 예상보다 훨씬 더 어려워 보였습니다. 하지만 마리는 쉽게 포기하지 않았죠. 부부는 수년간 광석에 포함된 다양한 물질을 조심스럽게 분리하고, 그 과정에서 새로운 기술을 개발했으며, 연구 결과에 대한 수십 편의 논문을 발표했습니다. 마침내 수 톤의 광석을 가공한 끝에 10분의 1 그램의 염화라듐을 생산할 수 있었습니다. 1903년, 마리 퀴리는 방사능 연구, 새로운 원소 발견, 염화라듐 생산에 대한 기념비적인 연구로 파리대학에서 박사 학위를 받았습니다. 브로냐는 프랑스에서 박사 학위를 취득한 최초의 여성을 축하하기 위해 언니의 곁에 있었습니다. 이 중요한 날을 기념하기 위해 참석한 많은 과학자 중에는 어니스트 러더퍼드도 있었죠.

마리의 성공을 지켜본 러더퍼드는 해리엇 브룩스도 브린모어에서 박사학위를 마쳤으면 좋겠다고 생각했습니다. 하지만 브룩스는 1903년 익숙한 환경인 맥길로 돌아갔습니다. 그곳에서 그녀는 라듐과 다른 방사성 원소에 대한 연구에 몰두했습니다. 당시 네이처지는 과학 분야의 중요한 돌파구를 발표하는 저널 중 하나였습니다(지금도 과학 분야의 저명한 저널입니다). 웹사이트에 설명한 바와 같이 네이처지는 1860년대에 설립되었으며 기고자들은 대개 빅토리아 시대 사회의 상류층 출신인 저명한 남성 과학자들이었다고 합니다. 편집팀도 마찬가지로 남성으로만 구성되었죠(실제로 네이

trated extract. There is a capsule of chemical statics, of dynamics, of physical mixtures, of thermochemistry, of electrochemistry, &c. The same concentrated form of diet is continued throughout the volume unrelieved by any historical references or illustrations of apparatus.

There are numerous little inaccuracies, both of author and printer, which it would be well to correct in a future edition.   J. B. C.

LETTERS TO THE EDITOR.

[*The Editor does not hold himself responsible for opinions expressed by his correspondents. Neither can he undertake to return, or to correspond with the writers of, rejected manuscripts intended for this or any other part of* NATURE. *No notice is taken of anonymous communications.*]

Residual Affinity.

SIR OLIVER LODGE and Prof. Frankland have indicated (pp. 176, 222) the way in which the electronic theory may afford an explanation of various chemical phenomena; notably so in the case of solutions : the apparent dissociation of the ions of the solute being a consequence of partial withdrawal of the bonds or electric charges uniting them, these bonds becoming occupied in connecting the ions with the molecules of the solvent, and dissociation into ions being thus a consequence of the chemical affinity of the dissolved substance for the solvent, instead of being a proof that no such thing as chemical combination exists in a solution.

I should like to point out that this view was developed by the writer nearly thirteen years ago in a paper entitled "The Theory of Residual Affinity as an Explanation of the Physical Nature of Solutions," which appeared in the *Berichte*, 1891 (pp. 3629–3447), and of which some account will be found in the last edition of Watts's "Dictionary of Chemistry" under the head of "Solutions," p. 495. The only difference in the explanation there given from that given by Sir Oliver and Prof. Frankland is that the atomic charges were spoken of as fluid charges surrounding the atoms instead of as Faraday bundles.

The view that the charge uniting atoms in a molecule is a variable quantity was developed by the writer at a still earlier date in a paper on atomic valency, read before the Chemical Society, December 3, 1885, but printed privately only ; a further view was propounded in that communication that the bonds or charges of atoms of a different nature were not exactly equivalent to each other, and were not necessarily expressible by whole numbers. Such a view gives a somewhat striking explanation of many chemical facts which are otherwise difficult of explanation, but it is independent of the explanation of the nature of solutions given subsequently, and now put forward by Prof. Frankland, the basis of which is the mobility and divisibility of the atomic charges.   SPENCER PICKERING.

Harpenden, July 10.

A Volatile Product from Radium.

IN the course of some recent experiments on the excited radio-activity from the radium emanation, some evidence has been obtained which points to the conclusion that the emanation X of radium at one stage of the changes which it undergoes after being deposited on a solid body is slightly volatile even at ordinary temperatures. The effect which gives rise to this conclusion was first noticed in some observations on the rate of decay of the part of the excited activity deposited on a plate of copper immersed for a short time in dilute hydrochloric acid, in which the activity from a platinum wire exposed for a time to the radium emanation had been dissolved. When the copper plate with its active deposit had been placed inside a testing vessel and removed after a few minutes, it was noticed that a temporary activity, in some cases equal in amount to one or two per cent. of the activity of the plate, was excited on the walls of the vessel. This activity increased to about three times its original value in the course of thirty minutes after the

removal of the active copper, and then decayed regularly to zero.

The amount of this radio-active deposit that can be obtained from a given amount of the direct radium excited seems to be increased by the solution and re-deposit of the emanation X, but it can also be observed from a wire just removed from the radium emanation. If the active wire is placed at once in the testing vessel without having had its temperature raised in any way and removed in a few minutes, an activity about 1/1000 of the whole activity shows itself on the walls of the vessel. The decay of the activity of this deposit is the same as that of the deposit obtained from the active copper. The following table gives the rate of change of the radiation from the walls of a vessel in which an active wire had been left for three minutes after its removal from the emanation :—

Time after removal in minutes ...	1	5	10	20	25	30	35	40	50	60
Activity ...	—	40	61	75	96	99	100	98	95	88	78

The active wire retains this power of exciting secondary activity for only a short time after removal from the emanation ; after ten minutes the amount it excites is almost inappreciable. Merely washing the wire in a stream of running water and drying it over a gas flame, as is frequently done to prevent any trace of radium emanation clinging to the wire, increases the amount of the secondary activity to about 1/200 of the whole.

It is evident, then, that some sort of volatile product is given off from the active wire for a time which can excite an activity the rate of decay of which would indicate two changes in the active matter deposited, one producing rays and the other not giving rise to any radiation (E. Rutherford, "Radio-activity," p. 269). It is found that this volatile substance responds to none of the three tests for an emanation, it is not itself radio-active, it cannot pass without sensible loss through material substances such as paper and cotton-wool, and the activity due to it is not concentrated on the negative electrode in an electric field, but distributes itself evenly over all surfaces exposed to it.

The decay of the excited activity from the radium emanation has been explained by Prof. Rutherford on the assumption that there are three changes in the emanation X after its deposit on a solid body. In these three stages one-half the matter is changed in 3 minutes, 21 minutes, and 28 minutes respectively. In the first and third stages the change is accompanied by ionising rays, but the second is a rayless change. Now if it be supposed that after the first change has taken place the matter becomes slightly volatile, and some of it is concentrated on surrounding objects, a deposit would be obtained which would present the two remaining changes. From the equations for the radio-activity of such a deposit (" Radio-activity," p. 271), it is found that the radiation would increase for about 34 minutes, pass through a maximum, and then decay at the ordinary rate. This is very similar to the behaviour of the deposit obtained in the above experiments.

Curie and Danne (*Comptes rendus*, March 21) have obtained deposits showing similar characteristics by heating a radio-active wire within a cylinder and measuring the rate of decay of the activity of the cylinder.

                                                  HARRIET BROOKS.

McGill University, Montreal, June 28.

The Traction of Carriages.

IT is a matter of general belief amongst drivers, owners, and builders of carriages that if the distance between the fore and hind wheels be increased so will the "draught" be heavier. I have put the following case before a builder : given two carriages weighing exactly the same, with the fore and hind wheels of each of the same height, but the body of one carriage much longer than that of the other, then the horse will have as much to do in the one case as in the other. The answer has been in more than one instance, the longer bodied carriage will be the heaviest to move. No reason has been given, nor can any explanation of the existence of this belief be offered. Can any of the readers of NATURE make any suggestion?

Ross, July 17.   E. WILLIAMS.

▲ 1904년 해리엇 브룩스의 원자 반응에 관한 논문은 여성이 네이처지에 단독 저술한 최초의 물리학 논문으로 알려졌지만, 모든 저자에 대한 온전한 기록이 없어 단정할 수는 없다.

처지는 2018년에야 저널을 이끌 첫 여성 편집장을 고용했습니다). 그럼에도 불구하고 1904년 해리엇 브룩스는 단독 저자로서 네이처에 논문을 게재하는 놀라운 업적을 달성했습니다. 이 논문은 여성이 단독 저자로 참여한 최초의 물리학 논문으로 알려져 있지만, 당시에는 저널에서 저자의 성별 정보를 수집하지 않았기 때문에 확인할 순 없습니다.

〈라듐에서 발생하는 휘발성 생성물〉이라는 제목의 브룩스의 논문은 케임브리지에서 시작하여 맥길에서 완성한 연구를 바탕으로 작성되었습니다. 이 논문에서 그녀는 라듐의 방사성 생성물에 대한 새로운 관찰 결과를 설명했죠. 라듐에서 방출된 방사선이 구리판을 코팅하고, 그 구리판을 용기에 넣자 용기 벽이 방사능에 오염되었습니다. 브룩스는 구리판의 방사성 물질 중 일부가 휘발성이 있어 구리 표면에서 빠져나와 결국 용기 벽을 코팅했다는 결론을 내렸습니다. 그러나 네이처지의 명성에도 불구하고 아무도 그녀의 기사에 큰 관심을 기울이지 않았습니다.

4년 후, 독일의 물리학자 오토 한Otto Hahn과 리제 마이트너Lise Meitner는 같은 현상을 재발견했습니다. 이들은 방사성 물질에서 알파 입자가 방출될 때 강한 반동이 발생하기 때문에 방사성 물질이 방출된다는 사실을 발견하고 그 효과를 설명했죠. 한이 연구 결과를 발표하자 러더퍼드는 자신이 이미 브룩스의 관찰을 바탕으로 반동 효과를 지적한 적이 있었기 때문에 즉시 한에게 편지를 보냈습니다. 하지만 한은 브룩스가 이 중요한 발견을 최초로 했다는 사실을 인정하지 않으려 했습니다. 이후 한과 다른 연구자들은 반동 현상을 이용해 새로운 방사성 물질을 찾아내는 데 큰 성공을 거두었고, 한은 1944년 핵분열을 발견한 공로로 노벨물리학상을 수상하며 물리학계 왕의 자리를 굳건히 했습니다. 따라서 방사성 반동의 발견으로 인해 해리엇 브룩스보다 그의 이름이 더 널리 알려진 것은 놀라운 일이 아닙니다. 한은 1966년 자서전에서 '브룩스가 방사성 반동 현상을 최초로 관찰한 연구자'라고 인정하기까지 50년이 더 걸렸습니다. 역사책과 물리학 교과서는 대부분 이 발견을 한의 공으로 돌리고 있습니다.

그녀의 연구에 대한 관심이 부족함에도 불구하고 해리엇 브룩스는 멈출 줄 몰랐습니다. 1904년, 그녀는 이전 기여만큼이나 중요하고 어쩌면 더 통찰력 있는 연구에 관한 또 다른 단독 저술 논문을 Philosophical Magazine에 발표했습니다. 이 논문에서 그녀는 라듐, 토륨, 악티늄에 대한 상세한 연구를 보고하면서 이러한 방사성 원소의 생성물도 방사성을 띠고 있으며, 그 결과 추가적인 방사성 생성물을 생성한다는 점을 지적했습니다. 이는 무거운 원소가 연속적으로 더 가벼운 원소로 붕괴하는 복잡한 단계적 과정이라는 러더퍼드의 방사성 붕괴 모델을 구축하는 토대가 되었습니다. 그러나 이 놀랍도록 생산적인 연구 기간에도 불구하고 그해 브룩스는 바너드대학으로부터 좋지 않은 일자리 제안을 받아들였습니다. 무엇이 고국과 자신이 가장 좋아하는 연구 환경을 또다시 떠나도록 설득했을까요? 확실하지는 않지만, 아마도 캐번디시 연구소에서 만났던 물리학자 버겐 데이비스Bergen Davis가 이유일 가능성이 높습니다. 데이비스는 바너드에서 가까운 컬럼비아대학의 물리학 교수로, 1906년 브룩스에게 청혼한 사람이었습니다.

지워진 천문학자들

또 다른 변환

1898년부터 1904년까지 6년 동안 해리엇 브룩스는 라돈 원소를 발견하고 반감기를 측정했습니다. 원소의 방사성 변이에 대한 개념을 구축하고 방사성 반동 효과를 발견했으며 방사성 붕괴의 여러 단계에 주목했죠. 그 과정에서 브룩스는 맥길대학에서 대학원 학위를 취득한 최초의 여성이자 미래의 노벨상 수상자 두 명과 함께 일한 최초의 여성이 되었습니다. 그녀는 세 곳의 저명한 학술 기관에서 자신의 능력을 입증했으며, 네이처지에 직접 논문을 발표하기도 했습니다.

그 시대의 여성은 말할 것도 없고, 누구에게나 인상적으로 보였을 이력서를 가진 브룩스가 자신의 약혼에 대한 바너드대학의 반응을 상상할 수 있었을지 궁금합니다. 결혼과 커리어 중 하나를 선택하라는 학장 로라 길의 편지를 읽는 브룩스는 어떤 심정이었을까요? 학계 역사상 어떤 남성도 결혼과 커리어 사이에서 선택을 요구받은 적이 없습니다. 하지만 여성은 흔히 이러한 선택의 기로에 서게 되죠. 예를 들어, 로즈 패짓Rose Paget은 케임브리지대학에서 J. J. 톰슨의 강의를 수강했습니다. 로즈는 1890년 톰슨과 결혼하면서 물리학을 그만두었죠. 그 후 16년 동안 상황은 크게 변하지 않았습니다. 러더퍼드가 채용되어 몬트리올에 도착했을 때, 그는 1900년에 결혼하고 아내를 캐나다로 데려오기 위해 뉴질랜드로 돌아갈 수 있었습니다. 아무도 결혼식 때문에 사직을 요구하지 않았죠.

하지만 해리엇 브룩스는 바너드대학에서 현실에 굴복할 수 밖에 없었습니다. 대신 버겐 데이비스와의 약혼을 취소하기로 결정했죠. 분명히 말하지만, 브룩스는 바너드의 요구에 굴복한 것이 아니었습니다. 데이비스가 자신에게 맞는 남자가 아니라고 판단했기 때문이죠. 바너드대학에서 계속 근무할지 고민하던 브룩스는 결국 사직하기로 결정했습니다. 물론 바너드의 정책이 부당하다는 입장에서는 결코 물러서지 않았죠. 학장은 핵물리학의 창시자 중 한 명을 잃는다는 사실을 전혀 깨닫지 못한 채 그녀의 사표를 수리했습니다. 브룩스에게 바너드를 떠나는 것은 물리학 커리어의 끝을 의미했습니다.

1906년, 연애를 끝내고 직위를 사임하는 스트레스로 지친 그녀는 유럽 여행을 떠나기로 결심합니다. 친구를 통해 러시아 작가이자 사회주의자인 막심 고리키Maxim Gorky를 알게 된 그녀는 그와 그의 일행과 함께 뉴욕에서 나폴리까지 여행하기로 했습니다. 그들의 여정은 화제를 불러일으켰습니다. 고리키의 측근이라는 것은 곧 각광을 받는다는 것을 의미했죠. 그의 모든 언행이 신문에 실릴 정도였습니다. 브룩스에게는 물리학 연구실의 무명 생활과는 전혀 다른 경험이었습니다. 하지만 그녀는 물리학 연구를 완전히 포기할 준비가 되어 있지 않았습니다.

당시 유럽에는 막심 고리키보다 더 유명한 과학자 마리 퀴리가 운영하는 연구소가 있었습니다. 1903년 노벨 위원회는 방사능 연구로 앙리 베크렐과 피에르 퀴리에게 물리학상을 수여하기로 결정하고 마리는 제외했습니다. 하지만 피에르가 마리의 결정적인 공헌을 설명하는 편지를 보낸 후 위원회는 결국 동의했고, 마리 퀴리는 최초의 여성 노벨상 수상자가 되어 유리천장을 깰 수 있었습니다. 이 소식으로 그녀는 프랑스를 넘어 전 세계에서 큰 유명인사가 되었습니다.

노벨상 수상은 퀴리 부부에게 인지도와 자금 지원을 동시에 가져다주었습니다. 피에르는 파리대학에서 교수직을 제안받았고, 마리 역시 방사능 연구소의 책임자로서 월급을 받을 수 있었습니다. 이후 몇 년간 연구소를 설립하고, 두 딸을 키우고, 성장하는 라듐 산업에 협력했습니다. 명성이 계속 높아지자 언론과의 인터뷰에 집중했죠. 그 사이 피에르의 건강은 방사선 피폭으로 인해 악화되고 있었지만, 당시에는 방사능이 몸에 미치는 악영향을 알지 못했습니다. 하지만 그가 사망한 것은 방사능 때문이 아니었습니다. 1906년 4월 19일, 빗길을 건너던 중 미끄러져 마차에 치여 사망했죠.

마리는 인생의 동반자이자 과학적 협력자, 가장 친한 친구를 한꺼번에 잃은 셈이었습니다. 하지만 그녀의 직업 선택 상황은 오히려 좋아졌죠. 그녀는 피에르의 대학에서 교수직을 제안받아 교수로서 경력을 쌓을 수 있는 기회를 얻게 되었습니다. 슬픔 속에서도 그녀는 피에르가 자신이 없어도 일을 계속하기를 바랐을 것이라고 믿었고, 교수직을 수락하여 파리대학 최초의 여성 교수가 되었습니다. 1906년 해리엇 브룩스가 막심 고리키와 함께 유럽에 도착했을 때 마침 마리가 교수직을 맡게 되었고, 그녀는 브룩스에게 파리대학의 연구팀에 합류해 달라고 요청했습니다.

그리고 1906~1907년 몇 달 동안 소르본에서 역사적인 일이 일어났습니다. 초기 방사능 연구 발전에 가장 큰 영향을 미친 두 여성인 마리 퀴리와 해리엇 브룩스가 같은 연구실에서 나란히 일한 것이죠. 물리학계에서 전설적인 두 여성이 함께 일한 사례는 거의 없습니다. 남편을 잃은 슬픔 속에 있던 퀴리는 종종 슬퍼 보였지만, 연구에서 위안을 찾았고 가끔 매력적인 미소로 얼굴이 밝아지곤 했습니다. 브룩스 역시 바너드 사태와 파혼의 아픔에서 벗어나려고 노력했지만, 팀 4~5명과 함께 연구실의 작은 방에서 자신의 장비로 작업하는 것이 편했을 것입니다. 이 기간 동안 브룩스는 자신의 이름으로 논문을 발표하지 않았지만, 같은 기간에 발표된 퀴리 연구소의 여러 논문은 브룩스의 연구를 기반으로 하며 그녀의 이전 연구 결과를 인용했습니다. 그러나 이 시점에서 두 여성의 커리어는 완전히 다른 방향으로 갈라졌습니다. 퀴리는 계속해서 연구하고 명성을 쌓아 1911년 두 번째 노벨상을 수상한 반면 브룩스의 커리어는 예상치 못한 방향으로 흘러갔죠.

1907년, 어니스트 러더퍼드는 교수직을 맡기 위해 맨체스터대학으로 옮길 준비를 하고 있었고, 그곳의 명망 높은 할링Harling 펠로우십에 브룩스를 추천했습니다. 그의 추천서에는 극찬이 가득했죠.

> "브룩스 양은 이론 물리학 및 실험 물리학에 대한 탁월한 지식을 가지고 있으며, 연구를 수행할 수 있는 특별한 자격을 갖추고 있습니다.
> 방사능에 대한 그녀의 연구는 방사능 변형 분석에서 매우 중요했으며, 퀴리 부인 다음으로 방사능 분야에서 가장 저명한 여성 물리학자였습니다."

처음에 브룩스는 적극적이었습니다. 1907년 여름 러더퍼드의 아내 메리Mary의 초대로 런던으로 이주했죠. 그녀는 마리 퀴리에게 퀴리 연구소에서 그만두겠다고 통보하고 곧 연구 결과를 발표하겠다고 약속했습니다. 하지만 공식적인 펠로우십 제안을 기다리던 중 프랭크 피처Frank Pitcher라는 남자의 청혼을 수락한 뒤 물리학 연구를 그만두게 됩니다.

지워진 천문학자들

어니스트 러더퍼드는 제자가 갑자기 물리학계를 떠난 것에 놀라 움과 실망감을 감추지 못했습니다. 저 역시 선구적인 과학자를 잃은 물리학계에 실망했죠. 만약 브룩스가 할링 펠로우십을 수락했다면 어땠을까요? 물리학에 또 다른 공헌을 할 수 있지 않았을까요? 퀴리만큼 뜨거운 찬사를 받으면서 말이죠.

브룩스가 물리학을 떠난 다음 해, 어니스트 러더퍼드는 브룩스의 비판적 관찰을 바탕으로 한 맥길에서의 연구로 노벨 화학상을 수상했습니다. 그보다 5년 전인 1903년 앙리 베크렐과 피에르 퀴리가 노벨물리학상을 수상했을 때, 피에르는 마리 퀴리도 중요한 공로를 인정받아 공동 수상하지 않는 한 수상하지 않겠다고 밝혔습니다. 만약 러더퍼드가 브룩스에 대해서도 똑같이 요구했다면 어땠을까요? 세상이 마침내 해리엇 브룩스를 주목했을까요?

브룩스의 결정에 대해서 러더퍼드가 놀란 것보다는 그리 놀랍지 않다는 것이 제 입장입니다. 이 무렵 그녀는 물리학 분야에서 10년을 보냈습니다. 그녀는 여성에게 학문적 환경이 얼마나 고립되고 어려운지 정확히 경험했습니다. 러더퍼드나 톰슨처럼 그녀를 지지하는 남성들도 여성의 제한된 능력에 대한 편견에서 자유로울 수 없었죠. 바너드에서의 경험도 상처를 남겼을 것입니다. 물리학을 계속한다는 것은 아마도 여자대학에서 다른 자리를 수락하는 것을 의미했을 것입니다. 아니면 러더퍼드의 조교로 계속 일하거나 저임금 개인 교사가 되거나 둘 중 하나였을 것입니다. 물리학을 전공하는 여성에게 대학 교수직을 주는 것은 거의 전례가 없는 일이었습니다. 심지어 마리 퀴리도 피에르의 후임으로만 제안받았을 정도였죠. 브룩스가 교수 자리를 얻더라도 '바너드 사태'가 다시 일어날 가능성은 항상 존재했습니다. 여성이 직면한 것은 결혼'과' 커리어가 아니라, 결혼 '또는' 커리어였습니다. 게다가 프랭크 피처는 끈질긴 사람이었습니다.

프랭크는 브룩스가 맥길 대학에 재학 중일 때 실험실 강사로 일한 적이 있었고, 브룩스에게 깊은 인상을 받았습니다. 1906년 두 사람이 다시 만났을 때, 그는 결혼하기로 결심했죠. 두 사람은 브룩스가 유럽으로 떠나기 전부터 교제를 시작했고, 그녀가 파리에서 일하는 동안에도 그는 그녀에게 끊임없이 편지를 보냈습니다. 그녀는 결혼생활로 인해 소중한 연구 결과를 잃을까 봐 주저했지만 그는 굴하지 않았습니다. 이 무렵 프랭크는 몬트리올 수도 전력 회사의 총책임자였고, 브룩스에게 재정적 안정은 물론 가족 및 오랜 친구들과 가까운 몬트리올에서의 삶을 제공할 수 있었죠. 그는 그녀가 잃어버린 모든 것을 보상해 줄 수 있다고 편지를 썼습니다. 결국 그녀는 결혼을 선택했고, 프랭크는 매우 기뻐했습니다. 프랭크는 1907년 영국에 있는 그녀를 방문했고, 두 사람은 7월 런던에서 결혼식을 올렸습니다. 러더퍼드 부부는 그녀의 결혼을 지지하고 축하하기 위해 그 자리에 함께했습니다.

프랭크 피처와 브룩스 부부는 몬트리올로 돌아왔고, 브룩스는 몬트리올의 상류층 사교계의 일원이 되었습니다. 그녀는 시동생인 아서 스튜어트 이브Arthur Stewart Eve가 맥길대학의 물리학 교수였기 때문에 물리학과 약간의 개인적 연결을 유지했습니다. 또한 영국의 러더퍼드 부부와도 연락을 주고받으며 옛 지도교수의 1908년 노벨상 수상을 큰 기쁨으로 축하했을 것입니다. 물론 과학으로부터 멀어져 가는 자신의 커리어를 되돌아보며 아쉬운 마음도 있었겠죠. 러더퍼드는 몬트리올에 있을 때 그녀를 방문했고, 피처 부부도 유럽에 있는 러더퍼드 부부를 방문합니다. 그러나 브룩스의 추가

지워진 천문학자들

실험, 출판물, 물리학 토론에 대한 기록은 남아있지 않습니다.

1909년 러더퍼드와 그의 연구팀은 얇은 금속판에 알파 입자를 발사한 결과, 일부 입자는 금속판을 관통하고 다른 일부는 마치 금속판의 원자가 밀집된 무언가에 부딪힌 것처럼 튕겨 나오는 것을 발견했습니다. 러더퍼드가 원자의 핵을 발견한 것입니다. 기록은 남아있지 않지만 브룩스는 이 놀라운 발견에 대해 러더퍼드로부터 직접 들었을 것입니다. 또 1911년 마리 퀴리가 라듐을 발견한 공로로 노벨화학상을 받았다는 헤드라인을 읽었을 것이며, 이는 오늘날까지도 타의 추종을 불허하는 이정표죠. 아마도 브룩스는 그 후 20년 동안 핵물리학에서 이어진 많은 흥미로운 발전을 지켜봤을지도 모릅니다. 그녀는 핵물리학이 그리웠을까요, 아니면 학문적 연구의 요구와 고립된 학문적 환경을 떠나게 되어 안도했을까요? 우리가 아는 것은 그녀가 물리학으로 돌아가지 않았다는 사실뿐입니다.

브룩스는 몬트리올대학 여성 클럽의 창립 멤버이자 맥길 동창회와 캐나다 여성 클럽의 회원으로 지식인 모임에 계속 참여했습니다. 프랭크와 함께 두 아들과 딸을 키웠지만, 1926년 10대 아들이 뇌수막염으로 사망했습니다. 그리고 1929년에는 어머니의 뒤를 이어 맥길대학에 재학 중이던 열아홉 살 딸 바바라Barbara가 실종되었습니다. 몇 달 후 바바라는 익사체로 발견되었죠. 브룩스는 큰 충격을 받았습니다. 그 무렵 브룩스는 방사성 물질에 오랫동안 노출된 탓에 건강이 나빠지기 시작했고, 1933년 백혈병으로 추정되는 혈액 질환으로 사망했습니다. 당시 브룩스의 나이는 56세였죠. 브룩스가 죽을 때까지 간직하고 있던 유품 중 하나는 할링 장학금에 관한 안내문이었습니다.

불과 1년 후인 1934년, 마리 퀴리도 세상을 떠났습니다. 1907년 두 여인이 헤어진 후 퀴리는 남은 여생을 방사능 연구와 물리학, 화학, 의료 분야의 응용 분야에 헌신했습니다. 과학과 의학에 대한 그녀의 엄청난 공헌은 다큐멘터리를 통해 잘 알려져 있죠. 피에르의 이름을 딴 라듐 연구소를 설립하여 물리학 및 의학 연구를 위한 최고의 연구소로 만들기도 했습니다. 제1차 세계대전 중에는 방사성 의료용 이동식 밴 개발을 도왔으며 직접 밴을 운전하기도 했죠. 또한 방사선의 표준화된 측정 단위를 만들기 위한 캠페인을 벌였습니다. 단위에는 '퀴리'라는 이름이 붙었죠.

그녀의 삶을 채워가던 방사성 물질은 결국 죽음을 초래했습니다. 퀴리는 치료법이 알려지지 않은 혈액 질환으로 사망했습니다. 처음에는 남편의 곁에 묻혔지만, 나중에는 두 사람 모두 프랑스에서 가장 저명한 인물들이 잠들어 있는 파리의 판테온에 안장되었습니다. 그녀는 죽음에서도 독보적이었습니다. 판테온에 영원한 안식을 허락받은 최초의 여성이었기 때문입니다.

브룩스는 어떤 대대적인 행사나 국가적 예우도 없이 묻혔습니다. 그럼에도 불구하고 그녀를 잃은 지인들의 상실감은 극심했습니다. 그녀의 옛 지도교수이자 평생의 친구였던 어니스트 러더퍼드는 슬픔에 잠겼습니다. 그는 가족에게 편지를 보내 "아내와 나는 그녀에게 큰 애정을 가지고 있었으며, 그녀의 이른 죽음은 우리에게 큰 충격입니다. 우리에게 큰 타격입니다."라고 말했습니다. 물리학계를 떠난 후 시간이 많이 흘렀지만, 사망 당시에도 그녀의 업적은 완전히 잊히지 않았습니다. 뉴욕 타임즈는 '저명한 물리학자 프랭크 피처 부인, 사망: 방사성 원자의 반동을 발견한 전 해리엇 브룩스 여사'라는 제목으로 부고 기사를 게재했습니다. 네이처지는 또한 그녀의 많은 발견과 그것이 방사능 분야에 미친 영향을 설명하는 긴 부고 기사를 게재했습니다. 이 기사는 어니스트 러더퍼드가 작성했죠.

학계의 동반자

물리학은 성별과 정체성에 대한 논의의 여지가 없는 객관적인 과학이라는 주장을 자주 듣습니다. 실제로 물리학에서 사용되는 방정식은 성 중립적입니다. 뉴턴의 유명한 방정식 $F = ma$에서 변수 F는 '여성'이 아닌 '힘'을 의미합니다. 하지만 이 객관적인 물리학에는 매우 주관적인 인간의 편견이 가득합니다. 해리엇 브룩스의 성별은 그녀가 직면한 선택의 기로에서 결정적인 역할을 했습니다. 그녀에게 중간 지대는 없었습니다. 물리학, 아니면 가정이었죠. 게다가 물리학이 더 좋지 않은 선택지였습니다. 세월이 지나면서 그녀의 결정으로 인해 그녀의 이름은 역사 기록에서 사라졌습니다. 라돈의 발견은 프리드리히 도른에게로, 방사성 붕괴 모델은 러더퍼드와 소디에게로, 방사성 반동 효과는 오토 한에게로 공로가 돌아갔습니다. 퀴리와 브룩스 중에서, 역사는 오직 퀴리만을 기억합니다.

물리학계에서 성별이라는 변수에 의해 밀려난 여성은 브룩스뿐만이 아닙니다. 1920년대 독일에서 루시 멘싱Lucy Mensing은 노벨상 수상자인 볼프강 파울리Wolfgang Pauli와 함께 양자역학 분야에서 획기적인 연구를 수행했으며, 베르너 하이젠베르크Werner Heisenberg의 전설적인 연구를 확장하는 데 기여했습니다. 그러나 1930년 첫 아들을 낳은 후 물리학 커리어를 끝냈습니다. 호주에서 루비 페인 스콧Ruby Payne Scott은 전파천문학의 길을 개척했습니다. 그녀는 처음으로 태양 흑점과 높은 태양 전파 방출 사이의 연관성을 보여주는 연구를 네이처지에 발표했습니다. 그 외에도 오늘날에도 여전히 사용되는 기술을 개발하는 등 천문학에 많은 공헌을 했습니다. 1951년 그녀는 가정을 꾸리기로 결정했고, 출산휴가를 사용할 수 없게 되자 경력을 포기했습니다. 영국에서 뮤리엘 바커Muriel Barker는 1915년 케임브리지를 졸업했습니다(여성이기 때문에 공식적으로 케임브리지 학위를 받지는 못했죠). 그 후 그녀는 왕립 항공기 연구소에서 항공역학 연구원으로 일했고 케임브리지에서 항공학으로 대학원 과정을 이어갔습니다. 1922년에는 좁은 막대를 통과하는 바람의 속도에 대한 새로운 통찰을 발표했지만, 같은 해에 기혼 여성이 계속 일할 수 없도록 한 영국의 일반적인 정책인 '기혼 여성 고용 금지령marriage bar'에 부딪혔습니다. 그 후 수많은 여성이 물리학계에서 사라지고 말았죠. 전 세계적으로 이 금지령이 여성 과학자 대열을 휩쓸면서 과학 기록에서 여성 과학자의 흔적은 모두 사라졌습니다. 마리 퀴리는 예외로 인정되었고 해리엇 브룩스는 그 현실을 확인시켜 주었죠.

가족보다 물리학을 선택한 저 역시 퀴리처럼 예외는 아니었습니다. 물리학 연구라는 꿈을 따라 호주로 간다는 것은 가족보다 물리학을 우선시한다는 뜻이었는데, 저는 그렇게 할 수 없었습니다. 반면에 저는 제 삶을 결혼이라는 잣대에 양보하지 않았습니다. 결정적으로 퀴리와 저는 지지해주는 동반자가 있다는 공통점이 있었습니다. 우리 둘은 이체문제에 대해 스스로 해결책인 협정을 맺었습니다. 우리는 결혼 제한을 함께 마주하자는 약속을 했습니다. 우리는 각자의 학문적 경력을 우리 공동의 삶보다 우선시하지 않기로 했죠. 그래서 호주로 떠나는 계획을 취소했죠. 몇 년 후, 유럽에서 제 파트너에게도 똑같이 매력적인 연구 기회가 생겼습니다. 그 역시 거절했습니다. 물론 우리는 이 두 가지 문제에 대한 우리의 해결책이 영원히 통할 수 없다는 것을 알고 있었습니다. 진정한 해결책은 교육 기관이 '결혼 금지' 정책이 아닌 새로운 '결혼 지원' 정책으로 커플을 수용하는 것입니다. 하지만 오늘날에도 그러한 정책은 거의 존재하지 않습니다.

저와 파트너가 가정과 학업간의 균형을 맞추기 위한 구불구불한 여정과 용감한 노력은 끝이 났습니다. 사회는 아직 부딪치는 두 가지 문제에 대한 해결책을 찾지 못했습니다. 우리가 결혼이라는 벽에 부딪힐 수밖에 없었듯이요. 저는 물리학 교수로서 학자의 길을 걷기 시작했습니다. 제 연인은 물리학을 그만두기로 했죠.

해리엇 브룩스를 만날 수 있는 특권이 주어진다면 무슨 말을 할지 생각해봅시다. 물론 그녀에게 물어보고 싶은 질문도 많겠지만, 우선 저에 대해 뭐라고 소개해야 할까요? 물론 제 물리학 연구에 대해 설명하고 싶겠죠. 하지만 저를 위해 뒤틀린 시공간 속에서 곡선을 만들어 다가온 사람에 대해서도 소개해주고 싶었습니다. 제 연인은 반짝이는 새 경력으로 연속체 이론에서 새로운 틈새를 개척했고, 우리 둘이 그 틈새에 꼭 맞는 방법을 찾아냈습니다. 그리고 그는 결코 뒤돌아보지 않았죠. 그와 브룩스는 할 이야기가 많을 것 같습니다.

5

결합 에너지에 대하여

원자를 분열시킨 사람들

물리 법칙이 깨지다

테니스공을 머리 위로 최대한 높이 던져보세요. 얼마나 높이 날아갈 수 있을까요? 여러분은 NASA가 로켓을 궤도에 올리는 것과 똑같은 일을 하고 있지만, 테니스공을 아무리 세게 던져도 결국 중력이 이겨 다시 떨어질 것입니다. 자연의 기본 법칙인 에너지보존법칙과 싸우고 있기 때문이죠. 우주는 궁극의 에너지 재활용 업체와 같습니다. 에너지를 한 형태에서 다른 형태로 변환할 수는 있지만 총합은 항상 동일하게 유지되죠. 공을 던질 때 우리 몸에 저장된 화학 에너지의 일부를 공에 전달하여 공이 움직일 수 있도록 에너지를 공급합니다. 공에 에너지를 전달한다는 것은 공이 당신이 준 유한한 에너지로만 움직일 수 있다는 것을 의미합니다. 지구로 돌아오지 않고 비행하려면 중력을 극복할 수 있는 충분한 에너지가 필요한데, 이는 한정된 화학 에너지 탱크인 몸에서는 만들 수 없습니다. 인간의 손으로 던진 공은 결국 모두 떨어집니다. 에너지보존

법칙은 공중에 던진 공이 단 하나라도 떨어지지 않는다면 우리가 우주를 이해하는 근간부터 의심해야 할 정도로 물리학의 기본적인 법칙이죠. 물리학에서 발생하는 예외는 규칙을 증명하지 못합니다.

1900년대 초, 기본적인 물리 법칙을 무너뜨리는 불가능한 예외가 발생했습니다. 떠다니는 테니스 공이 아니라, 방사성 원자핵에서 방출되는 보이지 않는 방사선이 에너지보존법칙을 위반하는 것처럼 보였습니다. 논란의 중심에는 베를린의 한 지하실에서 무급으로 일하던 한 오스트리아 여성이 있었죠.

뛰어난 학생

필립 마이트너Philip Meitner는 19세기 초 비엔나에서 성공한 변호사이자 유대인 사회에서 존경받는 일원이었습니다. 그와 그의 아내 헤드윅Hedwig은 다섯 명의 딸과 세 명의 아들을 모두 대학에 보내며 비범한 가정을 꾸려가고 있었습니다. 셋째로 태어난 엘리제Elise, 즉 리제Lise는 책과 음악, 대화로 가득한 어린 시절을 보냈습니다. 수학과 과학에 대한 그녀의 관심은 그런 집안에서 당연한 것이었죠.

하지만 부모님의 진보적인 시각은 시대를 앞서갔습니다. 리제가 고등학교를 졸업한 1892년, 오스트리아 교육 시스템은 여전히 여성에게 대학 입학을 허용하지 않았습니다. 리제는 대신 교사가 되기 위한 교육을 받았지만, 1897년에 마침내 여성에게도 고등교육의 문이 열리자 다시 과학의 길로 돌아가기로 결심합니다. 2년 후, 교사 자격증을 취득한 리제는 다른 여성들과 함께 대학 입학시험을 치르기 위해 공부하기 시작했습니다. 1901년에 14명의 여성이 시험에 응시했지만 4명만 합격했고, 그중 한 명이 리제였습니다. 고등학교를 졸업한 지 9년 후인 그해 10월, 23세의 리제는 물리학 박사 과정을 시작하기 위해 비엔나대학에 입학했습니다.

우리는 상상력을 자극하고 꿈을 이룰 수 있게 해준 선생님을 기억하곤 합니다. 리제 마이트너에게 그런 스승은 원자의 집단행동을 설명하는 이론인 통계역학을 개발한 것으로 유명한 오스트리아의 물리학자 루드비히 볼츠만Ludwig Boltzmann이었습니다. 볼츠만은 흥미롭고 명쾌한 강의와 과학적 진리에 대한 열정으로 유명했으며, 강의실에 여성이 있는 것을 전혀 문제 삼지 않았습니다. 내성적이었던 리제는 교수로부터 영감을 받아 실험을 수행하고 자신의 박사 연구 프로젝트를 개발하기 시작했습니다. 그녀는 고체에서 전기의 전도를 설명하는 맥스웰의 유명한 방정식이 열의 전도에도 적용된다는 것을 확인하기 위해 새로운 실험을 수행했습니다. 지도 교수였던 프란츠 엑스너Franz Exner가 지적했듯이 이는 고도의 실험 기술을 필요로 하는 어려운 주제였습니다. 4년 후, 그녀는 이 대학에서 두 번째로 물리학 박사 학위를 받은 여성으로 당당히 이름을 올렸습니다. 그러나 1년 후, 조울증으로 인한 정신 건강 문제로 힘들어하던 루드비히 볼츠만이 스스로 목숨을 끊었습니다. 마이트너는 비극적인 사건으로 롤모델을 잃었지만, 그의 뒤를 이어 물리학자가 되겠다는 결심을 잃지 않았죠.

오스트리아에서 고급 학위를 받은 몇 안 되는 여성 중 한 명이라는 것은 축복이라기보다는 저주에 가까웠습니다. 이전에 그 길을 걸어본 여성이 없었기 때문에 교수직에 오를 수 있는 명확한 길이 없었습니다. 마이트너 박사는 대학에서 무급으로 물리학 연구 프로젝트를 계속 진행하면서 아이러니하게도 교수 자격증이 유급 고용에 있어 더 유용하다는 것을 알게 되었습니다. 동료인 파울 에렌페스트Paul Ehrenfest는 물리학 분야에서 많은 공헌을 하고 하늘이 푸른 이유를 설명한 것으로 유명한 노벨상 수상자이자 영국 과학자 레일리Rayleigh 경의 광학 관련 논문을 소개해 주었습니다. 마이트너는 레일리 경이 탐구했던 빛의 반사 특성에 관한 미해결 문제를 연구했습니다. 문제에 대한 해답을 찾은 후 자신의 설명을 검증하기 위해 독자적인 실험을 고안했죠.

한편 그녀는 볼츠만의 또 다른 제자였던 슈테판 마이어Stefan Meyer로부터 방사능 분야를 소개받았습니다. 마이어는 우라늄과 같은 방사성 원소가 방출하는 양전하를 띤 알파 입자를 연구함으로써 이 분야에 첫발을 내디뎠습니다. 마이트너는 알파 입자빔이 금속 호일에 부딪히면 호일 속 원자에 의해 다른 각도로 편향되거나 '산란'될 수 있다는 사실을 발견하는 독창적인 실험을 설계했습니다. 원자의 질량이 클수록 산란 효과는 더 커집니다. 그녀는 1907년에 연구 결과를 발표했지만 산란의 원인은 설명하지 않았습니다. 불과 몇 년 후 어니스트 러더퍼드는 자신의 연구팀에 알파 입자의 산란을 연구해 달라고 요청했고, 알파 입자 중 일부가 얇은 금속 호일에 부딪힐 때 반사되는 현상을 발견한 것으로 유명해졌습니다. 그의 설명에 따르면 마치 종이에 총알이 발사되었다가 튕겨 나오는 것과 같았습니다. 원자핵의 발견은 리제 마이트너의 초기 실험이 토대를 마련한 물리학의 역사로 잘 기록되어 있습니다. 하지만 이제 시작에 불과했죠.

1907년 비엔나에서 물리학 박사학위를 받고 과학 출판물 3권을 출간한 여성은 그 다음에 무엇을 할 수 있었을까요? 답은 여전히

지워진 천문학자들

가르치는 일이었지만, 대학교도 아닐뿐더러 연구의 전망도 전혀 없는 자리였습니다.

하지만 리제 마이트너 박사에게는 그것만으로는 충분하지 않았습니다. 독립적인 연구 경험은 그녀에게 연구에 대한 흥미를 심어 주었을 뿐 아니라, 무엇보다도 자신이 충분히 연구할 수 있다는 자신감을 주었습니다. 비엔나에서 더 나은 기회를 제공하지 못한다면 어떡하죠? 사실 세상은 무척 넓습니다. 어딘가에는 그녀를 위한 자리가 있을 겁니다. 그리고 그 자리는 독일 베를린의 한 지하 작업장이었죠.

마이트너는 평소 존경하던 루드비히 볼츠만 교수로부터 베를린에서 최첨단 물리학이 연구되고 있다는 이야기를 들은 적이 있었습니다. 그리고 독일 물리학자 막스 플랑크가 비엔나를 방문했을 때 그를 본 적도 있었습니다. 베를린에 사는 오스트리아인이었던 그녀는 억양 때문에 외국인으로 곧잘 인식되긴 했지만 언어 사용에는 문제가 없었습니다. 하지만 그녀는 독일의 대학 시스템에 대해 잘 몰랐고, 어떻게 경제적으로 자활해야 할지 알아내야 했습니다. 독일은 오스트리아보다 여성 과학자 취업에 있어서는 그리 나은 편이 아니었기 때문에 쉽지 않은 일이었습니다. 그래서 부모님은 그녀가 베를린에 정착하는 동안 자금을 지원하겠다고 나섰습니다. 이미 여기까지 왔는데 딸의 꿈이 무너지는 것을 보고 싶지 않았기 때문이죠.

박사 학위와 첨단 연구 분야에서 입증된 실적으로 무장한 채 베를린의 프리드리히 빌헬름 대학에 도착한 마이트너는 아무리 뛰어난 여성이라도 여성에게만 문호가 닫혀 있다는 사실을 알고 실망했습니다. 다행히도 대비책이 있었죠. 베를린에 도착하기 전, 그녀는 막스 플랑크Max Planck에게 광학에 관한 논문 사본을 보내 자신의 자격을 입증할 수 있기를 바랐습니다. 그리고 그건 성공했죠. 그녀가 대학에서 강의할 수 있도록 허락해 달라고 그에게 요청했을 때, 그는 이전에 인터뷰에서 '자연은 여성에게 어머니와 가정주부의 역할을 할당했으며, 여성이 학자 경력을 쌓는 것은 실수를 저지르는 것'이라고 말했음에도 불구하고 흔쾌히 동의했습니다. 마이트너의 연구가 그녀를 예외로 만든 것이죠.

마이트너의 능력은 플랑크를 실망시키지 않았습니다. 반면에 처음에는 플랑크가 마이트너를 실망시켰는데, 그의 강의가 영감을 주는 강의와는 거리가 멀기 때문이었습니다. 그럼에도 불구하고 그녀는 그의 명료한 사고를 점점 높이 평가하게 되었고, 두 사람은 마이트너의 미래에 중요한 역할을 하게 될 우정을 쌓아갔습니다.

플랑크의 수업이 큰 비중을 차지하기 않았기에 마이트너는 연구 경력을 쌓겠다는 진정한 목표에 집중할 수 있었습니다. 마이트너가 광학 논문을 보낸 과학자는 플랑크뿐만이 아니었습니다. 그녀는 대학 물리학 연구소 소장인 하인리히 루벤스Heinrich Rubens에게도 사본을 보냈습니다. 루벤스도 플랑크와 마찬가지로 감명을 받아 자신의 연구실에서 일할 것을 권유했지만, 마이트너는 용기를 내지 못했습니다. 초보 연구원으로서 그녀는 실험을 설정하는 데 많은 도움이 필요하다는 것을 알고 있었고, 연구소장에게 계속 도움을 요청해야 한다는 생각에 겁을 먹었죠. 저를 포함한 모든 학생과 연구원들은 그녀가 느꼈던 두려움에 공감할 수 있을 것입니다. 하지만 어떻게 그런 기회를 거절할 수 있었을까요? 외교적인 방법을 찾던 그녀는 매주 열리는 물리학 세미나에서 오토 한이라는 화학자를 만나 문제의 해결책을 소개받았습니다. 루벤스가 한이 협력하고 싶다고 언급하자 마이트너는 두 손 들고 기회를 잡았습니다.

　　　　　　　　　　　　지워진 천문학자들

적어도 처음에 마이트너의 눈에 비친 한의 가장 큰 장점은 그가 적어도 초기에는 물리학의 수장이 아니라는 점이었을 것입니다. 사실 그는 마이트너와 동갑이었고 루벤스보다 훨씬 덜 위협적이었습니다. 한은 독일에서 화학 학위를 취득한 후 1904년 런던으로 건너가 아르곤 가스를 발견한 노벨상 수상 화학자 윌리엄 램지 William Ramsay 경과 함께 일했습니다. 램지 경은 한 박사에게 방사능이라는 새로운 분야를 소개했고, 한 박사는 그 매력에 푹 빠졌습니다. 그해 그는 방사성 토륨이라는 새로운 방사성 물질을 발견했습니다. 이듬해 한은 캐나다의 어니스트 러더퍼드 연구소를 방문해 첨단 방사능 연구에 참여했고, 새로운 물질인 라디오악티늄과 토륨의 또 다른 동위원소를 발견했습니다. 한편 베를린의 프리드리히 빌헬름 대학에서는 화학연구소 소장이었던 노벨상 수상자 에밀 피셔Emil Fischer가 떠오르는 젊은 과학자를 눈여겨보고 그에게 자리를 제안했습니다. 한은 이를 수락하고 1906년 독일로 돌아갔습니다. 그는 곧바로 또 다른 새로운 방사성 물질인 메소토륨을 발견했죠.

연구가 성공했음에도 한은 베를린에서 상대적으로 고립되어 있었습니다. 화학 연구소의 다른 누구도 방사능이라는 새로운 분야를 연구하지 않았고, 그의 연구는 보편적으로 인정받지 못했습니다. 그의 동료들 중 일부는 그의 해외여행이 그를 '영국화'했다고 생각했습니다. 그가 마이트너를 만났을 때, 그녀는 연구 협력에 가장 적합한 사람이라고 느꼈습니다. 마이트너 역시 이 화학자의 소탈한 태도에 매력을 느꼈습니다. 함께 일할 수 있는 사람이라고 판단했죠. 하지만 화학 연구소는 동의하지 않았습니다.

에밀 피셔는 여성의 안전이 우려된다며 여성의 화학실험실 출입을 단호하게 거부했습니다. 그는 분젠 버너에서 여성의 긴 머리카락에 불이 붙을까 봐 걱정했지만, 자신의 수염은 전혀 문제가 되지 않는다고 여겼습니다. 다시 한번 마이트너는 예외로 인정해 줄 것을 요청할 수밖에 없었습니다. 결국 피셔는 그녀가 건물 내 다른 곳에는 접근하지 않는 조건으로, 별도의 출입구가 있는 지하의 버려진 목공소에서 일할 수 있도록 허락했습니다. 그럼에도 불구하고 그녀는 몰래 위층으로 올라가 벤치 밑에 숨어 한의 강의를 들었습니다. 하지만 건물에 여자 화장실이 없었기 때문에 길을 걸어서 근처 식당까지 가야 했습니다. 이듬해 독일의 대학들이 마침내 여학생을 받아들이자 피셔는 마이트너의 건물 출입을 관대하게 허용하고 여자 화장실을 설치했습니다. 하지만 그녀의 연구실은 여전히 지하에 남아있었죠. 독일 법은 바뀌었지만 모든 과학자들의 태도가 함께 바뀐 것은 아니었습니다. 마이트너는 그 후 5년 동안 지하에 있던 목공소에서 무보수로 일했습니다. 그곳에서 그녀와 한은 31년에 걸친 파트너십을 시작했고, 이는 세상을 바꾸게 되었습니다.

선명함과 흐릿함

어니스트 러더퍼드는 우라늄이나 토륨과 같은 방사성 원소가 알파와 베타라는 두 가지 유형의 방사선을 방출한다는 사실을 지적한 바 있습니다. 마이트너와 한은 베타입자에 집중하기로 결정하고 베타 입자를 방출하는 모든 알려진 하위 입자의 방출 및 흡수 특성을 면밀히 연구했습니다. 그 과정에서 몇 가지 새로운 베타 방출 물질도 발견했죠. 그 후 몇 년 동안 두 사람은 공동으로 12편의 연

지워진 천문학자들

구 논문을 발표했는데, 이는 개별적으로 발표할 수 있었던 것보다 훨씬 많은 양이었습니다.

처음에는 마이트너가 한을 선임 연구원으로 여겼지만, 곧 동등한 파트너로 자리매김했습니다. 마이트너는 중요한 통찰력을 제공하고 일반적인 패턴을 파악하는 한편, 한은 세심한 관찰과 새로운 요소를 파악하는 데 집중했습니다. 두 사람은 연구실에서 몇 시간씩 함께하며 식사를 하고 연구소를 방문한 다른 연구자들과 대화를 나누는 등 편안한 업무 관계를 맺었습니다. 방사능 연구의 초기 시절은 발견으로 인한 흥분으로 가득했습니다. 매달 새로운 관찰과 새로운 질문에 대한 답을 찾아야 했죠. 일이 잘 풀릴 때는 듀엣 곡을 흥얼거리기도 했습니다.

그들은 처음 몇 년 동안 특히 노래를 흥얼거렸습니다. 가장 흥미롭게 관찰한 것 중 하나는 방사능 반동 효과였죠. 불안정한 방사성 원자가 더 가벼운 원자로 붕괴하여 알파 입자를 방출하는 과정에서 딸 원자는 알파 입자의 방출로 인해 반동을 느낍니다. 이 반동 덕분에 딸 원자들은 화학 결합을 극복하고 기체 형태로 빠져나와 별도의 판에 수집될 수 있었습니다. 한이 이 효과를 처음 관찰했을 때, 마이트너는 즉시 이를 이용해 방출된 방사성 물질을 탐지하고 수집할 수 있다고 깨달았습니다. 그들은 이 기술을 적용하여 라듐-B, 악티늄-C, 토륨-C를 포함한 다양한 물질을 준비했습니다. 이 방법은 널리 사용되어 수년에 걸쳐 핵물리학에 광범위한 영향을 미쳤습니다.

이것은 해리엇 브룩스가 최초로 관찰한 효과입니다. 그러나 어니스트 러더퍼드가 한에게 자신의 제자가 이 효과를 발견했다는 사실을 알렸을 때, 한은 자신의 실험이 이 효과를 결정적으로 입증했다고 주장하며 포기하지 않았죠. 러더퍼드는 이 문제를 밀어붙이지 않았지만, 어쩌면 그렇게 했어야 했을지도 모릅니다. 만약 그랬다면 한은 앞으로 있을 훨씬 더 큰 발견에 대한 공로를 공유하는 데 더 신중을 기했을 것입니다.

한과 마이트너는 베타선에 다시 관심을 돌렸고, 결국 에너지보존에 대한 논란을 불러일으킬 연구를 수행했습니다. 베타 입자가 전자라는 사실은 이미 널리 알려져 있었지만, 방사성 원소에서 전자가 방출되는 속도는 잘 알려지지 않았습니다. 테니스공처럼 전자는 에너지가 많을수록 속도가 빨라집니다. 마이트너와 한은 베타 입자의 속도(즉, 에너지)를 측정하기 위해, 이들이 자석에 의해 어느 정도 편향된 후 사진판에 닿는 위치를 관찰했습니다. 전자가 더 빠르게 이동할수록 편향 정도는 작아졌습니다. 연구팀은 사진판에서 선명한 선을 관찰했는데, 이는 베타 입자가 모두 같은 양의 편향을 받아 같은 위치에서 판에 부딪혔다는 것을 의미하며, 방사성 원소에서 방출될 때 모두 같은 에너지를 가졌음을 시사합니다.

에너지 보존의 법칙에 따르면 날카로운 선은 예상된 것이었습니다. 불안정한 방사성 원소가 다른 물질로 변할 때 고정된 에너지가 방출됩니다. 이 에너지는 베타 입자로 전달되고, 베타 입자 역시 동일한 양의 고정된 에너지를 가지게 되어 사진판에 일정한 양의 편향과 선명한 선이 생기게 됩니다. 모든 연구 과정이 순조로웠습니다. 또 다른 무언가가 사진 플레이트에 흐릿한 배경 이미지로 나타났다는 점 빼고 말이죠. 베타 입자 중 일부가 서로 다른 양으로 편향되어 흐릿한 이미지가 나타난 것입니다. 하지만 편향하는 양이 다르다는 것은 방사성 물질이 방출하는 에너지가 고정되어 있음에도 불구하고 베타 입자의 속도가 다르고 따라서 에너지

지워진 천문학자들

가 다르다는 것을 의미합니다. 어떻게 에너지 수지가 합산되지 않을 수 있을까요?

1909년 러더퍼드의 연구실에서 일하던 윌리엄 윌슨William Wilson은 처음으로 베타 방출의 에너지가 균일하지 않다고 보고했습니다. 대부분의 물리학자와 마찬가지로 마이트너와 한은 윌슨의 결과를 의심했고, 직접 측정을 통해 윌슨이 틀렸음을 증명하기 시작했죠. 하지만 자신들의 사진판에서 흐릿한 부분이 윌슨이 옳았다는 것을 증명하는 것처럼 보였습니다. 그들은 더 강한 자석과 다른 위치의 판으로 실험을 반복했습니다. 하지만 여러 개의 선은 사라지지 않았습니다. 마이트너와 한은 베타선이 균질하지 않다는 사실을 받아들이는 것 외에는 다른 선택의 여지가 없었습니다. 1914년 제임스 채드윅James Chadwick은 가이거Geiger 계수기를 사용하여 베타 입자가 실제로 다양한 에너지로 방출된다는 것을 결정적으로 보여주었고, 이로 인해 미스터리는 더욱 깊어졌습니다.

마이트너가 이룬 업적

한과 마이트너의 협력은 5년 동안 번창했고, 화학자와 물리학자 모두 방사능 분야에서 각각 명성을 쌓았습니다. 1909년 잘츠부르크에서 열린 컨퍼런스에서 마이트너가 자신의 연구 결과를 발표했을 때, 그녀는 또 다른 발표에 매료되었습니다. 그녀는 특수 상대성 이론의 창시자인 알버트 아인슈타인이 설명한 질량과 에너지의 관계에 대해 들은 순간을 결코 잊지 못했습니다. 당시에는 아인슈타인과 그의 이론이 자신의 삶에 얼마나 큰 영향을 미치게 될지 몰랐죠.

베타 방사능 에너지가 여전히 미해결 문제로 남아있는 동안, 마이트너는 더 즉각적인 문제로 어려움을 겪었습니다. 1910년 아버지가 세상을 떠난 후 어머니는 더 이상 그녀에게 용돈을 보내줄 방법이 없었습니다. 그녀는 돈을 벌기 위해 직업이 필요했죠. 1912년까지 20편이 넘는 과학 논문을 발표하고, 한과 함께 새로운 물질을 발견하고, 유명한 반동 효과를 확인했지만, 유급 학술 연구직은 실현되지 않았습니다. 그녀는 과학 논문을 영어에서 독일어로 번역하는 일로 부수입을 얻었습니다. 이마저도 한 편집자는 번역가 마이트너가 여성이라는 사실을 알게 되자 더 이상 그녀와 함께 일하지 않겠다고 선언했죠.

반면 한의 경력은 상승세를 타고 있었습니다. 1912년 베를린에 새로운 카이저 빌헬름 화학연구소(KWI)가 설립되자 방사능 부서의 책임자로 초빙받았습니다. 그는 상당한 연봉과 함께 제안을 수락했고, 같은 해에 에디트 융한스Edith Junghans와의 결혼이라는 또 다른 중요한 약속을 지킬 수 있었습니다. 마이트너는 에디트와 좋은 친구가 되었고, 나중에 에디트는 마이트너의 아들의 대모가 되었습니다. 직업적 측면에서는 마이트너와 한의 성공적인 협업이 KWI의 이사들에게 주목받았지만, 그녀가 기대했던 방식은 아니었습니다. KWI는 그녀를 연구소의 무보수 손님으로 초대했죠.

마이트너는 더 나은 전망이 없는 상황에서 한을 따라 KWI로 가기로 동의했습니다. 적어도 지하실에서 벗어나 과학 실험실에 들어가서 한이 화학 분야를 연구하는 동안 핵물리학 분야를 발전시킬 수 있었기 때문입니다. 그녀의 스승이자 친구인 막스 플랑크가 그녀를 도와주면서 대학 조교 자리를 제안했고, 당시 독일에서 유일한 여성 물리학 조교가 되었습니다. 그나마 나은 제안이었기 때

지워진 천문학자들

문에 그녀는 제안을 받아들였죠. 1년 후, KWI는 마이트너를 과학 부교수로 임명했지만 급여는 한보다 훨씬 낮았습니다.

결국 그녀의 과학적 명성은 그녀가 마땅히 받아야 할 인정과 수입을 가져다주었습니다. 1914년, 프라하대학은 그녀에게 카이저 빌헬름 연구소가 본격적으로 활동할 수 있는 영구적인 학술 직책을 제안했습니다. 급여는 두 배로 인상되었고 방사능 부서는 '한-마이트너 연구소Hahn-Meitner Lab'가 되었죠. 마이트너의 급여는 여전히 한보다 낮았지만, 어렵게 얻은 직책에 만족했습니다. 1917년에는 한의 연구실과는 별도로 자신의 연구실을 이끌게 되었지만, 여전히 긴밀한 협력 관계를 유지했습니다.

1914년은 마이트너의 연구 경력에 큰 발전을 가져다주었지만, 동시에 전쟁을 불러왔습니다. 독일 전역의 다른 많은 남성들과 마찬가지로 오토 한도 징집되었죠. 마이트너 역시 베를린을 떠나 오스트리아 군대에서 간호사로 자원하여 엑스레이를 촬영하는 일을 했습니다. 1916년, 그녀는 연구소로 돌아왔지만 한은 여전히 자리를 비우고 있었습니다. 그녀는 전쟁 전에 한과 함께 탐구했던 문제에 대해 계속 연구했습니다. 당시에는 방사성 원소 중에서 악티늄에 대한 이해가 가장 부족했습니다. 악티늄은 우라늄을 함유하는 광물에서 발견되며, 악티늄의 양은 우라늄의 양에 비례합니다. 우라늄 붕괴의 산물인 것처럼 보였지만, 순수한 우라늄은 악티늄으로 직접 붕괴되지 않았습니다. 아직 발견되지 않은 중간 원소가 있어야만 붕괴하여 악티늄을 생성할 수 있었죠.

마이트너는 이 미스터리에 대한 진실을 찾기 시작했습니다. 거의 혼자서 작업하며 한에게 자세한 편지를 써서 소식을 전하는 데 2년이 걸렸습니다. 한은 제1차 이프르Ypres 전투에서 조국을 위해 헌신한 공로로 적십자 훈장(2등)을 받고 전쟁에서 돌아왔습니다. 1918년, 〈반감기가 긴 새로운 방사성 원소 악티늄의 모체〉라는 제목의 한과 마이트너의 새로운 논문이 Physikalische Zeitschrift에 발표되었습니다. 그들은 주기율표에서 우라늄과 토륨 사이에 위치한 91번 원소, 즉 그동안 찾지 못했던 원소를 발견하고 프로트악티늄이라고 명명했습니다. 이 발견으로 두 사람은 과학계에서 훨씬 더 유명해졌습니다.

1922년 마이트너는 또 다른 업적을 세웠습니다. 마침내 여성도 독일에서 교수 자격을 얻을 수 있게 되었는데, 이 자격을 취득하기 위해서는 또 다른 연구 논문을 제출해야 했습니다. 하지만 40편 이상의 논문을 발표한 마이트너는 논문을 제출하지 않고도 자격을 얻을 수 있었습니다. 당시 독일에서 자격증을 취득한 몇 안 되는 여성 중 한 명이었던 그녀는 이를 기념하기 위해 강연을 하기도 했습니다. 그녀의 강연은 방사능과 우주cosmic 물리학에 관한 것이었지만, 언론은 '화장품cosmetic' 물리학이라는 빈정거림이 담긴 제목으로 보도했습니다. 마이트너는 여성에 대한 고집스럽고 변하지 않는 태도에도 불구하고 1926년 독일에서 물리학 교수로 임명된 최초의 여성이 되었습니다. 당연히 '화장품'과는 전혀 무관했습니다.

에너지 피자 이론

마이트너의 커리어가 활개를 치는 동안에도 그녀는 에너지가 지나치게 높은 베타 입자에 대한 골치 아픈 문제를 잊지 않았습니다. 첫 실험 후 10년이 지나자 과학자들은 베타선 중 일부는 핵에서 직접 방출되는 '1차' 방사선이고, 일부는 핵에서 나온 베타 입자가 원자 주위를 도는 다른 전자를 튕겨 내면서 발생하는 '2차' 방사선이라는 사실을 깨달았습니다. 제임스 채드윅은 1차 방사선은 연속적인 에너지 범위를 생성하는 원인이고, 2차 전자는 사진판의 고정된 선을 생성하는 원인이라고 주장했습니다. 마이트너는 2차 전자의 방출 과정을 이해하는 데 집중했습니다. 개선된 실험 기술을 사용하여 핵 주위를 도는 전자가 다른 궤도의 전자에 에너지를 전달하여 그 전자가 원자를 탈출할 수 있다는 사실을 발견했습니다. 이 두 전자 효과는 나중에 피터 오제Peter Auger에 의해 재발견되어 마이트너 효과 대신 오제 효과Auger effect로 알려지게 되었습니다. 리제 마이트너의 중요한 과학적 공헌이 무시된 것은 이것이 처음은 아니었습니다.

한편 베타 방사능 에너지의 연속체에 대한 수수께끼는 풀리지 않은 채로 남아있었습니다. 1927년 영국의 물리학자 찰스 엘리스Charles Ellis와 윌리엄 우스터William Wooster는 비스무트의 1차 베타 붕괴에서 방출되는 에너지를 측정한 결과, 거의 전적으로 연속적인 에너지 스펙트럼으로 방출된다는 것을 밝혀냈습니다. 마이트너는 이를 직접 확인하기 위해 실험에 착수했고, 그 결과가 정확하다는 것을 증명했습니다. 핵에서 나오는 1차 베타선이 고정된 에너지가 아니라 다양한 에너지로 방출된다는 사실은 더 이상 의심할 여지가 없었습니다. 마이트너의 신중하고 정밀한 실험을 통해 에너지보존법칙이 위반된 것으로 보인다는 사실이 단번에 확인된 것이죠.

이 결과는 물리학의 흔들리는 에너지 기둥을 보강하기 위한 급진적인 사고의 전환을 요구했습니다. 1930년 튀빙겐에서 열린 학회에서 마이트너의 오스트리아 동포인 볼프강 파울리가 이 아이디어를 내놓았습니다. 파울리는 에너지보존법칙을 지키기 위해 '절박한 해결책'을 찾았다고 설명했습니다. 파울리의 아이디어를 이해하는 간단한 방법은 피자 레스토랑에서 똑같은 피자 세 조각을 제공받는다고 상상해보는 것입니다. 제공되는 각 조각은 크기가 다릅니다. 첫 번째 피자에서 1/4 조각을 제공받았다면 종업원이 나머지 피자를 보여주지 않더라도 나머지 피자의 크기가 3/4 크기라는 것을 알 수 있습니다. 두 번째 피자의 반 조각이 제공되면 나머지 피자는 보이지 않더라도 전체 피자의 절반 크기여야 합니다. 크기가 다른 피자 세 조각이 주어지더라도 피자의 총 크기가 같다는 것은 여러분에게 완벽하게 이해가 될 것입니다. 여러분은 단지 매번 전체 피자의 양만 다르게 보고 있을 뿐입니다.

파울리는 베타선의 다양한 에너지가 비슷한 방식으로 설명될 수 있다는 것을 깨달았습니다. 만약 우리가 전체의 일부만 보고 있다면 어떨까요? 베타 방사선을 관측할 때 에너지 피자를 발견할 수 있을까요? 베타 입자가 방출될 때마다 핵에서 감지되지 않는 또 다른 입자, 즉 에너지 피자의 다른 부분이 방출된다면 어떨까요? 이 다른 입자는 전하를 띠지 않고 질량이 거의 없어 가까워 기존의 입자 탐지기로는 거의 보이지 않을 수 있습니다. 이 입자의 에너지는 그 에너지와 베타 입자 에너지의 합이 일정하기 때문에 에너지보존법칙이 성립하게 됩니다. 핵에서 방출되는 총 에너지는 피자의 총 크기처럼 항상 고정되어 있지만 방출되는 각 입자 쌍 사이의 에너지 분할은 서로 다른 피자 조각처럼 달라질 수 있습니다. 이는 관측된 베타선이 연속적인 에너지 분포를 갖는 이유를 설명할 수 있습니다. 다양한 크기의 피자 조각을 얻는 것과 같은 이치죠. 베타 입자의 에너지가 무엇이든, 같은 시간에 방출된 해당 미

검출 입자는 남은 에너지를 가지고 있으며 방출된 각 쌍의 에너지 총합은 항상 보존됩니다.

엔리코 페르미Enrico Fermi는 파울리의 아이디어를 받아들여 '중성미자'라고 부르는 새로운 보이지 않는 입자를 포함하는 베타 붕괴 이론으로 구체화했습니다. 하지만 중성미자는 실제 입자였을까요, 아니면 파울리의 풍부한 상상력이 빚어낸 기발한 속임수였을까요? 파울리는 한동안 칼 융의 심리 치료를 받았지만 중성미자에 대한 그의 생각은 틀리지 않았습니다(파울리의 유령 같은 입자의 존재를 확인하는 데는 25년이 더 걸렸습니다. 하지만 이 이야기는 사실 다른 장에 등장하는 두 명의 무명 여성에 대한 이야기입니다). 에너지 보존은 혹독한 시험대에 올랐지만 적어도 이론적으로는 인정되었고, 그 과정에서 완전히 새로운 자연 입자에 대한 증거를 얻게 되었습니다.

마이트너의 신중한 측정은 이 이야기의 중심이 되었죠. 에너지에 대한 그녀의 통찰력은 더 커졌습니다.

한과 마이트너의 재회

물리학의 기초는 견고하게 유지되었지만 독일의 민주주의의 기둥은 무너지고 있었습니다. 1933년 리제 마이트너가 사랑했던 조국 오스트리아 출신인 아돌프 히틀러Adolf Hitler가 집권하자 마이트너의 커리어는 파멸로 치달았습니다. 다른 유대계 과학자들과 마찬가지로 1908년 루터교 세례를 받았음에도 불구하고 그녀는 즉시 대학 교수직에서 해임되었습니다. 그러나 카이저 빌헬름 연구소에서의 연구 직책은 안전했죠. 그녀는 엄밀히 말해 독일 시민이 아니었고, 연구소의 자금 출처가 비정부 기관인 덕분에 어느 정도 자율성을 가질 수 있었기 때문입니다. 마이트너는 다시 한번 예외가 되어 연구를 계속할 수 있는 몇 안 되는 유대인 과학자 중 한 명이 되었습니다.

대부분의 독일 학술지는 유대인 과학자들의 연구 논문을 게재하지 않기 시작했습니다. 예외 중 하나는 자연과학지 나투르비센샤프텐지Naturwissenschaften였는데, 설립자이자 편집자인 아놀드 베를리너Arnold Berliner 역시 유대인이었습니다. 그 후 몇 년 동안 마이트너는 베를린의 저널에 자신의 연구를 계속 발표했습니다. 그녀의 동료이자 노벨 물리학상 수상자인 오스트리아 출신의 에르빈 슈뢰딩거도 나투르바이센샤프텐지에 계속 글을 게재했죠. 1935년 슈뢰딩거는 양자역학의 특성을 강조하기 위해 죽은 고양이와 살아 있는 고양이를 예로 들어 논문을 썼습니다. 논문을 제출한 후 그는 아놀드 베를리너가 유대인이라는 이유로 직장을 잃었다는 사실을 알게 되었습니다. 슈뢰딩거는 이에 항의하며 논문을 철회하겠다고 제안했지만 베를리너는 그를 설득했고 논문은 출판되었습니다. 이 논문에서 슈뢰딩거는 원자의 양자 붕괴 과정에서 발생하는 독가스의 방출로 인해 자신의 상징적인 고양이가 어떻게 죽을 수도 있고 죽지 않을 수도 있는지에 대해 설명했습니다. 그가 예로 든 독가스는 시안화수소, 즉 치클론-B로 알려진 시안화수소였습니다. 이 가스는 나치 강제 수용소에서 아놀드 베를리너와 같은 수많은 유대인을 학살하기 위해 사용된 것과 같은 가스였습니다. 베를리너는 가스실에 들어가기 위해 강제 수용소로 추방되기보다는 1942년에 스스로 생을 마감하는 길을 선택했습니다. 슈뢰딩거는 1938년 오스트리아를 탈출하여 아일랜드에 정착했습니다(그곳에서 그는 뛰어난 과학적 경력을 이어갔고, 그가 십대 소녀들에게 집착하고 여러 관계를 맺은 것으로 알려져 있음에도 이를 감싸주는 보호막이 되어 주기도 했습니다).

물리학은 어려운 시기 마이트너의 피난처였습니다. 이탈리아 물리학자 엔리코 페르미는 우라늄 핵에 중성자를 쏘아 우라늄보다 더 무거운 새로운 '초우라늄' 원소를 만들어냈다고 주장했습니다. 마이트너는 중성자 충격의 산물을 조사하려면 숙련된 화학자가 필요하다는 사실을 알고 흥미를 느껴 한에게 유사한 실험을 공동으로 수행하자고 제안했습니다. 이때까지만 해도 한과 마이트너는 각자의 연구 분야에서 10년 넘게 침묵을 지키고 있었습니다. 두 사람이 다시 만나면 더 많은 '히트작'이 나올 수 있을까요? 마이트너는 원칙을 지키며 나치당 가입을 요구하는 단체와 거리를 둔 프리츠 스트라스만을 세 번째 연구원으로 영입하자고 제안했습니다. 스트라스만은 이러한 신념 때문에 좋은 일자리와 교수 자격을 취득할 기회를 잃었습니다. 마이트너의 추천으로 한은 그를 연구 조교로 채용했고, 두 사람은 삼총사가 되었습니다.

그 후 4년 동안 세 과학자는 우라늄에 중성자를 쏘고 그 결과를 이해하려고 노력했습니다. 그들은 이 과정이 매우 복잡하여 여러 가지 불안정한 원소가 생성된다는 것을 발견했습니다. 그러나 뚜렷한 패턴이 없었죠. 1934년 독일의 화학자이자 레늄의 공동 발견자인 이다 노다크Ida Noddack는 페르미의 주장이 틀렸을 수도 있다고 제안했습니다. 마이트너는 우라늄보다 가벼운 원소들이 생성되었을 가능성을 염두에 두었고, 이러한 원소들을 모두 배제한 후에야 그 결과물이 초우라늄 원소라고 결론 내릴 수 있다고 제안했습니다. 그러나 아무도 그녀의 말에 주목하지 않았습니다. 당시의 핵 모델은 저에너지 중성자에 의해 원소가 분해될 가능성을 인정하지 않았기 때문입니다. 게다가 이탈리아의 페르미, 독일의 마이트너와 한, 프랑스의 마리 퀴리의 장녀 이렌 졸리오퀴리Irene Joliot-Curie와 남편 프리데리크 졸리오퀴리Frederic Joliot-Curie 등 세계 최고의 핵 과학자들이 모두 초우라늄 원소를 찾고 있었습니다. 실제로 1938년 엔리코 페르미는 중성자 폭격 연구와 초우라늄 원소 발견으로 노벨 물리학상을 수상했습니다.

그해는 마이트너의 세계가 무너진 해였습니다.

나치 독일로부터의 탈출

1938년 7월 12일, 리제 마이트너는 평소와 다름없이 KWI에 출근해 저녁 8시까지 일했습니다. 그날 밤 그녀는 오토 한의 집에 머물렀죠. 다음 날 일어날 일을 생각하면 잠을 이루기 어려웠을 것입니다. 아침이 되자 그녀는 한과 그의 아내에게 작별 인사를 하고 나투르비센샤프트의 물리학 컨설턴트인 폴 로스보Paul Rosbaud와 함께 기차역으로 향했습니다. 역에 가까워질수록 마이트너는 자신이 겪게 될 위험에 걱정이 되었지만, 그들은 계속 달렸습니다. 역에서 그녀는 오랜 친구인 네덜란드 물리학자 더크 코스터Dirk Coster를 만났고, 둘은 우연한 만남인 척 대화를 나누었습니다. 그 후 그 들은 네덜란드 국경에 있는 마을 니우웨샹Nieuweschans으로 가는 기차에 몸을 실었습니다. 마이트너는 다시는 돌아오지 않을 생각으로 나치 독일을 떠나고자 했습니다. 지갑에는 한이 비상시에 팔라고 준

10마르크와 다이아몬드 반지가 들어 있었죠. 하지만 그녀는 유효한 여권이 없었습니다.

4개월 전인 1938년 3월, 오스트리아는 독일에 합병되었고 모든 오스트리아 국민은 시민권을 잃었습니다. 연구소에서는 즉시 그녀의 신분에 의문을 제기했죠. "유대인이 연구소를 위험에 빠뜨린다"는 속삭임이 들렸습니다. 오토 한은 걱정이 커져 연구소의 후원자들에게 마이트너의 미래에 대해 이야기했습니다. 그들은 연구소를 보호하기 위해 그녀가 사임해야 한다고 말했습니다. 마이트너는 충격을 받고 처음에는 동의했지만, 나중에 후회했습니다. 두 사람만큼 가까운 우정조차 증오와 두려움 앞에서 흔들렸습니다.

한편 다른 나라의 물리학자들이 도움의 손길을 내밀었습니다. 코펜하겐의 닐스 보어와 취리히의 폴 셰러Paul Scherrer는 마이트너가 독일을 떠날 수 있는 길이 되기를 바라며 공식 초청장을 보내 강연을 요청했습니다. 5월에 그녀는 보어의 제안을 받아들이기로 결정했지만, 덴마크 대사관은 오스트리아 여권이 유효하지 않다는 이유로 비자 발급을 거부했습니다. 네덜란드에서 더크 코스터는 마이트너에게 연구직을 제안하기 위해 이곳저곳을 오가며 자금을 모았지만, 난민이 몰려들면서 자금이 고갈되었습니다. 그러던 6월, 스웨덴 한림원은 마이트너에게 스톡홀름의 새로운 원자력 연구소에서 일할 수 있도록 1년 동안 지원하겠다고 제안했습니다. 마이트너는 스웨덴의 제안을 수락했지만 독일 여권 발급 요청은 거절당했죠. 나치 친위대 수장이었던 하인리히 히믈러는 그녀가 연구소에서 사임해야 하지만 독일에 남아있어야 한다고 생각했습니다. 도망치는 것 외에는 다른 선택의 여지가 없었죠.

7월 초, 독일 국경을 곧 폐쇄하고 독일을 떠나고자 하는 모든 과

▲ 베를린에서 절친한 친구이자 연구 파트너였던 오토 한과 리제 마이트너. 마이트너는 독일을
  탈출하는 데 성공했다.

학자들에게 출국을 금지할 것이라는 소식이 들려왔습니다. 즉시 더
크 코스터에게 가능한 한 빨리 연구소를 '방문'하라는 암호화된 메
시지가 즉시 전송되었습니다. 코스터는 네덜란드 당국으로부터 마
이트너의 네덜란드 입국 허가를 받아냈고, 곧바로 베를린으로 출
발했습니다. 네덜란드 국경 관리자들은 마이트너의 도착에 대해 이
미 알고 있고 필요한 서류를 가지고 있다고 말했습니다.

코스터와 마이트너는 가슴을 졸이며 국경으로 향하는 기차를
탔습니다. 베를린으로 돌아온 오토와 에디트 한은 나중에 오토가
회고록에서 쓴 것처럼 '두려움에 떨며' 마이트너가 통과할 수 있기
를 기다렸습니다. 그들은 나치 친위대가 열차를 순찰하고 있다는
것을 알고 있었죠. 마침내 그들은 네덜란드에서 '아기'가 도착했다
는 전보를 받았습니다. 마이트너는 안전하게 국경을 넘었습니다.

이때 한 번은 여성이라는 성별이 도움이 되었을지도 모릅니다.

경비들은 네덜란드 과학자와 함께 여행하던 여성이 독일에서 가장 유명한 핵물리학자 중 한 명이라는 사실을 알지 못했습니다. 마이트너의 대담한 탈출은 물리학계에 파문을 일으켰고, 코스터는 그의 노력에 대해 널리 칭찬을 받았습니다. 볼프강 파울리는 그에게 '당신은 하프늄을 발견한 것만큼이나 리제 마이트너의 납치 사건으로 유명해졌습니다!'라고 편지를 보냈습니다.

핵분열을 발견하다

독특하고 화려한 경력을 쌓은 리제 마이트너는 59세의 나이에 시민권도, 집도, 연구실도, 월급도 없었습니다. 하지만 그녀는 자신이 운이 좋은 사람 중 한 명이라는 것을 알고 있었습니다. 가까운 친구들로 구성된 커뮤니티가 그녀를 돕기 위해 발 벗고 나섰기 때문이죠. 더크 코스터는 홀로코스트의 참상을 아직 알지 못했음에도 불구하고 그녀의 목숨을 구해주었습니다. 마이트너는 깊은 감사를 표하면서도 생존자로서의 죄책감으로 트라우마에 시달렸습니다. 일기에 이렇게 적었죠.

'감히 뒤를 돌아볼 수도 없고, 앞을 내다볼 수도 없다.'

하지만 그녀는 스톡홀름으로 천천히 전진하여 만네 시그반Manne Siegbahn의 연구소에 합류했습니다.
스톡홀름은 마이트너에게 익숙했던 베를린과 전혀 달랐습니다. 일할 곳은 있었지만 그 외에는 거의 아무것도 없었죠. 그녀는 실질적인 지위나 권리도 없었고, 신입 조수와 비슷한 수준의 급여를 받았습니다. 그녀는 공식적으로 은퇴한다는 소식을 베를린에 있는 KWI에 전했지만, 외국에서는 연금을 받을 수 없어 대신 오스트리아에 있는 가족에게 연금을 보내도록 준비했습니다. 동생 아우구스테Auguste와 남편은 이 돈으로 1939년 스웨덴으로 도피했습니다. 그 사이 마이트너는 한과 정기적으로 서신을 주고받으며 연구를 계속 이어나가기 위해 노력했죠. "저는 전혀 행복하지 않습니다."라고 그녀는 자신의 연구 상황에 대해 털어놓았습니다. 가끔은 밝았던 순간도 있었습니다. 동료와 친구들이 마이트너를 방문했을 때였죠. 1938년 11월, 닐스 보어는 그녀를 일주일 동안 코펜하겐으로 초대했습니다. 한도 초대받았죠. 두 사람은 파리의 졸리오퀴리 연구소의 최근 결과를 바탕으로 한의 최신 중성자 폭격 실험에 대해 논의했습니다. 한은 자신의 실험에서 나온 붕괴 산물이 라듐이라고 생각했지만, 마이트너는 회의적이었습니다. 그녀는 라듐을 확인하기 위한 추가적인 대조 실험을 제안했고 한은 베를린으로 돌아와 스트라스만과 함께 실험을 준비했습니다.

12월, 마이트너는 한으로부터 '경악할 만한 결론'을 설명하는 편지를 받았습니다. 붕괴 산물은 라듐이 아니라 바륨이었다는 것이었습니다. 마이트너는 당황했습니다. 느리게 움직이는 중성자가 우라늄 핵에 부딪히면 강한 핵력이 깨져 바륨이 생성될 수 있다는 것은 불가능해 보였습니다. 그녀는 크리스마스에 스웨덴을 방문 중이던 조카 오토 프리슈Otto Frisch와 함께 이 문제를 고민했습니다. 오토는 함부르크대학에서 다른 비아리아인non-Aryan들과 함께 해고된 후 영국 버밍엄으로 이주한 물리화학자였습니다. 처음에 프리슈는 결과가 잘못되었다고 생각했습니다. 두 사람은 이 문제를 논의하기 위해 근처 숲으로 산책을 나갔죠.

문제는 바륨 핵의 무게가 우라늄 핵의 절반에 불과하다는 것이 었습니다. 방사성 붕괴 시 핵이 방출하는 가장 무거운 입자는 알파 입자(헬륨 핵)인 것으로 알려져 있었는데, 중성자는 우라늄 핵의 질량을 바륨으로 줄이기에 충분한 알파 입자를 쫓아내는 데 필요한 에너지가 부족했기 때문입니다. 알파 입자 붕괴 이외의 과정이 바륨이 어떻게 형성되는지 설명할 수 있었죠. 우라늄 핵 자체가 더 가벼운 핵으로 쪼개질 수 있을까요? 그렇다면 핵을 깨뜨리는 데 필요한 에너지는 어디에서 왔을까요? 다시 한번 에너지보존법칙이 화두로 떠올랐습니다.

막막한 문제를 해결하기 위해 영감이 필요하다면 마이트너와 프리슈를 떠올리며 산책을 떠나보세요. 숲속을 산책하던 두 사람은 분명 영감을 얻었습니다. 두 사람은 우크라이나 물리학자 조지 가모프가 처음 제안하고 나중에 닐스 보어가 구체화한 핵 모델에 대해 잘 알고 있었습니다. 항상 틀에서 벗어난 사고를 했던 가모프는 핵이 액체 방울처럼 움직인다고 제안했습니다. 표면장력이 물방울을 서로 붙잡는 것처럼, 액체 방울과 같은 핵은 표면장력과 같은 결합력이 있어 서로를 붙잡습니다. 우라늄 핵에서는 핵 내부의 양전하를 띤 양성자들이 서로 밀어내면서 표면장력, 즉 결합력을 감소시키고 핵을 매우 크고 흔들리는 물방울처럼 불안정하게 만듭니다. 따라서 느리게 움직이는 중성자가 이러한 핵에 부딪히면 액체 방울이 변형되어 늘어나서 허리를 형성하고 결국에는 꼬여 두 방울로 쪼개질 수 있습니다.

숲 한가운데서 조카와 이모는 전제를 확인하기 위해 기본적인 계산을 해보았습니다. 프리슈는 약 100개의 양성자를 가진 핵의 표면 장력은 거의 안정적이지 않고 중성자 충격에 의해 쉽게 변형될 것이라고 예측했습니다. 우라늄은 92개의 양성자를 가지고 있었죠. 마이트너는 에너지 보존 문제에 집중했습니다. 우라늄 핵이 질량이 거의 같은 두 개의 가벼운 핵으로 나뉘면 각 딸핵은 양전하를 띠고 서로를 밀어낼 것입니다. 두 핵은 엄청나게 빠른 속도로 날아갈 것입니다. 이를 위한 에너지는 어디에서 오는 것일까요? 마이트너가 처음 들었을 때 매우 매료되었던 아인슈타인의 유명한 질량−에너지 방정식 $E = mc^2$에 답이 있었습니다. 우라늄 핵이 분열할 때 질량의 일부가 에너지로 변환된다는 사실이었죠. 마이트너는 아인슈타인의 방정식을 이용해 머릿속으로 이 에너지를 빠르게 추정했습니다. 계산 결과는 딸핵의 예상 에너지와 일치했습니다. 모든 것이 앞뒤가 맞아떨어졌습니다.

마이트너는 즉시 한에게 전화를 걸어 발견 사실을 알렸습니다. 한은 깜짝 놀랐습니다. 하늘이 내린 선물이라고 확신했죠. 프리슈는 생물학의 세포 분열 메커니즘에서 영감을 받아 이 아름답고 유동적인 원자 분열 과정을 '핵분열'이라고 명명했습니다. 크리스마스가 지난 후 그는 코펜하겐으로 가서 닐스 보어에게 자신의 아이디어를 이야기했습니다. 보어는 매우 흥분하여 다음 달인 1939년 1월 미국 물리학회 회의에서 물리학계에 핵분열에 대한 모든 것을 발표했습니다. 이 소식은 마이트너와 프리슈가 그들의 연구를 공식적으로 발표하기도 전에 들불처럼 퍼져 나갔습니다. 그들은 네이처지에 논문을 제출하기 위해 초안을 작성했지만, 프리슈는 이론을 더 확인하기 위해 몇 가지 실험을 완료하는 동안 논문의 제출을 보류했습니다. 돌이켜보면 이는 좋은 선택이 아니었습니다. 마이트너와 프리슈가 논문을 발표하기 전에 한과 스트라스만은 우라늄 핵의 분열로 인한 현상이라고 주장하면서 마이트너와 프리슈의 기여는 언급하지 않은 채 바륨 관측 결과를 보고하는 논문을 네이처지에 발표했습니다. 비아리아인과의 공동 연구 및 공동 저술은 불가능했습니다. 마이트너는 가장 가까운 친구이자 오랜 협력자에게 선수를 빼앗긴 것입니다.

폭발적인 이론

핵분열은 물리학계에 흥분과 관심을 불러 일으켰습니다. 우라늄 핵에 저장된 엄청난 에너지는 분명 세계 최고의 과학자들에게 활력을 불어넣었죠. 전쟁 중에는 필연적으로 폭탄의 가능성으로 논의의 초점이 옮겨졌습니다. 닐스 보어, 존 휠러John Wheeler, 유진 위그너Eugene Wigner 등 미국의 주요 물리학자들은 처음에는 엄청난 양의 자원이 필요하기 때문에 폭탄을 만드는 것이 불가능할 것이라고 결론지었습니다. 영국에서는 노벨 물리학상 수상자인 G. P. 톰슨도 폭탄을 터뜨리는 데 필요한 연쇄 반응을 만드는 실험에 실패했습니다. 하지만 오토 프리슈에게는 다른 아이디어가 있었습니다. 순수한 우라늄을 사용할 수 있다면 어떨까요? 폭발을 일으키려면 얼마나 많은 양이 필요할까요? 그는 독일에서 이민 온 유대인 물리학자 루돌프 파이얼스Rudolf Peierls와 함께 1940년 영국 정부를 위해 '슈퍼 폭탄'을 만드는 게 가능하다는 점을 자세히 설명하는 보고서를 작성했습니다.

프리슈-파이얼스 메모에는 이 메모에는 몇 킬로그램의 우라늄을 사용해 핵분열을 폭탄에 활용할 수 있다는 수학적 계산이 담겨 있었으며, 그 결과로 발생할 폭발은 1,000톤의 다이너마이트에 해당하는 위력을 지닐 것이라고 예측했습니다. 폭발의 위력은 작은 도시 하나를 초토화할 수 있는 수준입니다. 이 보고서는 영국 정부에 큰 충격을 주었고, 캐나다에서 영국의 비밀 원자폭탄 프로그램인 튜브 알로이스 프로젝트가 탄생하는 계기가 되었죠. 튜브 알로이스는 미국 맨해튼 프로젝트의 선행 연구 역할을 했고, 결국 히로시마와 나가사키를 파괴한 폭탄을 만들어냈습니다. 이는 프리슈와 파이얼스의 예측대로였죠.

물론 원자폭탄 개발에 참여한 물리학자는 이들만이 아니었습니다. 핵물리학자 로버트 오펜하이머가 주도한 맨해튼 프로젝트에는 엔리코 페르미, 리처드 파인만, 어니스트 로렌스Ernest Lawrence, 한스 베테Hans Bethe, 글렌 시보그Glenn Seaborg 등 노벨 물리학상 수상자를 포함해 총 13만 명의 인력이 투입되었습니다. 아인슈타인은 보안 허가를 받지 못했지만, 루스벨트Roosevelt 대통령에게 편지를 써서 프로젝트에 착수하는 데 도움을 주는 등 중요한 역할을 했죠. 하지만 언제나 그렇듯 리제 마이트너는 예외였습니다. 세계 최고의 핵물리학자로 널리 알려진 마이트너는 맨해튼 프로젝트에 참여하라는 초대를 받았지만 거절했습니다. 폭탄과 관련된 일을 하고 싶지 않았기 때문입니다.

마이트너는 전쟁 내내 스톡홀름에 머물렀습니다. 월급은 여전히 박봉이었고, 연구소에서 발언권이나 권한도 없었으며, 난민으로서의 생활도 쉽지 않았습니다. 만약 그녀가 맨해튼 프로젝트에 합류했다면 동료 과학자들의 존경을 받고 최고의 인재들과 함께 일했을 것입니다. 재정적 지원도 분명 도움이 되었겠죠. 그녀는 개인적인 경험과 다른 사람들을 통해 나치의 유대인 학대에 대해 알

지워진 천문학자들

고 있었습니다. 아무도 맨해튼 프로젝트에 참여한 과학자들을 막으려는 노력에 기여했다고 그녀를 비난하지 못했을 것입니다. 그럼에도 불구하고 그녀는 평화주의에 대한 확고한 신념을 잃지 않았습니다. "새로 발견된 에너지원이 평화적인 목적으로만 사용되기를 바라며, 폭탄이 발명되어야만 했던 점에 대해 유감스럽게 생각한다"고 말했죠.

한편 1939년 독일에서 한과 KWI는 독일의 핵무기 프로그램인 우라늄 클럽Uranium Club에 징집되었습니다. 그의 팀은 전쟁 동안 핵분열 생성물과 우라늄을 정제하는 방법을 알아내기 위해 노력했습니다. 베를린 외곽 작센 하우젠 강제 수용소의 유대인 노동자들은 우라늄 광석을 채굴해야 했습니다. 1944년, 이 연구소는 독일의 핵프로그램을 방해하려는 연합군의 폭격을 받았습니다. 한의 사무실은 파괴되었고 연구소는 독일 남부로 옮겨졌죠. 한은 결국 1945년 영국군에 체포되어 다른 독일 과학자들과 함께 영국 케임브리지 근처의 비밀 장소인 팜 홀에 수감되었습니다. 그해 8월 히로시마와 나가사키 원폭 투하라는 충격적인 소식이 전해졌습니다. 과학자들은 미국의 원자폭탄 프로그램이 실제로 얼마나 앞서 있는지 전혀 몰랐기 때문에 충격은 더욱 컸습니다.

1945년 11월, 데일리 텔레그래프Daily Telegraph의 헤드라인을 통해 오토 한에게 더 반가운 소식이 전해졌습니다. 스웨덴 한림원은 한해 동안 연기되었던 1944년 노벨 화학상 수상자로 한이 선정되었다고 발표했습니다. 하지만 노벨 위원회는 그의 행방을 알지 못했고 발표 전까지 연락이 닿지 않았습니다. 그래서 그는 다른 사람들과 함께 신문을 읽으며 수상 소식을 알게 되었습니다. 한은 중원자핵의 핵분열을 발견한 공로로 이 상을 단독으로 수상했습니다. 마이트너나 프리슈, 심지어 한의 공저자인 스트라스만도 수상자로 선정되지 못했죠.

스웨덴 왕립 과학한림원은 리제 마이트너의 오랜 과학적 업적과 그가 사회적으로 얼마나 존경을 받는지 알고 있었습니다. 그녀는 마리 퀴리 이후 최초로 노벨 물리학상 후보에 오른 여성이었으며, 핵분열을 발견하기 전에도 13번이나 후보에 올랐었죠. 스웨덴 아카데미는 만네 시그반이 그녀를 지원할 자금이 없다고 하자 스톡홀름 연구소에서 연구비를 지원하기도 했습니다. 하지만 노벨상은 자꾸 그녀의 손아귀에서 벗어났습니다. 그 이유 중 하나는 만네 시그반 때문이었죠. 마이트너는 그와 사이가 좋지 않았습니다. 두 사람의 연구 관심사가 일치하지 않았기 때문입니다. 그리고 시그반은 한의 화학 실험에 초점을 맞춘 반면 마이트너와 프리슈의 물리학 공헌은 경시한 화학 노벨상 위원회 위원으로 활동 중이었습니다. 엄밀히 말하면 바륨 핵분열 생성물에 대한 한과 스트라스만의 논문이 프리슈와 마이트너의 논문보다 먼저 발표되었기 때문에 위원회는 한의 논문에 더 큰 비중을 두는 것이 정당했습니다. 그러나 위원회는 공동에서의 후배 연구자였던 스트라스만 또한 무시했습니다. 마이트너의 난민 신분도 도움이 되지 않았죠. 아이러니하게도 스웨덴이 아닌 다른 나라에 거주했다면 스웨덴 한림원은 그녀를 더 호의적으로 보았을지도 모릅니다.

그리고 마이트너가 여성이라는 점도 명백한 '문제'였습니다. 최초의 노벨상이 수여된 이후 44년 동안 마리 퀴리를 제외한 여성 물리학자는 단 한 명도 수상하지 못했습니다. 오늘날에도 여성의 공헌은 여전히 저평가되고 간과되거나 남성의 공으로 변하고 있습니다. 노벨 위원회는 이러한 상황을 개선하기 위해 노력해왔다고 주장합

지워진 천문학자들

니다. 2021년 노벨 물리학 및 화학상 수상자의 총 집계는 405명(남성 395명, 여성 10명)입니다.

여성의 이름을 딴 원소는 단 두 개입니다. 96번 원소의 이름은 마리 퀴리와 피에르 퀴리의 이름을 딴 큐륨curium입니다. 109번 원소의 이름은 마이트너의 이름을 딴 마이트너륨meitnerium이죠.

주목받지 못한 마이트너

오토 한은 1944년 스웨덴에 가지 못했지만 이듬해 석방된 후 메달을 수령했습니다. 마이트너는 노벨상 시상식과 축하 행사에 참석했지만, 한이 수십 년 동안의 협력에 대해서는 언급하지 않은 채 핵분열에 대해 이야기하는 것을 지켜볼 수밖에 없었습니다. 설상가상으로 그녀는 언론에서 한의 조수 또는 학생으로 잘못 언급되기도 했습니다. 이 상으로 한은 전쟁 이후 독일 국민에게 영웅으로 불리며 더욱 유명해졌죠. 그는 자신을 나치를 지지하지 않고 독일의 핵무기 프로그램이 성공하지 못한 것에 안도하는 선의의 과학자라고 주장했습니다. 이것이 사실이든 아니든 당시로서는 현명한 전략이었으며, 독일 과학자들이 전쟁 후 재기할 수 있는 길을 제공한 것은 분명합니다.

한은 마이트너와의 파트너십에 대해 언급할 때, 항상 전쟁 중에 발표된 연구에서 그녀의 이름을 제외할 수밖에 없었다고 주장했습니다. 그러나 전쟁이 끝난 후조차 그는 핵분열에 대해 이야기할 때 마이트너를 포함시키지 않았습니다. 그는 이 발견이 화학 연구의 결과이며 물리학은 거의 관련이 없다는 프레임을 씌웠죠. 그의 노벨상 수락 연설에서도 친구인 마이트너는 전혀 언급되지 않았습니다.

원칙주의자였던 프리츠 슈트라스만은 리제 마이트너가 핵분열 연구의 진정한 리더라고 계속 주장했습니다. 한이 그에게 노벨상 상금 15만 크로나 중 1만 크로나를 제안했을 때 그는 이를 거절했습니다. 언제나처럼 말을 아꼈던 마이트너는 한의 행동이나 상에 대해 공개적으로 언급하지 않았지만, 사적으로는 한이 '과거를 억압하고 있다'고 지적했습니다. 친구에게 보낸 편지에서 그녀는 이렇게 말했습니다.

'한은 노벨 화학상을 받을 자격이 충분했습니다. 의심의 여지가 없습니다. 하지만 프리츠와 저는 우라늄 핵분열의 과정을 밝히는 데, 즉 우라늄 핵분열이 어떻게 시작되고 그토록 많은 에너지를 생성하는지를 밝히는 데 중요한 기여를 했다고 믿습니다. 그리고 그건 한으로부터 매우 먼 것입니다.'

전쟁 후 카이저 빌헬름 연구소가 해체되자, 한은 큰 실망을 느꼈습니다. 새로운 연구소가 설립될 예정이었으나, 한은 독일 과학의 우수성을 상징하는 이름을 유지하고 싶어 했습니다. 마이트너는 그를 설득하기 위해 편지를 보냈습니다.

'영국인과 미국인 중 최고의 사람들은 전 세계와 독일 자체에 가장 큰 불행을 가져온 이 전통과 결정적인 단절이 있어야 한다는 것을 최고의 독일인들이 이해해 주기를 바랍니다. 그리고 독일인들이 이해한다는 작은 표시로 '카이저 빌헬름 협회'의 이름을 바꿔야 합니다.'

지워진 천문학자들

▲ 1946년 미국을 방문한 리제 마이트너는 해리 트루먼 미국 대통령을 만나고 여성 내셔널 프레스 클럽이 선정한 올해의 여성으로 뽑혔다.

한이 좋아하든 원하지 않든 KWI라는 이름은 사라지고 그 자리에 '막스 플랑크 협회'가 탄생했습니다. 한은 창립 회장이 되었고, 전국의 모든 KWI가 막스 플랑크의 산하에 놓이게 되었습니다. 한의 목표는 독일 과학을 과거의 영광으로 복원하는 것이었고, 그는 자신의 위상을 이용해 이를 실현하려 했습니다. 그의 지도력 아래 나치당과 관련된 많은 과학자들의 기록이 깨끗하게 지워졌죠. 원자폭탄 제조에 관여한 자신의 역할을 속죄하기 위해 한은 핵무기의 위험성에 대해 매우 목소리를 높였고, 남은 생애를 과학의 책임감 있는 활용을 촉구하는 데 바쳤습니다. 한의 리더십 아래 막스 플랑크 연구소는 우수한 연구 센터로 성장하여 오늘날 독일을 대표하는 연구 기관으로 자리 잡았습니다.

마이트너 역시 노벨상을 받지는 못했지만 전쟁이 끝난 후 예상치 못한 명성을 얻었습니다. 그녀는 핵무기 연구를 거부했지만, 대중의 눈에는 나치를 탈출해 나치의 몰락을 불러온 억울한 유대인 여성으로 비쳤습니다. 엘리너 루스벨트Eleanor Roosevelt는 공영 라디오에서 그녀를 인터뷰했습니다. '폭탄의 어머니'라는 별명으로 불리게 된 마이트너는 그 별명에 대해 얼마나 괴로워했을까요? 1946년, 마이트너는 강연을 위해 미국을 방문했습니다. 하버드, 컬럼비아, 프린스턴, 스미스대학 등에서 강연을 하며 가는 곳마다 젊은 여성들에게 영감을 불어넣고 찬사를 받았죠. 아인슈타인, 페르미와 물리학에 대해 토론한 후 영국으로 건너가 슈뢰딩거, 파울리 등 물리학계의 거장들과 함께 시간을 보냈습니다.

1947년, 약 10년 동안 연구 보조원으로 일한 후 마이트너는 스톡홀름의 왕립 공과대학으로 자리를 옮겨 마침내 교수에 준하는 급여를 받는 직책을 맡게 됩니다. 그곳에서 그녀는 스웨덴 최초의 원자로 설계와 건설을 도왔으며, 자신을 받아준 나라의 이 이정표에 자부심을 느꼈습니다. 1949년 스웨덴 시민이 되었지만 오스트리아 시민권을 포기하지 않았습니다. 마이트너는 독일이나 오스트리아로 돌아가지 않았으며, 도덕적 관점에서 볼 때 독일을 더 일찍 떠났어야 했다고 인정했습니다. 그녀는 한, 하이젠베르크, 그리고 독일에 남아있던 다른 독일 과학자들에 대해 맹렬히 비판했습니다. 그녀는 한에게 '당신들은 모두 나치 독일을 위해 일했다'고 비난하는 편지를 썼지만, 한은 이 편지를 받지 못했습니다.

리제 마이트너 교수는 1960년 은퇴할 때까지 스웨덴에 머물렀고, 그 후 친척들과 가까이 지내기 위해 영국으로 이주했습니다. 그녀는 결혼하지 않았습니다. 그녀의 업적에 대한 많은 기사가 쓰여

지워진 천문학자들

▲ 리제 마이트너(오른쪽에서 세 번째에 앉아 있음)가 베를린에서 알베르트 아인슈타인을 비롯한 동료 과학자들에게 둘러싸여 있다.

졌지만 연애 관계에 대한 기록은 없었습니다. 그녀는 매우 사생활을 중시하는 사람이었으며 자서전이나 전기를 쓴 적이 없습니다. 그녀에 관한 책에는 사생활에 대한 언급이 없죠. 오늘날에도 과학계 여성은 자신의 정체성에 대한 모든 측면을 포용하고 수용하는 사치를 누리지 못하는 경우가 많으며, 여성 또는 과학자로 인식되기도 하지만 둘 다 아닌 애매한 존재로 인식되기도 합니다. 마이트너는 젊은 시절 베를린에서 엘리스 슈만Elise Schumann이라는 여성을 만났고, 둘은 매우 친한 친구가 되었습니다. 둘의 관계가 우정 이상의 것이었는지는 확실하지 않습니다.

수줍음이 많지만 따뜻한 성격의 마이트너는 커리어 내내 많은 과학자들과 매우 돈독한 우정을 유지했습니다. 한과의 관계는 다른 어떤 관계보다 항상 더욱 중요하게 남았습니다. 그 모든 일에도 불구하고 마이트너와 한은 어떻게든 남은 여생 동안 친구 관계를 유지할 수 있었습니다. 전쟁은 그들의 삶을 산산조각 냈고, 베를린의 지하 연구실에서 함께 노래를 불렀을 때와는 전혀 다른 상황이었습니

▲ 오토 한과 리제 마이트너는 전쟁 이후 베를린에서 재회했다.

다. 하지만 마이트너는 한이 자신의 업적을 인정하지 않는 것을 그저 그런 문제에 대해 깊이 생각하지 않는 탓이라고 너그럽게 넘겼습니다. 그녀는 독일에 있는 한을 방문했고 특별한 날과 생일을 함께 축하했습니다. 제2차 세계대전 후의 독일은 여전히 그녀에게 씁쓸한 기억으로 가득했습니다. 두 친구는 1949년 독일 물리학회로부터 막스 플랑크 메달을 받았고, 1957년에는 독일에서 과학자에게 수여하는 최고의 상인 '푸르 르 메리트Pour le Mérite' 훈장을 받았습니다. 그리고 1954년 독일 화학학회가 '오토 한 상'을 신설했을 때 첫 수상자가 리제 마이트너가 되어야 한다는 데는 의문의 여지가 없었죠.

오토 한은 1948년에도 마이트너를 노벨상 후보로 추천했지만 번번이 실패했습니다. 마이트너는 일생동안 무려 48번이나 후보에 올랐지만 번번이 고배를 마셨는데, 이는 스웨덴 아카데미 역사상 여

지워진 천문학자들

성 과학자로서는 가장 많은 후보에 오른 기록입니다. 아카데미가 그녀를 인정하지 않은 이유는 여전히 미스터리로 남아있습니다. 아카데미는 1951년 반쪽짜리 시도로 그녀를 회원으로 인정하고 1962년 린다우에서 열린 연례 노벨상 수상자 회의에 그녀를 초대했습니다. 마이트너는 기꺼이 수락했죠.

수많은 명예 학위와 왕립 학회 회원 등 마이트너의 경력 내내 수많은 영예가 계속 이어졌습니다. 1966년에는 한, 스트라스만과 함께 미국 원자력 위원회의 권위 있는 엔리코 페르미 상을 수상한 최초의 여성이 되었습니다. 당시 몸이 너무 아파서 직접 미국으로 가서 상을 받을 수 없었습니다. 그녀의 조카 오토 프리슈가 마이트너를 대신해 상을 받았죠. 수상과 함께 10만 달러의 상금이 수여되었습니다. 마침내 마이트너의 재정적 걱정은 끝이 났고, 오랫동안 그녀를 후원해 온 부모님이 살아 있었다면 안도할 수 있었을 것입니다. 불과 2년 후인 1968년 10월, 리제 마이트너는 89세의 나이로 잠든 채 평화롭게 세상을 떠났습니다. 상심에 빠진 조카 오토는 그녀의 묘비에 다음과 같은 비문을 새겼습니다.

리제 마이트너: 인간성을 잃지 않은 물리학자.

그녀는 오랜 친구인 오토 한이 3개월 전에 사망했다는 사실을 알지 못했습니다.

예외는 규칙을 변화시킨다

저는 2학년 때 전학을 갔습니다. 당시에는 깨닫지 못했지만, 사실 역사적인 사건이었습니다. 정든 학교를 떠나 인도 최고의 남학교에 입학한 최초의 여학생 집단에 합류하게 되었죠. 30명 이상의 남학생으로 구성된 반에서 5명 정도의 여학생 중 한 명이 된다는 사실이 두려웠습니다. 어렸을 때 저는 극심한 수줍음으로 힘들어했습니다. 다행히도 오빠가 저를 대신해 말을 해주곤 했죠. 하지만 이 새 학교에서는 저 혼자였습니다. 특히 무서운 남학생 무리 앞에서 제 자신을 대변해야 한다는 것은 꽤 두려웠습니다. 수업을 잘 따라가기만 하면 자신감이 생길 거라고 생각하며 책 속으로 숨어들었습니다.

놀랍게도 저는 남학생들 못지않게, 아니 그보다 더 잘할 수 있었습니다. 연말에는 상까지 받게 되어 자신감까지 생겼습니다. 선생님께 자랑스럽게 상장을 받으면서 저는 제가 여학생 중 유일하게 상을 받았다는 사실을 깨달았습니다. 상장은 박사 학위나 의학 학위와 같은 화려한 학위증에 주로 사용되는 아름다운 꽃 글씨체로 인쇄되어 있었습니다.

'쇼히니 고스 박사는 그(he)가 학교 시험에서 수상한 공로를 인정받아 이 명예 카드를 수여합니다.'

누군가 급하게 '마스터'라는 단어를 지웠지만 '그he'라는 단어를 대체하는 것을 잊어버린 것이었습니다.

지워진 천문학자들

어머니는 당황하지 않았습니다. 딸도 남자아이들만큼이나 똑똑했으니까요! 그녀는 그 학위를 마치 실제 박사학위인 것처럼 소중히 여기며 다른 귀중한 서류들과 함께 조심스럽게 보관했습니다. 그녀는 지금도 그 증명서를 가지고 있으며 후손을 위해 디지털 형태로 미리 보관해 두었습니다. 저는 성별이 잘못된 상을 받았다고 해서 크게 화를 내지는 않았습니다. 제가 예외라는 사실이 꽤 자랑스러웠거든요. 저는 너무 특이해서 상장을 받지 못했으니까요.

지금 돌이켜보면 예외에 대한 관점이 달라졌습니다. 리제 마이트너는 예외적이었습니다. 하지만 그녀는 예외가 될 필요가 없었을 것입니다. 물리학에서 예외는 결코 규칙을 증명하지 못합니다. 예외는 규칙이 틀렸다는 것을 보여줍니다. 예외는 규칙의 변화를 강제합니다. 그러고 나서 변화한 규칙은 표준이 됩니다.

6

자연의 힘으로

아원자를 포착한 사진가들

인도어 대신, 영어

토마스 배빙턴 매콜리Thomas Babington Macaulay 경은 1834년 겨울 영국에서 인도로 항해에 나섰습니다. 그가 출발하기 얼마 전, 영국 의회는 4명의 위원으로 구성된 인도 위원회의 도움을 받아 왕의 대리인을 인도 총독으로 임명하는 중요한 세인트 헬레나 헌장법St. Helena Charter Act을 통과시켰습니다. 이 법에 따라 윌리엄 벤팅크 경은 폐하의 인도 영토를 책임지는 최초의 총독이 되었습니다. 변호사 출신으로 정치 경험이 풍부한 매콜리 경은 인도 평의회의 법률 위원으로 벤팅크 총독과 함께 일하게 되었습니다.

세인트 헬레나 헌장법이 인도의 통치를 공식화하기 훨씬 전부터 영국 동인도 회사는 동부의 경제를 재정적, 정치적으로 통제하고 있었습니다. 인도의 향신료, 차, 직물, 아편, 부는 영국 제국을 움직이는 경제 엔진이 되었죠. 매콜리 경과 나머지 의회는 영국 제국의 왕관을 밝게 빛나게 하는 임무를 맡았습니다.

바다에서 보낸 4개월 동안 매콜리는 독서에 대한 욕구를 채울 수 있는 충분한 시간이 있었습니다. 그는 프랑스어로 된 볼테르의 여러 권과 일리아드, 오디세이, 그리고 라틴어, 스페인어, 이탈리아어, 영어로 된 다른 작품들을 섭렵했습니다. 언어에 대한 재능은 뛰어났지만, 고대 인도 문헌에 쓰인 언어인 산스크리트어Sanskrit에는 익숙하지 않았죠. 항해하고 인도에 머무는 4년 동안 그는 인도 언어를 배우거나 인도 작가의 책을 읽으려고 노력하지 않았습니다. 1835년에 발표한 교육에 관한 유명한 〈매콜리 의사록Macaulay Minute〉에서 이렇게 밝혔죠.

'나는 이곳과 집에서 동양어에 능통한 사람들과 대화를 나눈 적이 있다. 유럽 도서관의 책꽂이 한 칸만으로도 인도와 아라비아의 토착 문학의 가치를 전부 담을 수 있다는 것은 당연하다. 상상력으로 가득한 작품에서 사실이 기록되고 일반적인 원칙이 조사된 작품으로 넘어갈 때, 유럽인의 대단한 능력은 매우 절대적이라고 할 수 있다.'

매콜리가 벤팅크 총독에게 한 조언은 무엇이었을까요? 바로 인도인을 영어로 교육하라는 것이었죠. 그의 비전은 영어에 능통한 인도인을 여럿 만들어 영국 군주와 신민 사이의 연락책 역할을 하고 제국을 효율적으로 운영하는 데 도움을 주는 것이었습니다. 벤팅크가 1835년에 제정한 교육법은 매콜리의 조언에 큰 영향을 받았습니다. 그 결과 인도 언어와 과학에 대한 재정적 지원은 영어를 기반으로 한 서양 교육에 밀려났고, 현지 지식과 문화보다 서양 사상이 우위에 서게 되었습니다. 실제로 영어는 인도의 주요 언어 중 하나가 되었지만, 주로 부유한 엘리트들 사이에서만 사용되었습니다. 오늘날에도 영어는 인도 사회를 가로지르는 보이지 않는 장벽을 형성하고 있죠.

하지만 이 장은 희망적인 이야기에 관한 것입니다. 영국령 인도의 캘커타Calcutta(현 콜카타Kolkata)에서 태어난 비브하 초우두리Bibha Chowdhuri라는 젊은 여성에게 있어 영어 교육은 그녀를 임페리얼대학의 성스러운 복도로 이끌고 자연의 근본적인 구성 요소를 발견하는 여정의 출발점이 되었습니다.

영국령 인도의 벵골인 학생

저도 초우두리와 같은 벵골 사람이고 콜카타에서 학교를 다녔지만, 학창 시절에는 비브하 초우두리에 대해 들어본 적이 없었습니다. 물리학에 크게 기여했음에도 불구하고 물리학계에서도, 벵골 내에서도 잊혀버린 인물이었죠. 실제로 그녀는 콜카타의 베튠대학을 졸업했지만, 이 대학은 그녀를 주목할 만한 동문 목록에 포함시키지 않았습니다. 1913년에 태어난 초우두리는 저보다 약 60년 전에 콜카타에서 학교를 다녔습니다. 그리 길지 않은 시간처럼 보이지만 그녀의 시대와 저의 시대 사이에 큰 변화가 일어났습니다. 저는 자유로운 인도에서 자랐지만 그녀는 그렇지 못했죠.

그래도 몇 가지 공통점이 있습니다. 제가 콜카타에서 다녔던 고등학교와 마찬가지로 베튠대학도 여학교였습니다. 지금 돌이켜보면 그것이 저에게 얼마나 큰 변화를 가져왔는지 실감합니다. 과학 교실은 안전한 공간이었죠. 몇 년 전 남녀공학 초등학교에서 느꼈던 것처럼 남학생으로 가득 찬 방에서 이방인처럼 느끼지 않아도 되었습니다. 초우두리도 마찬가지였고, 아마도 그것이 변화를 가져왔을 것입니다. 벵골인이라는 공통된 핏줄은 우리 가족이 교육에 큰 가치를 두었다는 것을 의미하는데, 초우두리가 살던 시대에는 특히 과학 분야에서 여학생 교육이 흔하지 않았습니다. 이는 영국과 인도 남성들이 대체로 동의하는 문제 중 하나였는데, 둘 다 여학생의 학교 교육을 크게 강조하지 않았습니다. 결국, 인도에서든 영국에서든 좋은 결혼을 하기 위해 자란 여성은 정규 교육을 받을 필요가 별로 없었기 때문입니다. 그러나 비브하의 어머니 우르밀라 데비Urmila Devi는 딸에게 더 많은 것을 기대했죠.

우르밀라는 1828년에 시작된 힌두교 내 개혁 운동인 브라마 사마지Brahmo Samaj의 선교사의 딸이었습니다. 브라흐마니즘Brahmoism의 중심 이념 중 하나는 여성의 해방과 교육이었습니다. 우르밀라가 부유한 자민다르(지주) 가문의 의사 반쿠 비하리 초우두리Banku Bihari Chowdhuri를 만났을 때, 그녀의 가족은 그가 브라마 사마지의 일원이 되어야만 결혼할 수 있다고 주장했습니다. 반쿠는 이에 동의했고, 두 사람은 결혼하여 셋째 아이 비브하를 포함해 아들 한 명과 딸 네 명을 낳았죠. 다섯 자녀 모두 브라마 교리에 따라 교육을 잘 받았습니다. 당시 여아 교육의 어려움 중 하나는 여성 교사가 부족하다는 것이었지만 이 역시 사마지가 해결하려고 노력한 문제였고, 많은 브라마 여성들이 교사가 되어 교육에 힘을 보태기로 했습니다. 비브하의 여동생 로마Roma는 1890년 콜카타에 설립된 여학교인 브라마 발리카 식샬라야Brahmo Balika Shikshalaya의 교사가 되어 오늘날까지 소녀들을 교육하고 있습니다. 비브하는 더 큰 야망을 품고 있었죠.

지워진 천문학자들

고등학교 때 저는 생물학과 같은 다른 과학보다 물리학 수업을 훨씬 더 선호했는데, 발음하기 어려운 동식물 이름을 외우는 것보다 수학을 이용해 문제 해결책을 찾는 것을 더 좋아했기 때문이었죠. 그래서 학부 과정을 시작할 무렵에는 이미 물리학과 수학을 공부하고 싶다고 생각했습니다. 초우두리 역시 고등학교 졸업 후 물리학을 전공하기로 결정하고 1934년 스코틀랜드 처치대학에서 물리학 학사 학위를 취득했습니다. 이 학위는 그해 말 캘커타대학의 명문 라자바자르 과학대학 캠퍼스에서 물리학 석사과정에 등록하는 디딤돌이 되었습니다.

초우두리가 입학하기 4년 전, 라자바자르대학은 새로운 역사를 만들었습니다. 라만Raman 교수와 그의 제자 크리슈난Krishnan은 빛이 투명한 물질과 상호작용할 때 그 에너지와 방향이 바뀔 수 있다는 사실을 발견했는데, 이 현상을 현재 라만 효과Raman effect라고 부릅니다. 라만은 이 발견이 노벨상을 받을 수 있을 정도로 중요하다고 생각했고, 노벨상을 기대하며 영국 여행까지 예약했습니다. 그의 예상은 적중했죠. 라만 효과는 1930년 노벨 물리학상으로 이어졌고, 라만 효과의 발견자는 모든 과학 분야에서 아시아 최초의 노벨상 수상자가 되었습니다. 주목할 만한 점은 이 업적이 진정한 자생적 성과였다는 점입니다. 당시 영국 제국은 그 자금이 영국 통치에 반대하는 활동을 촉진하는 데 쓰일 것이라는 우려로 인해 대학에 거의 자금을 지원하지 않았습니다. 게다가 영국은 인도를 효과적으로 관리하기 위해 필요한 수준 이상의 고등 교육에는 큰 관심을 기울이지 않았습니다.

식민 정부의 지원 부족에도 불구하고, 라자바자르대학은 저명한 인도인들의 주요 기부 덕분에 명맥을 이어가며 학자들과 교사를 지킬 수 있었습니다. 라만은 변호사 타라크나트 팔릿이 지원하는 팔 릿 교수직을 맡고 있었습니다. 라만의 놀라운 성공 스토리와 물리 학과의 높은 수준은 비브하 초우두리에게 자신의 길을 개척하는 데 필요한 출발점을 제공했습니다. 1936년, 그녀는 물리학 석사학 위를 취득하여 졸업했으며, 24명의 반 친구 중 유일한 여성이자 대 학에서 세 번째로 대학원 학위를 받은 여성이 되었습니다.

뛰어난 보스

영국에서 가장 높은 산인 스코틀랜드의 벤네비스Ben Nevis에 오 르면 사방 수백 킬로미터에 걸쳐 탁 트인 멋진 경치를 감상할 수 있 습니다. 매년 약 15만 명의 등산객이 1.3km 높이의 정상에 오릅니 다. 정상에는 1883년부터 1904년까지 악명 높은 스코틀랜드 날씨 에 대한 데이터를 수집하기 위해 운영되었던 기상 관측소의 흔적이 남아있습니다. 하지만 이 기상 관측소가 끼친 중요한 영향은 1894 년 이곳에서 근무하던 찰스 톰슨 리스 윌슨이 떠올린 아이디어였 습니다. 윌슨은 구름과 안개 속 물체의 그림자 주변에서 가끔 보이 는 아름다운 무지개 후광glories에 매료되었습니다. 실험실 환경에서 이를 재현하고 연구하고 싶었죠.

케임브리지에 있는 캐번디시 연구소에서 그는 밀폐된 유리 용기, 즉 안개 상자cloud chamber에서 따뜻하고 습한 공기를 이용한 실험을 시작했습니다. 그는 이 상자에 X선을 쏘았을 때, 작은 물방울들이 실처럼 남는 것을 관찰했는데, 이는 하늘을 가로지르는 비행기 자 취와 비슷했습니다. 그는 수증기가 용기 내부의 하전 입자 주변에서 물방울로 응축되고 있다는 사실을 깨달았죠. 1911년에 그는 입자 검출기를 통해 양전하를 띤 알파 입자(헬륨 핵)뿐만 아니라 음전하를 띤 전자의 물방울 궤적을 촬영할 수 있었습니다. 이 이미지는 큰 반향을 일으켰습니다. 과학자들은 미세한 입자 발자국을 포착하기 위해 자체적인 안개 상자를 구축하기 시작했습니다.

1932년, 데벤드라 모한 보스Debendra Mohan Bose는 라만의 뒤를 이어 캘커타대학의 물리학 교수로 취임했습니다. 보스 역시 당대 최고의 부유한 벵골 지식인들에 둘러싸인 브라마 가문에서 태어나고 자랐습니다. 아버지의 형인 아난다 모한 보스Ananda Mohan Bose는 케임브리지 대학에서 교육을 받았으며 1876년 인도 최초의 민족주의 단체인 인도민족협회(INA)를 설립한 바 있죠. INA는 훗날 인도 독립 운동에서 중요한 역할을 하게 됩니다. 하지만 데벤드라의 외삼촌인 자가디시 찬드라 보스Jagadish Chandra Bose는 그에게 가장 큰 영향을 끼쳤습니다. 자가디시 보스는 1896년 케임브리지에서 학사 학위를, 유니버시티 칼리지 런던에서 박사학위를 받은 뒤 인도로 돌아와 캘커타대학의 물리학 교수로 재직했습니다.

오늘날 전 세계적으로 가장 잘 알려진 보스라는 이름은 수십억 달러 규모의 오디오 회사를 이끈 인물이거나 힉스 입자의 이름에 붙은 물리학자 사티엔 보스일지도 모릅니다. 그러나 자가디시 보스는 모든 보스들 중에서도 가장 위대한 인물로 평가되며, 1897년에 라디오파를 이용한 통신을 처음으로 시연한 인물이었습니다. 이상주의자였던 그는 자신의 연구로 특허를 내거나 개인적으로 이익을 얻는 것에 반대했습니다. 몇 년 후 굴리엘모 마르코니Guglielmo Marconi는 보스의 발명품을 사용하여 자신의 라디오를 시연했고, 1909년 노벨상과 함께 발명품에 대한 수익성 높은 특허를 받았습니다.

그러나 그는 보스의 기여를 인정하지 않았습니다.

하지만 자가디시 보스는 자신의 공로를 주장하는 데 크게 신경 쓸 사람이 아니었습니다. 그는 광학, 식물학, 생물학, 심지어 공상 과학 분야에도 중요한 공헌을 한 진정한 박식가였습니다. 인도의 실험실 장비는 자금력이 풍부한 서구의 연구실과 비교할 수도 없었지만, 이는 어쩌면 축복일 수도 있었습니다. 보스는 자신의 광범위한 목적에 맞게 조정하고 개선할 수 있는 장비를 직접 발명하고 제작했습니다. 예를 들어, 그는 자극에 대한 유기체의 미세한 반응을 모니터링할 수 있는 식물 성장 측정기를 발명했고, 동물과 식물 조직 사이의 유사점을 밝혀냈습니다. 1901년 런던 왕립학회에서 청중을 대상으로 한 발표에서 자신의 장치를 사용해 독성 용액에 노출된 식물의 죽음의 경련을 실시간으로 모니터링했습니다. 청중은 매료되었죠.

자가디시 보스는 미국에서 반도체 산업이 발전하기 반세기 전에 밀리미터 길이의 마이크로파를 최초로 발견하고 연구했으며, 반도체 재료를 사용하여 전파 탐지기를 만들었습니다. 놀랍게도 그가 만든 마이크로파 부품 중 상당수는 오늘날에도 여전히 정상적으로 작동하고 있으며, 그의 설계는 현대 전파 망원경에서도 사용되고 있습니다.

보스는 다양한 연구를 수행했지만, 특히 과학 교육을 자신의 주된 소명으로 여기며 콜카타에 보스 연구소를 설립하고 20년 동안 소장으로 재직했습니다. 처남이 갑작스럽게 세상을 떠나자 자가디시 보스는 조카 데벤드라 모한을 교육시켰습니다. 데벤드라는 삼촌의 멘토링으로부터 큰 도움을 받았죠. 1906년 캘커타대학에서 물리학 석사 학위를 취득한 그는 삼촌과 함께 생물물리학 연구를 한

지워진 천문학자들

동안 수행한 후 1907년 견문을 넓히기 위해 해외로 떠났죠.

자연스럽게 데벤드라는 케임브리지대학을 방문했습니다. 이 무렵 케임브리지 사람들은 보스 가문 모두가 예외적이라고 생각했을 것이고, 데벤드라도 실망시키지 않았죠. 그 역시 유명한 캐번디시 연구소에서 일하면서 상징적인 안개 상자 입자 탐지기의 발명가인 C.T.R. 윌슨Wilson을 만났습니다. 윌슨의 연구는 보스의 향후 연구 경력에 큰 영향을 미쳤습니다. 1912년 런던의 로열칼리지에서 물리학 학위를 취득한 후 인도로 돌아온 보스는 곧 캘커타대학에서 교수직을 제안받았습니다. 여행 펠로우십을 통해 1914년 유럽으로 돌아가 2년간 베를린을 방문할 수 있었지만, 세계대전이 발발하면서 5년 동안 머무를 수밖에 없었습니다. 여분의 시간은 윌슨의 안개 상자 설계를 개선할 수 있는 기회를 제공했죠. 그는 새로운 검출기를 사용하여 실험실에서 알파 방사선에 의해 생성된 양성자의 궤적을 최초로 사진으로 찍었습니다. 전쟁이 끝날 무렵, 아이러니하게도 인도 출신의 영국 신민이었던 그는 독일에서 하인리히 루벤스와 독일 물리학의 거장인 노벨상 수상자 막스 플랑크의 공동 지도 아래 박사 학위를 취득했습니다.

데벤드라 보스는 1919년 캘커타대학으로 돌아와 물리학 교수직을 계속 수행했습니다. 그와 그의 학생들은 안개 상자를 사용하여 핵 및 입자 물리학에 중요한 새로운 공헌을 했습니다. 또한 화합물의 자기 특성을 탐구하고 자신의 이름을 딴 새로운 자기 효과를 발견하기도 했습니다. 삼촌인 자가디시와 마찬가지로 그는 네이처지에 12편의 논문을 발표하는 등 세계 최고의 저널에 자신의 연구를 발표했습니다. 그중 4편의 논문은 그의 연구 협력자였던 아내의 사촌 비브하 초우두리와 공동 집필했죠.

초우두리는 1936년 석사 학위를 마친 후 보스의 연구팀에 합류해 달라고 요청받았습니다. 처음에 보스는 망설였습니다. 그 역시 여성의 능력에 대한 성차별적 태도에서 자유로울 수 없었기 때문입니다. 하지만 초우두리는 끈질기게 설득했고, 가족 관계도 도움이 되었을 것입니다. 결국 그는 허락했고, 초우두리는 캘커타대학에서 보스의 팀에 합류하여 입자물리학 연구에 집중했습니다. 2년 후인 1938년, 보스의 사랑하는 삼촌인 자가디시가 사망했는데, 자가디시 보스의 조카이자 멘티인 데벤드라 보스 말고 보스 연구소의 소장을 대신할 만한 사람이 누가 있을까요? 그래서 데벤드라 보스는 캘커타대학을 떠나 보스 연구소의 소장이 되어 인도 최고의 연구 기관에서 인도 청소년을 교육하겠다는 삼촌의 원대한 비전을 이어나가기 시작했습니다. 비브하 초우두리를 비롯한 그의 연구팀도 그를 따랐습니다. 초우두리는 보스와 함께 대기 중 고에너지 입자를 탐지하는 연구에 착수했습니다. 문제는 보스가 설계한 안개 상자가 이 작업에 적합하지 않다는 것이었습니다. 새로운 접근 방식이 필요했죠.

입자 추적기

안개 상자는 원자보다 작은 세계를 밝혀준다는 점에서 흥미진진했습니다. 하지만 안개 상자는 상당한 도전 과제도 안고 있었습니다. 이미지를 포착하려면 카메라를 정확히 위치시키고 초점을 맞춰야 했고, 입자 궤적을 적절한 타이밍에 포착하기 위해 반복해서 사진을 찍어야 했습니다. 적절한 타이밍에 궤도를 포착하기 위해 반복적으로 사진을 찍어야 했습니다. 궤적의 해상도는 몇 밀리미터에 불과했고, 장치 전체는 이동이 쉽지 않아 다른 장소에서 입자를 탐지하기도 어려웠습니다. 하지만 오스트리아에서 마리에타 블라우Marietta Blau라는 여성이 개발한 또 다른 매우 유망한 기술이 있었죠.

1894년에 태어난 블라우는 비브하 초우두리와는 다른 세계인 비엔나에서 자랐습니다. 그러나 두 사람의 삶과 커리어는 모두 통제할 수 없는 힘에 의해 영향을 받았고, 물리학 탐구는 예측할 수 없는 방식으로 교차했습니다. '에타Etta'라는 애칭의 어린 마리에타는 비엔나의 예술, 문화, 음악에 둘러싸인 부유한 유대인 가정에서 자랐습니다. 아버지는 예술을 즐기는 변호사였고 어머니의 오빠는 구스타프 말러Gustav Mahler 같은 작곡가들의 악보를 내는 유명 음악 출판사를 운영했습니다. 마리에타는 평생 클래식 음악에 대한 열렬한 애호가로 남았죠.

비브하 초우두리와 저처럼 마리에타도 여고에 다녔고, 1914년 우수한 성적으로 졸업 시험을 통과했습니다. 그해 전쟁이 발발하면서 남자들이 전쟁에 참전하는 동안 여성들에게도 대학에서 공부할 수 있는 기회가 주어졌습니다. 마리에타는 비엔나대학의 물리학 프로그램에 등록했습니다. 당시 인근의 라듐 연구소는 세계 최대 규모의 라듐 저장고를 보유하고 있었으며 방사능 연구의 선도적인 중심지였습니다. 마리에타는 이 연구소의 실험실 수업에서 처음으로 연구를 접한 후 감마선에 대한 박사 연구를 시작했습니다. 그녀는 이전 관측에서 발견한 감마선 흡수에 대한 일부 이상 현상을 설명하는 데 도움이 되는 고에너지 방사선 과정을 발견했습니다. 이 결과는 제국 과학 아카데미 회보에 발표되었고, 1919년 마리에타는 박사 학위를 받았습니다.

　블라우는 리제 마이트너와 마찬가지로 오스트리아에서 여성에게 학문의 문이 닫혀 있다는 사실을 곧 깨달았습니다. 그래서 그녀는 마이트너의 발자취를 따라가기 위해 1921년 베를린으로 떠났습니다. 마이트너는 학계에서 무급으로 일할 수 있었지만 블라우는 산업계에서 일할 기회를 찾기로 했습니다. 블라우는 엑스레이 튜브 제조업체인 퓌르슈테나우 에펜스Furnstenau, Eppens and Co.에 취직했습니다. 업무는 만족스러웠고 급여도 괜찮았지만 긴 근무 시간은 그녀를 지치게 했습니다. 1922년, 그녀는 사직하고 프랑크푸르트대학 의학물리연구소의 조교수로 자리를 옮겼습니다. 여성이 이러한 직책에 임명되었다는 것은 성장하는 방사선 물리학 분야에서 블라우의 기술적 전문성을 입증하는 것이었습니다. 그녀는 의사와 박사 과정 학생들에게 엑스레이 사용법을 교육하고 방사선의 특성과 효과에 대한 연구 논문을 발표했습니다.

　블라우 교수는 뛰어난 경력을 쌓아가고 있었습니다. 하지만 가족과 고국이 그리워졌죠. 1923년, 블라우는 병든 어머니를 돌보기 위해 비엔나로 돌아왔습니다. 비엔나는 완전히 달라졌습니다. 반유대주의가 기승을 부리고 있었고 학계 역시 증오와 공포의 분위기에서 자유롭지 못했죠. 가톨릭 학생 연합은 오스트리아대학이 기독교 문화의 중심이 되어야 한다며 성명을 발표했습니다.

　"우리는 우리 자신을 보호하고 우리를 침범하는 모든 기생충을 막아야 합니다."

　　　　　　　　　　　　　지워진 천문학자들

▲ 마리에타 블라우는 비엔나의 라듐 연구소에서 일
하면서 코스마이크로선을 감지하는 사진 에멀전
방법을 개발했다.

이 성명은 미래의 오스트리아 총리가 될 엥겔베르트 돌푸스En-
gelbert Dollfuss의 작품이었죠.

이러한 분위기 속에서 유대인 여성인 블라우가 업무 경험과 입
증된 연구 능력에도 불구하고 학자 지위에 대한 전망이 없는 것은
놀라운 일이 아니었습니다. 하지만 라듐 연구소는 배경에 관계없이
모든 연구원을 친절하게 대하고 지원하여 많은 사랑을 받았던 스
테판 마이어가 운영했습니다. 이 연구소에는 여러 명의 여성이 자
원봉사로 일하고 있었고 블라우도 무급 연구원으로 합류했습니다.
그렇게 해서 그녀는 연구를 계속할 수 있었고, 이는 연구소의 연구
방향과도 잘 맞았습니다. 마이트너와 마찬가지로 이 기간동안 그녀
를 재정적으로 지원한 것은 가족이었습니다. 연구소의 한스 페테르
손Hans Pettersson은 핵반응에서 방출되는 양전하를 띤 양성자를 효
율적으로 검출할 수 있는 방법을 찾고 있었습니다. 그는 블라우에
게 이러한 입자를 검출하기 위해 사진 에멀전을 사용해 볼 것을 제
안했습니다.

스마트폰으로 언제 어디서나 쉽게 사진을 찍을 수 있는 요즘, 디지털 카메라가 나오기 이전에 사진을 촬영하는 것이 얼마나 수고스러운 일이었는지 잊어버리기 쉽습니다. 1900년대 초에 흑백 사진을 찍으려면 여러 단계를 거쳐야 했습니다. 빛에 민감한 특수 화학물질 에멀전을 유리판(플라스틱 필름)에 코팅했습니다. 블라우가 실험을 시작할 당시 이 에멀전은 젤라틴에 브롬화은 결정으로 이루어져 있었습니다. 빛이 유리판에 닿으면 결정이 분해되어 유리판의 각 부분에 닿은 빛의 양에 대한 흔적을 남겼죠. 이 보이지 않는 이미지는 다른 화학 물질을 사용하여 분해된 은을 고정하고 노출되지 않은 결정을 제거하여 현상할 수 있었습니다. 그 결과 은이 더 많은 부분(에멀전에 더 많은 빛이 닿은 부분)은 더 어둡고 그렇지 않은 부분은 더 밝은 이미지가 판에 나타났습니다. 조명이 더 많이 비추는 영역이 더 어둡고 그 반대의 경우도 마찬가지였기 때문에 이것은 '네거티브'였습니다. 네거티브를 통해 감광지에 빛을 투사하여 사진을 만들 수 있습니다.

사진은 우리 주변의 눈에 보이는 세상을 기록하기 위해 발명되었지만, 우리 눈으로 볼 수 없는 세상을 포착하는 데에도 똑같이 유용한 것으로 밝혀졌습니다. 1895년 빌헬름 뢴트겐은 X선이 사진 에멀전을 어둡게 만들 수 있다는 사실을 발견했고, 이듬해 앙리 베크렐은 같은 기술을 사용하여 우라늄에서 보이지 않는 방사선을 검출했습니다. 어니스트 루스포드 연구팀은 당시 사용 가능한 표준 사진판을 사용하여 핵분열로 인한 방사선을 검출하는 데 이 방법을 사용하기 시작했습니다. 비엔나 라듐 연구소의 빌헬름 미흘 Wilhelm Micle도 에멀전을 활용하는 방법을 사용하여 알파 입자를 검출하는 연구를 수행했지만, 그는 전쟁에서 돌아오지 못한 많은 사

지워진 천문학자들

람 중 한 명이 되었습니다. 이 프로젝트는 마리에타 블라우가 연구소에 도착하기 전까지 10년 동안 유휴 상태로 방치되었습니다.

다양한 유형의 입자를 검출하기 위한 에멀젼의 감도는 결정의 크기, 젤라틴의 양, 추가 화학 물질의 사용, 검출할 입자의 특성 등 여러 요인에 따라 달라졌습니다. 블라우는 다양한 입자가 에멀젼에 미치는 영향을 탐구하기 시작했습니다. 1924년부터 1931년까지 연구 결과에 대한 12편의 논문을 발표했으며, 대부분의 논문을 혼자서 작성하고 일부는 연구소의 여성들과 함께 작성했습니다. 그녀는 데벤드라 보스가 안개 상자를 이용해 양성자를 검출했다는 소식을 듣고 에멀젼을 이용해 양성자를 추적할 수 있을지 궁금해했습니다. 그녀는 에멀젼의 원자에 알파 입자가 남긴 흔적이 양성자가 남긴 흔적보다 간격이 더 멀다는 것을 발견했습니다. 이를 통해 두 가지 유형의 입자를 구분할 수 있는 방법을 찾았습니다.

별의 붕괴

알파 입자와 양성자처럼 마리에타 블라우와 그녀의 제자 헤르타 밤바허Hertha Wambacher는 비슷하지만 달랐습니다. 두 사람 모두 비엔나의 같은 여학교를 졸업했지만, 작고 검은 머리의 블라우와 키가 크고 금발인 밤바허는 기묘한 커플처럼 보였죠. 하지만 적어도 처음에는 두 사람이 함께 작업하는 데 방해가 되지 않았습니다.

밤바허는 1928년 블라우의 지도 아래 박사학위 연구를 시작했습니다. 이들은 에멀젼에 다른 유형의 방사선에 대한 민감도를 낮추는 화학 물질을 추가하여 알파 입자와 양성자의 검출을 개선하는 방법을 연구했습니다. 그 과정에서 그들은 사진 에멀젼을 사용하여 중성자를 검출할 수 있는 최초의 과학자가 되었습니다. 1932년 박사 학위를 받은 밤바허는 이후 6년 동안 멘토인 블라우와 함께 일했습니다.

두 사람의 연구는 과학계는 물론 사진계의 주목을 받았고, 비엔나 사진협회는 업적을 기리기 위해 메달을 수여했습니다. 1932년 블라우는 오스트리아 여대생협회로부터 펠로우십을 받아 독일 괴팅겐대학을 방문했습니다. 가는 길에 영화 및 카메라 회사의 초청을 받아 라이프치히에 위치한 아그파에 들렀습니다. 그녀는 아그파의 제조 시설을 둘러보고 생산 및 테스트 방법에 큰 감명을 받았습니다. 괴팅겐대학에서 몇 달 동안 결정과 관련한 물리학을 연구한 후 잠시 파리를 방문하여 마리 퀴리와 그녀의 딸 이렌, 사위 프레데리크 졸리오퀴리와 함께 연구했습니다.

블라우는 1933년 여름에 독일로 돌아갈 계획이었지만 그해 1월에 히틀러가 집권했습니다. 블라우는 신중하게 계획을 취소하고 대신 나치당이 아직 금지되어 있던 비엔나로 돌아갔습니다. 그녀와 밤바허는 생산적인 연구 프로그램을 재개하고 그 후 5년 동안 에멀젼 활용 방법에 관한 논문을 수십 편 더 발표했습니다. 1937년 두 사람은 이 공로로 비엔나 과학 아카데미에서 수여하는 리벤상을 공동으로 수상했습니다. 1865년에 제정된 이 상은 오스트리아의 노벨상으로 불리며, 노벨상보다도 역사가 길었습니다. 이전에 이 권위 있는 상을 받은 여성은 단 한 명, 바로 리제 마이트너였죠. 블라우와 밤바허 이전에는 여성으로 구성된 팀이 이 상을 수상한 적이 없었고, 그 이후에도 수상자는 없었습니다. 그리고 그들의 최고의 작품은 아직 오지 않았습니다.

지워진 천문학자들

스코틀랜드의 한 산은 찰스 윌슨이 구름 상자를 개발하게 한 계기가 되었고, 오스트리아의 또 다른 산은 마리에타 블라우와 헤르타 밤바허가 인생의 가장 큰 발견을 하게 된 배경이 되었습니다. 이들은 인스브루크대학의 빅토르 헤스Victor Hess의 도움을 받아 획기적인 발견을 이뤄냈습니다. 헤스는 1911년부터 1920년까지 이 연구소에서 스테판 마이어와 함께 근무했습니다. 그곳에서 그는 대기 중 방사선을 측정하는 장비를 개발했습니다. 그 후 그는 풍선에 장비를 싣고 목숨을 걸고 해발 5km 상공까지 올라가 대기 중 방사능을 측정했죠. 그의 헌신은 결실을 맺어 처음에는 고도가 높아질수록 방사선의 양이 감소하다가 약 1km 고도를 넘어서면 방사선의 양이 크게 증가한다는 사실을 발견했습니다. 그는 심지어 일식 중에도 방사선을 측정하여 이 방사선이 모두 태양에서 오는 것은 아니라는 것을 알게 되었습니다. 그는 이 추가 방사선이 우주 공간에서 지구 대기를 강타하는 것이 틀림없다고 결론지었습니다. 미국의 물리학자 로버트 밀리컨Robert Millikan은 이 방사선을 '우주선cosmic rays'이라고 불렀습니다. 빅토르 헤스는 이 발견으로 1919년 리벤상을, 1936년에는 노벨물리학상을 수상했습니다.

마리에타 블라우는 자신의 사진 에멀전을 사용하여 우주선을 감지하고자 했습니다. 1937년 그녀는 헤스에게 오스트리아 하펠레카르 산에 있는 우주선 관측소에 사진판을 설치할 수 있게 해달라고 요청했습니다. 헤스는 이에 동의했고 블라우와 밤바허는 몇 달 동안 천문대에서 사진판을 노출시켰죠. 그들은 충격적인 사실을 발견했습니다. 곧바로 고에너지 양성자에 의한 에멀전의 매우 긴 궤적을 관찰했다고 네이처지에 논문을 발표했죠. 그러나 가장 흥미로운 발견은 완전히 새로운 이미지, 즉 한 지점에서 서로 다른 길이의

▲ 블라우의 제자인 헤르타 밤바허는 우주 광선에 의한 핵분열의 증거인 별의 붕괴를 공동 발
견했다.

여러 궤적이 퍼져나가는, 마치 작은 '별'처럼 보이는 입자 궤적을 발
견한 것입니다. 그들은 이러한 별 형태를 이렇게 설명했습니다. "이
현상은 우주선에 의한 원자의 붕괴 과정으로 보입니다."

　블라우와 밤바허는 우주선이 충돌할 때 원자핵이 다른 입자로
붕괴되는 모습을 최초로 관찰했습니다. '붕괴하는 별'에 대한 소문
은 물리학계에 빠르게 퍼져나갔습니다. 과학자들은 오랫동안 고에
너지 입자를 충돌시켜 무거운 원자핵의 구조를 조사하려고 노력해
왔습니다. 그러나 핵을 분해하는 데 필요한 극한의 에너지는 실험
실에서 쉽게 구할 수 없었습니다. 고에너지 우주선은 이러한 연구
를 위한 최선의 선택이었습니다. 그리고 블라우와 밤바허는 실험실
밖에서도 이러한 고에너지 핵과정을 기록하고 분석할 수 있는 실현
가능한 방법을 제공했습니다. 입자물리학 분야는 지구의 상층 대
기권에서 탄생한 것입니다.

　　　　　　　　　　　　　　　지워진 천문학자들

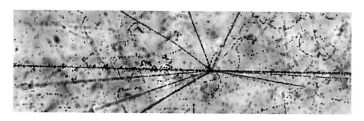

▲ 1937년 마리에타 블라우와 헤르타 밤바허는 핵이 붕괴할 때 사진판에 포착된 별 모양의 궤적을 처음으로 관찰했다.

　별의 붕괴를 발견한 두 사람은 물리학계의 슈퍼스타가 되었습니다. 모두가 새로운 기술의 잠재력에 관심을 가졌습니다. 두 명의 여성 물리학자로 구성된 팀이 이렇게 높은 평가를 받은 적은 없었습니다. 볼프강 파울리, 한스 베테, 알베르트 아인슈타인 등 물리학계의 거장들이 이 발견에 대해 논의하는가 하면, 유럽을 방문했을 때 C.V.라만은 이미지에 매료되어 에멀전 플레이트를 인도에 가져가 자신의 연구 프로그램을 시작했죠. 블라우는 놀라운 성공에 힘을 얻어 대기 중 핵 과정을 추가로 연구할 큰 계획을 세웠습니다. 1937년 가을, 블라우는 런던 임페리얼대학의 화학자 프리드리히 파네트Friedrich Paneth에게 편지를 보내 공동 작업을 요청했습니다. 파네트의 풍선 비행에 사진판을 보내고 싶어했고, 파네트는 이에 동의했습니다. 한편 독일에서 베르너 하이젠베르크는 우주선이 대기 원자와 충돌하는 문제에 양자이론을 적용하고 그 과정에서 수많은 입자가 방출될 것을 예측했습니다. 에멀전 방법은 그 모델을 테스트할 수 있는 방법을 제공했습니다. 하지만 당시 독일은 위험한 정치적인 길을 걷고 있었고 마리에타 블라우의 발견은 곧 붕괴될 위기에 처해 있었습니다.

　연구소에서 여성으로 일한다는 것만으로도 이미 어려운 일이었지만, 유대인이라는 점은 상황을 훨씬 더 어렵게 만들었습니다. 오스트리아와 연구소의 반유대주의는 급속도로 커지고 있었습니다. 연구소의 많은 과학자들은 공공연하게 편견을 가지고 있었습니다. 그리고 블라우의 가장 가까운 협력자였던 헤르타 밤바허는 나치당(NSDAP)의 초기 멤버로 가입했고, 블라우와 함께 수년간 성공적인 연구를 했지만 유대인에 대한 편견을 버리지 않았습니다. 1938년까지 두 사람의 협력 관계는 더 이상 지속될 수 없었죠.

본래 과묵한 성격의 블라우는 과학적 토론을 제외하고는 불평하지 않았습니다. 연구소의 친나치 세력에게 자신과 다른 유대인 과학자들을 표적으로 삼을 구실을 제공하는 것보다 낫다는 것을 잘 알고 있었기 때문입니다. 하지만 오슬로에서 온 방문 과학자 엘렌 글레디치Ellen Gleditsch 박사는 블라우의 입장이 얼마나 위태로운지 알아차렸습니다. 그래서 글레디치는 블라우를 노르웨이로 초청하여 그녀를 출국시키기 위한 구실을 만들기로 했죠. 블라우는 초대를 수락했지만 여러 가지 이유로 몇 차례 방문을 연기했습니다. 마침내 1938년 3월 12일, 블라우는 비엔나를 떠났습니다. 너무 이른 시기는 아니었죠. 그날은 독일이 오스트리아를 병합한 안슐루스의 날Anschluss로, 오스트리아 전역에서 유대인에 대한 공포와 폭력을 촉발했습니다. 떠나면서 마리에타 블라우는 독일군이 도시로 진군하는 모습을 보고 다시는 돌아갈 수 없을지도 모른다는 사실을 깨달았습니다.

노르웨이에서 홀로 충격에 빠진 블라우는 다음 행보를 고민했습니다. 어머니가 아직 비엔나에 계셨고 건강이 좋지 않았기 때문에 상황은 복잡했습니다. 이제 해야 할 일은 무엇일까요? 오슬로에는 초대에 의한 단기 방문 목적으로 왔지만, 그녀는 노르웨이 체류 허

지워진 천문학자들

가를 연장하고, 오스트리아 여권이 더 이상 유효하지 않아 독일 여권을 발급받을 수 있었습니다. 하지만 어디에서 일할 수 있을까요? 당시 독일에서는 아리아인만 고용한다는 정책으로 인해 대략 7명 중 1명 꼴로 물리학자가 해고당했습니다.

결국 다른 유대인 물리학자의 도움이 이어졌습니다. 1938년 알버트 아인슈타인은 멕시코에서 강연 초대를 받았지만 개인 사정으로 초대를 거절했습니다. 대신 그는 강연 기금으로 마리에타 블라우를 고용할 것을 제안했습니다. 그는 동료에게 편지를 보내 블라우의 사정을 설명하고, "매우 재능 있고, 적당한 자원만 있으면 어느 곳에서 든 과학계에 불을 지필 수 있는, 가치 있는 여성 물리학자"를 위한 자리가 있는지 물었습니다. 아인슈타인이 그렇게 높이 평가한 사람을 누가 거절할 수 있었을까요? 곧 블라우는 멕시코시티 공과대학 교수 자리를 제안받았습니다. 그리고 다행히도 그녀의 어머니는 오스트리아에서 출국 허가를 받았습니다.

1938년 10월, 마리에타 블라우는 어머니를 만나기 위해 체펠린 비행선[5]을 타고 런던으로 향했습니다. 여정 중 독일 함부르크에서 잠시 멈췄지만, 블라우처럼 독일 외부에서 탑승한 국제 승객들은 체포 위험이 없었습니다. 몇 년 후, 그녀는 친한 친구에게 자신의 소지품이 수색당하고 모든 연구 자료가 압수되었다는 사실을 털어놓았습니다. 하지만 런던으로 계속 갈 수 있었죠. 그녀는 자신의 연구 자료가 오스트리아에 있는 옛 연구소의 헤르타 밤바허에게 전달되었다고 생각했습니다. 밤바허와 절친한 동료 게오르그 스테터

---

5   20세기 초 독일의 경식 비행선이다. 승객 수송 외에 전쟁 시 폭격, 정찰 등 군사 목적으로도 운행했다. 편집자주

Georg Stetter는 사진 촬영 방법에 대한 연구를 계속했고, 곧 블라우가 계획했던 연구와 매우 유사한 연구를 발표했지만 블라우에 대한 언급은 거의 하지 않았습니다. 이제 그들은 입자 사진 촬영 기법과 물리학 연구에서 블라우의 역할을 축소하며 자신의 공로라고 주장할 수 있게 되었습니다.

1939년, 헤르타 밤바허는 대학 교수직을 맡을 자격이 주어지는 하빌리타치온Habilitation 인증을 받았습니다. 연구소의 동료이자 나치 지지자였던 게오르그 스테터, 게르하르트 키르쉬Gerhard Kirsch, 구스타프 오르트너Gustav Ortner도 1938년 이후 나치의 추종자로 활동하며 좋은 성과를 거두었습니다. 게오르그 스테터는 새로운 중성자 연구소의 소장이 되어 우라늄 핵분열에서 방출되는 에너지를 정밀하게 측정하는 연구를 주도했습니다. 키르쉬는 제1물리연구소의 소장이 되었고, 오르트너는 혁신적인 지도자였던 슈테판 마이어가 해임된 후 방사능 연구소의 소장직을 맡았습니다. 오스트리아의 물리학은 이전과는 완전히 달라졌습니다.

마리에타 블라우가 런던에서 어머니를 만난 후 두 사람은 대서양을 건너 멕시코에서 새로운 삶을 살기 위해 항해에 나섰습니다. 같은 해 제네바에서 열린 국제연맹 총회에서 멕시코 정부는 공식적으로 독일의 오스트리아 침공과 합병을 규탄하며 항의했습니다. 멕시코의 공식적인 항의에 동참한 나라는 없었죠. 1942년 독일 U보트가 멕시코 유조선을 침몰시키자 멕시코는 추축국에 선전포고를 했습니다.

지워진 천문학자들

예상치 못한 발견

　블라우가 북미로 항해하는 동안 대기 입자를 관측하는 새로운 기술에 대한 소식이 인도에 전해졌습니다. 사실 뭄바이의 한 과학자 그룹은 1935년부터 사진 에멀젼을 우주선에 노출시켜 핵분열로 인한 별 모양의 궤적을 관찰한 바 있었습니다. 블라우와 밤바허의 논문으로 인한 파장을 본 그들은 1938년 네이처지에 자신들의 초기 발견을 설명하는 결과를 신속하게 발표했습니다. 그러나 그때는 블라우와 밤바허의 논문이 널리 알려진 후였고 별 모양을 최초로 관측했다는 주장은 대부분 무시당했습니다. 유럽 중심부가 아닌 인도에 기반을 둔 것도 도움이 되지 않았죠.

　캘커타의 반대편에 있는 데벤드라 보스와 비브하 초우두리는 보스의 구름 상자를 벗어나 사진 유제를 사용해 대기 입자를 연구하기로 결정했습니다. 사진 기법의 장점을 인식한 것이죠. 수개월에 걸친 장시간 노출을 통해 안개 상자의 범위를 벗어난 희귀한 핵반응을 연구할 수 있었습니다. 초우두리는 블라우와 밤바허가 관측에 사용했던 것과 동일한 일포드사의 특수 코팅된 'R2 하프톤' 유제판을 사용하기로 결정했습니다. 다시 한번 입자 물리학의 놀라운 새로운 발견이 산악 지역에서 이루어졌는데, 이번에는 인도에서 영국인들이 즐겨 찾는 여름 휴양지인 산다크푸와 다르질링에서 이루어졌습니다.

　보스와 초우두리는 1940년부터 1942년까지 네이처지에 4편의 논문을 연달아 게재했는데, 최고 연구자들의 수준 높은 논문도 거절했던 저널의 명성과 역사를 고려하면 놀라운 숫자였습니다. 이 경우 연구의 질과 중요성에 대해서는 의심의 여지가 없었죠. 논문은 에멀전에 기록된 궤적에 대한 분석을 설명했습니다. 초우두리가 유제 판을 검사하던 중, 일부 궤적이 양성자나 알파 입자가 남긴 비교적 직선 궤적보다 더 많이 휘어진 것을 발견했습니다. 두 연구원은 곡률의 양을 사용하여 궤적을 형성한 입자의 질량을 계산하는 방법을 고안해냈습니다. 입자의 질량이 작을수록 트랙의 곡선이 더 커졌습니다. 연구진은 곡선을 유도하는 입자의 평균 질량이 양성자보다 작지만 전자 질량의 약 200배에 달하는 것으로 추정했습니다. 이 입자는 중간 질량 입자인 '중간자'였습니다.

보스와 초우두리는 새로운 입자의 발견이라는 흥미로운 성과에도 불구하고 연구를 중단해야 했습니다. 추가 연구를 위해서는 더 정확한 측정이 필요하다고 생각했기 때문입니다. 즉, 맞춤형 에멀전을 사용한 더 나은 사진판이 필요했습니다. 그러나 전쟁 중에는 개선된 인화판을 구하거나 비용을 지불할 방법이 없었습니다. 연구 중단 결정은 아마도 주 연구자였던 보스가 내렸을 가능성이 높지만, 그 과정에 대한 기록은 남아 있지 않습니다. 어쨌든 초우두리는 다른 프로젝트로 넘어갈 수밖에 없었습니다. 4편의 네이처 논문과 기타 여러 논문 발표를 앞두고 있던 초우두리는 인도의 제한된 연구 범위를 뛰어넘을 준비가 되어 있었습니다. 그녀는 박사 학위를 받기 위해 영국으로 가기로 결정했습니다.

한편, 1939년 영국 브리스톨대학에서 세실 파월Cecil Powell은 블라우와 초우두리가 사용한 사진판을 제조한 일포드Ilford와 협력하기 시작했습니다. 그 역시 블라우와 밤바허의 획기적인 성과에 대해 들어본 적이 있었고, 대기 입자를 감지하기 위해 개선된 핵 에멀전을 사용하는 데 관심이 있었습니다. 전쟁으로 인해 몇 년 동안 연구가 중단되었지만 1945년 이후 본격적으로 연구를 재개하면서

지워진 천문학자들

수많은 젊은 여성들을 고용해 사진판을 스캔하여 흥미로운 궤적을 찾아냈습니다(이 여성들은 '세실의 미녀 합창단Cecil's beauty chorus'이라는 별명을 얻었죠). 1947년, 그는 일포드에서 제공한 개선된 사진판에 사용하여 보스와 초우두리가 개발한 방법을 적용하여 중간 질량 입자를 식별했습니다. 하지만 초우두리의 연구와 달리, 그의 연구는 큰 반향을 일으켰습니다.

개선된 사진판 덕분에 파월의 팀은 두 가지 유형의 중간자(메손, 현재는 메소트론으로 불림)를 명확하게 식별할 수 있었습니다. 그들은 파이 중간자 또는 파이온이라고 부르는 1차 메손이 2차 뮤우 mu(뮤온) 중간자로 붕괴하는 것을 발견했죠. 파이 중간자의 발견은 매우 큰 사건이었습니다. 1935년에 발표된 논문에서 존재할 것으로 예측된 입자였기 때문입니다.

강력한 힘

당시 핵물리학의 가장 큰 미해결 문제 중 하나는 원자핵을 어떻게 유지시키는가였습니다. 원자핵 내부의 양전하를 띤 양성자들은 서로 밀어내야 하는데, 이 양성자와 중성자를 핵 안에서 묶어두는 매커니즘은 무엇일까요? 메커니즘은 무엇일까요? 하이젠베르크와 페르미 등 당대의 저명한 물리학자들이 이 문제를 연구하던 중, 우주는 무명의 일본 과학자 유카와 히데키Yukawa Hideki에게 해답을 보여주었습니다. 유카와는 새로운 이론에서 강한 핵력이라고 부르는 완전히 새로운 유형의 힘을 제안했습니다. 이 인력은 핵 내부의 양성자 사이의 반발력을 극복할 수 있을 만큼 강했습니다. 그러나 핵의 크기보다 긴 거리에서는 강한 힘이 무시할 수 있을 정도로 미미한 영향을 미쳤죠. 유카와는 1935년 논문에서 이러한 강한 핵력의 특성을 보여주는 계산을 제시하고, 핵력이 양성자와 중성자 사이의 새로운 유형의 입자 교환과 관련이 있다고 예측했습니다. 그는 이 새로운 입자(나중에 메손, 즉 '중간자'라고 불림)가 전자보다 무겁지만 양성자보다 가볍고 질량은 전자 질량의 약 200배에 달한다고 계산했습니다.

유카와의 아름다운 이론은 처음에는 무시당했습니다. 세계 최고의 물리학자들이 해결책을 찾지 못했다면 일본 출신의 이 젊은이가 해답을 찾았을 가능성은 얼마나 될까요? 유카와는 자신의 이론의 증명은 자신이 예측한 입자의 존재를 증명하는 데 있다는 것을 알고 있었습니다. 그는 블라우의 사진 기술이 그토록 찾기 어려웠던 메손을 포착할 수 있는 길을 열어주기까지 거의 15년을 기다려야 했습니다. 세실 파월이 연구한 파이온은 실제로 유카와가 예측한 메손의 특성을 가지고 있었고, 마침내 예측이 옳았음을 증명할 수 있었습니다. 유카와는 핵의 중심부를 들여다보고 자연의 힘을 밝혀냈으며, 세상은 마침내 그를 인정했습니다. 1947년 파월이 파이온을 발표한 지 2년 후인 1949년에 유카와는 일본인 최초로 노벨 물리학상을 수상했습니다.

이듬해 노벨 물리학상은 세실 파월에게 수여되었습니다. 파월에 대한 노벨상 표창장에는 그가 '핵과정을 연구하는 사진 방법을 개발하고 이 방법으로 만든 메손에 관한 발견을 한 공로'로 수상했다고 명시되어 있죠. 진정한 사진 기법 설계자인 마리에타 블라우에 대한 언급은 전혀 없었습니다. 또한 파이온을 확인하는 데 사용된 기법을 개발하고 메손의 증거를 처음으로 관찰한 보스와 초우두리

지워진 천문학자들

에 대한 인정도 없었습니다. 파월은 노벨상 수락 연설에서 사진 기법에 대해 자세히 설명했지만, 블라우와 밤바허의 이름은 분명하게 빠져있었죠('세실의 미녀 합창단'도였죠). 실제로 에르빈 슈뢰딩거는 1950년에 두 호주 여성을 노벨상 후보로 추천하기도 했으며, 그해 노벨상 위원회는 최대 3명의 공동 수상자를 선정할 수 있는 권한이 있었습니다. 하지만 위원회는 다른 후보들을 포함시키기보다는 파월과 그보다 먼저 수상자로 선정된 유카와를 연이어 단독 수상자로 선정하는 것을 선호했습니다. 유카와와 파월은 노벨상 수락 연설에서 서로를 언급했지만, 오스트리아와 인도 과학자들은 제외했습니다.

노벨상 수상자 선정 위원회는 블라우와 밤바허 공헌을 축소할 만한 여러 가지 이유를 찾았습니다. 그들은 사진판을 개선한 것은 실제로 일포드이고, 붕괴 별은 이전에도 관측된 적이 있으며, 사진 기법을 사용하는 아이디어도 두 여성이 아닌 다른 사람들에게서 나온 것이라고 주장했습니다. 그러나 이러한 점들은 파월에게는 결코 결격 사유로 적용되지 않았죠. 오늘날에도 구글에서 1949년과 1950년 노벨상 웹사이트를 검색하면 마리에타 블라우와 헤르타 밤바허의 이름이 전혀 검색되지 않습니다. 여성 물리학자를 찾기 위한 새로운 에멀션이 필요할지도 모르겠습니다.

인도 과학자들의 경우, 후보에 오른 적도 없고 노벨 위원회의 관심 대상에 포함되었다는 증거도 없습니다. 물론 세실 파월은 이들의 연구를 알고 있었습니다. 그는 자신의 저서에서 이들의 논문을 인용했고, 10년 후인 1959년 저서 〈사진 기법에 의한 소립자 연구〉에서 "1941년 보스와 초우두리는 이론적으로 에멀션에서 양성자와 중성자의 궤적을 구별하는 것이 가능하다는 점을 지적했습니다.

…질량이 작을수록 입자의 궤적이 직선을 벗어나는 경우가 더 많다는 점을 지적한 것이죠."라며 그들의 공로를 인정했습니다. 보스와 초우두리는 산악 고도에서 '하프톤' 판을 노출하고 그 결과 생성된 궤적의 산란을 조사했습니다. 그들은 사진판에 잡힌 하전 입자의 대부분이 양성자보다 가볍고 평균 질량이 약 $200m_e$라는 결론을 내렸습니다. 이 방법의 물리적 근거는 정확했으며, 이들의 연구는 에멀젼 내 트랙을 관찰하여 하전 입자의 운동량을 결정하는 '산란법scattered method'에 대한 최초의 접근법을 제시했습니다.

어려움 속에서도 재개한 연구

1938년 마리에타 블라우가 고국을 떠나 멕시코로 항해하던 당시에는 아직 파이온의 발견과 노벨상 수상 소식이 전해지지 않았을 때였습니다. 그녀 앞에는 새로운 시작과 새로운 가능성이 펼쳐져 있었고, 과거를 돌아보고 싶지 않았습니다. 블라우는 자신에게 새 집을 제공한 나라에 기여하기 위해 자신의 기술을 가능한 모든 방법으로 활용할 준비가 되어 있었죠. 비록 독일 당국이 그녀의 연구 자료를 압수했지만, 마리에타는 여전히 지식과 전문성을 가지고 있었고, 우주선 연구를 계속할 수 있다는 희망도 가지고 있었습니다. 그녀는 프리드리히 파네트와 협의하여 그가 기구 비행에 사용한 사진판을 현상한 뒤 멕시코로 직접 보내 분석할 수 있도록 했습니다. 자신을 쫓아낸 이들에게 맞서는 최고의 방법은 계속해서 연구를 이어가는 것이었습니다.

하지만 모든 것이 계획대로 진행되지는 않았습니다. 블라우는 멕시코의 연구 및 학업 환경이 얼마나 다른지 예상하지 못했습니다. 최선의 노력에도 불구하고 새로운 현실에 적응하는 것은 쉽지 않았습니다. 멕시코시티 공과대학의 50여 명의 교수진 중 여성은 블라우가 유일했습니다. 연구 장비를 구하기도 어려웠고 연구비를 지원받기는 더더욱 어려웠습니다. 심지어 사진판을 관찰할 수 있는 현미경조차 구하기 어려웠습니다. 게다가 모든 강의를 스페인어로 진행해야 하는 과중한 강의 업무로 인해 연구에 대해 생각할 시간도 거의 없었습니다. 아인슈타인에게 보낸 편지에서 그녀는 멕시코 중부의 모렐리아에 있는 한 대학에서 물리학 연구소를 설립할 수 있는 유망한 일자리를 제안받았지만, 새로 구입한 실험 장비가 모두 사라지는 바람에 그 일도 함께 사라졌다고 설명했습니다. 결국 장비는 전당포에서 발견되었지만 일자리는 다시 나타나지 않았습니다.

이공계 학교에 다니던 블라우는 자신의 기술을 보다 응용적인 연구에 적용하려고 노력했습니다. 그녀는 태양 방사능 노출이 멕시코 사람들의 건강에 어떤 영향을 미치는지 연구했습니다. 또한 멕시코의 강과 광산에서 방사능을 조사하고 지각을 연구하는 지구물리학에도 손을 댔습니다. 그 후 5년 동안 스페인어와 영어로 연구 결과를 발표했지만 더 이상 독일어로 발표하지 않았고, 우주선이나 사진 촬영 기법에 대한 연구는 발표하지 않았습니다. 업무 외적으로는 오스트리아 지휘자 에른스트 뢰머Ernst Romer, 멕시코 예술가 디에고 리베라Diego Rivera, 망명한 러시아 공산주의자 레온 트로츠키Leon Trotsky 등 다른 이민자들 사이에서 친구 그룹을 찾았습니다. 이 조용한 친구가 소립자 물리학의 시초를 열었다는 사실을 그들은 알고 있었을까요?

이 책에 등장하는 많은 여성들처럼 마리에타 블라우도 결혼을 하지 않았습니다. 가까운 친구들이 많았지만, 특별한 관계가 있었다는 기록은 없습니다. 아마도 그녀는 아내가 되면 자신의 커리어를 포기해야 할까 봐 두려웠을 것입니다. 한 여성 친구가 한동안 그녀와 그녀의 어머니와 함께 멕시코에서 살았지만, 당시에는 전통적이지 않은 형태의 결혼이나 공공장소에서의 관계는 상상도 할 수 없는 일이었습니다. 1943년, 재앙이 닥쳤습니다. 지난 20년 동안 돌봐온 마리에타의 어머니가 간암으로 사망한 것입니다. 블라우는 멕시코에 남겨진 것이 아무것도 없는 상황에서 미국으로 이민을 떠났습니다.

블라우는 오빠 루드비히Ludwig가 뉴욕시에 살고 있었기 때문에 그곳으로 갔습니다. 그리고 마침내 핵과 입자 물리학으로 돌아올 수 있었죠. 처음에는 국제 희귀 금속 정제소에서, 나중에는 캐나다 라듐 및 우라늄 회사에서 일하면서 멕시코에 있을 때 놓쳤던 연구를 빠르게 다시 시작했습니다. 6년간의 공백이 그녀의 연구 능력을 무디게 하지는 못했습니다. 1년 만에 그녀는 동료와 함께 광전증배관이라는 장치를 사용하여 방사능 검출을 자동화하는 방법을 설명하는 또 다른 획기적인 논문을 발표했습니다. 이 방법은 수년에 걸쳐 다른 사람들에 의해 개발되고 개선되어 물리학, 의학, 화학, 지질학 및 기타 분야의 응용 분야에서 널리 사용되었습니다. 그러나 그 영향력에도 불구하고 블라우의 초기 공헌은 대중들에게서 잊혀졌는데, 그 이유는 당시 블라우가 산업계에서 일하고 있었기 때문입니다.

1947년 블라우의 회사는 그녀를 위스콘신주의 작은 마을로 전근시켰습니다. 그녀는 그곳이 싫었습니다. 일이 흥미롭지 않았고,

지워진 천문학자들

대도시의 음악과 문화가 그리웠기 때문입니다. 그해 그녀가 다시 과학 연구의 변두리에 머물러 있는 동안, 세실 파월은 자신의 사진 촬영 방법으로 파이온을 발견했다고 발표하며 소립자 물리학계의 스타가 되었습니다. 고립되고 인정받지 못한 블라우는 도망치기로 다짐했습니다. 이듬해 그녀는 컬럼비아대학의 연구 과학자로 채용되었고, 그 학과에서 몇 안 되는 여성 중 한 명이었죠.

우주선 연구 이후 10년 동안 실험 입자물리학 분야는 급속도로 발전했습니다. 우주선은 고에너지 물리학 연구에 편리한 자연환경을 제공했지만, 과학자들은 통제된 실험실 환경에서 입자를 생성하고 검출하는 방법도 연구하고 있었습니다. 그 사이 입자의 속도를 높이고 입자를 충돌시켜 새로운 입자를 생성할 수 있는 거대 입자 가속기가 만들어졌습니다. 블라우의 핵 에멀전은 이러한 고에너지 가속기에서 생성된 입자를 검출하는 데 매우 적합했습니다. 컬럼비아대학에 그런 가속기가 있었죠. 블라우는 마침내 본업으로 돌아와 에멀전을 연구하고 새로운 연구를 발표하며 다른 과학자들과 학생들을 교육했습니다. 1950년, 그녀는 새로 설립된 원자력 위원회에 채용되어 미국 최고의 핵 과학 연구 기관인 브룩헤이븐 국립 연구소에서 일하게 됩니다. 하지만 그해 세실 파월이 노벨상을 수상하는 것을 옆에서 지켜봐야만 했죠. 그럼에도 그녀는 좌절하지 않고 중요한 연구에 매진했습니다. 파월이 처음 관찰한 2차 메손을 검출하는 성과를 거두기도 했죠.

1955년, 61세의 블라우는 마이애미대학의 객원 교수로 자리를 옮겼습니다. 이후 5년 동안 마이애미에 머물며 새로운 연구 협력 관계를 구축하고 차세대 연구자를 양성했습니다. 이때까지 그녀는 주요 저널에 75편이 넘는 연구 논문을 발표했죠. 하지만 건강은 점점 나빠지고 있었습니다. 눈에 보이지 않는 입자를 볼 수 있는 방법을 발견한 그녀는 시력 개선을 위한 수술이 절실히 필요했습니다. 수년간 무급으로 일하고, 어머니를 돌보고, 이 나라 저 나라 옮겨 다니며 살아온 그녀는 형편이 넉넉하지 않았습니다. 수술은 유럽에서 받는 것이 더 저렴했기에, 20년이 넘는 세월 후에 마리에타 블라우는 오스트리아로 돌아가게 되었습니다.

물론 상황은 예전 같지 않았습니다. 헤르타 밤바허와 친나치 과학자 그룹은 전쟁 중에도 잘 지냈습니다. 유대인 과학자들의 '이탈'로 인해 연구소에는 많은 빈자리가 생겼고, 밤바허와 그녀의 동료들은 그 자리를 차지했습니다. 전쟁이 끝난 후 그들은 쫓겨났지만 밤바허의 가장 가까운 동료이자 연인이었던 게오르그 슈테터는 자신이 '진짜' 나치는 아니었다고 주장했습니다. 밤바허처럼 그는 나치당의 초기 열성 당원이었고 독일 핵무기 프로그램에도 관여했지만, 그의 부인 덕분에 그는 결국 복권되어 비엔나대학 제1물리학 연구소의 소장으로 임명되었습니다. 이 연구소의 다른 나치 지지자들도 복권되죠. 하지만 밤바허는 아니었습니다. 그녀는 한동안 소련에 구금되었다가 비엔나로 귀환한 후 1950년 42세의 나이에 암으로 사망했습니다.

마리에타 블라우는 슈테터 같은 사람들의 복직을 용납할 수 없었지만 오스트리아로 돌아왔을 때 전쟁 기간에 대한 보상을 요구하지 않았습니다. 또한 이전에 함께 일했던 사진 필름 회사의 지원 제안도 거절했습니다. 성공적인 눈 수술 이후, 다시 라듐 연구소에서 무급으로 연구하고 CERN 가속기의 데이터를 분석하는 그룹을 감독했지만 오스트리아 과학 아카데미 회원 자격을 거부당했습니다. 블라우는 노벨상 후보에 두 번 더 올랐지만 위원회는 단호하

지워진 천문학자들

게 수상을 거부했습니다. 대신 1962년 에르빈 슈뢰딩거 상을 수상하고 비엔나시로부터 명예상을 받았습니다. 한편 건강은 계속 악화되었는데, 방사성 물질에 노출된 탓도 있지만 흡연 경력도 한몫했습니다. 1970년 폐암으로 사망한 그녀는 거의 잊혀질 뻔한 채 홀로 세상을 떠났습니다. 그녀는 처음으로 보이지 않는 입자를 눈에 보이게 한 과학자였지만, 어떤 학술지에서도 그녀의 부고를 싣지 않았습니다.

브라질의 물리학자

마리에타 블라우가 사망하기 1년 전인 1969년, 미국의 저명한 학술지 피지컬 리뷰Physical Review에 E. 프로타페소아E. Frota-Pessôa라는 연구자가 입자 물리학에 관한 논문을 발표했습니다. 메손과 마리에타 블라우에 관한 오래된 연구 논문과 기사들을 검토하던 중 이 논문이 제 눈에 띄었습니다. 이 논문은 파이온의 속성에 관한 것이었고 이전에 발표된 연구 결과와 상반되는 내용이어서 제 눈길을 끌었습니다. 호기심이 생겨 저자를 찾아보니 'E'가 엘리사Elisa의 약자라는 것을 알았습니다.

더 깊이 파고들수록 엘리사 프로타페소아의 이야기와 블라우, 초우두리와 공통점이 많은 경력에 놀라움을 금치 못했습니다. 1921년 리우데자네이루에서 '엘리사 에스더 하베마 데 마이아Elisa Esther Habbema de Maia'라는 이름으로 태어난 그녀는 어렸을 때부터 물리학을 좋아했습니다. 엘리사는 수업에서 뛰어난 성적을 거두었지만, 물리학 선생님은 그녀가 제출한 우수한 숙제는 오빠나 아버지가 한 것이라고 생각했습니다. 그녀는 결국 선생님을 설득했고, 선생님은 나중에 그녀에게 동료 학생들에게 자신의 강의에 대해 설명하는 일을 맡겼죠.

엘리사는 1942년 브라질대학에서 물리학을 전공한 최초의 여성 두 명 중 한 명이었습니다. 그녀의 아버지는 물리학이 남성의 직업이라고 생각하며, 그녀가 결혼에 더 집중하기를 바랐습니다. 사실 그녀는 그 무렵 이미 그녀의 전 생물학 교사였던 와즈와우두 프로타 페소아Oswaldo Frota-Pessôa와 결혼한 상태였습니다. 두 사람 사이에는 아들 로베르토Roberto와 딸 소니아Sonia라는 두 자녀가 있었는데, 소니아도 나중에 물리학자가 되었습니다.

졸업 후 엘리사는 1944년 정식으로 대학에 채용되기 전까지 무급 실험실 조교로 일했습니다. 대학에서 여성으로 일하는 것은 쉽지 않았죠. 아버지의 예감이 맞았던 셈이지만, 그녀는 연구와 교육에 대한 열정으로 그 자리를 지켰습니다. 결국 그녀는 비슷한 열정을 지닌 과학자들을 만나게 되었고, 5년 후 새로운 브라질 물리 연구 센터(CBPF)를 설립했습니다. 이듬해인 1950년, 이 기관은 프로타 페소아와 제자 네우사 마르헴Neusa Margem이 저술한 CBPF 회원의 첫 연구 논문 발표를 기념했습니다. 제가 아는 한, 물리학 기관에서 처음 발표된 논문이 두 여성에 의해 작성된 유일한 사례입니다. 게다가 매우 대단한 논문이었죠! 물리학계의 판도를 바꿀 만한 논문이었습니다.

프로타페소아와 마르헴의 논문은 핵 에멀젼을 사용하여 검출된 파이온의 붕괴를 분석한 것이었습니다. 두 사람은 파이온이 중성미자와 양전자로 분해되는지 아니면 중성미자와 뮤온으로 붕괴되는지를 연구했습니다. 그들은 중성미자와 뮤온으로 붕괴할 가능성이

지워진 천문학자들

훨씬 더 높다는 것을 발견했죠. 물리학자가 아닌 사람들에게는 큰 의미가 없지만, 실제로 이들의 연구는 나중에 노벨상 수상자인 리처드 파인만과 머레이 겔만Murray Gell-Mann이 제안한 약한 핵 상호작용에 대한 기본 이론을 확인시켜 주었습니다. 그러나 브라질 연구진의 논문은 브라질 과학 아카데미 연보에 포르투갈어로 게재되어 브라질 밖에서는 주목받지 못했습니다. 8년 후 CERN의 실험에서도 비슷한 결과가 나왔고, 이는 파인만-겔만 이론을 최초로 확인한 것으로 인정받았습니다. 만약 이 브라질 여성들의 논문이 알려졌더라면 입자 물리학은 10년 정도 더 발전했을지도 모릅니다.

2021년 브라질 물리학 저널은 고전 논문 모음집의 일부로 프로타-페소아와 마르헴의 논문을 영문으로 번역하여 출판했지만 여전히 물리학계의 주목을 받지 못했습니다. 그렇게 1950년 세계가 세실 파월의 노벨상 수상을 축하하며 블라우, 밤바허, 초우두리를 잊었듯이 두 명의 여성 과학자도 다시금 그늘 속에 묻혔습니다. 하지만 엘리사 프로타페소아는 포기하지 않았습니다. 그녀는 연구와 교육을 계속하여 많은 제자들이 선도적인 물리학자가 될 수 있도록 영감을 주고 브라질의 연구 생태계를 성장시켰습니다. 그녀와 마르헴은 파이온의 속성에 대한 이전의 측정에 의문을 제기하는 더 많은 결과를 발표했습니다. 그녀는 브라질리아대학, 그리고 이후 상파울루대학으로 자리를 옮기기 전인 1964년까지 CBPF에서 핵 에멀젼 부서의 책임자로 재직했습니다.

하지만 1964년에 군사 쿠데타가 일어났습니다. 1969년, 그녀는 독재 군부의 새로운 법령에 따라 자리에서 해임되었죠. 블라우와 마찬가지로 엘리사 프로타페소아도 조국을 떠나야만 했습니다. 이후 몇 년 동안 그녀는 두 번째 남편인 물리학자 제이미 티옴누Jayme

▲ 엘리사 프로타페소아는 입자 물리학에 근본적인 공헌을 했을 뿐만 아니라 브라질에서 번성하는 물리학 커뮤니티를 구축하는 데도 기여했다.

Tiomno와 함께 유럽과 미국에서 활동했습니다. 그러던 중 1969년, 그녀는 처음 제 눈에 띄었던 Physical Review 논문을 발표했습니다. 이 논문은 파이온의 자기적 특성에 대한 오랜 논쟁을 결정적으로 종결시킨 논문으로, 고전으로 평가받고 있습니다.

엘리사 프로타페소아의 망명은 다행히 블라우만큼 오래 지속되지는 않았습니다. 그녀와 남편은 미국에 남을 수도 있었지만 1975년 브라질에서 사면을 받자 귀국을 결정했고, 프로타페소아는 핵 및 입자 물리학에 중요한 공헌을 계속하며 브라질 물리학계의 리더로서 역할을 재개했습니다. 그녀는 1980년에 CBPF에 다시 복귀했고, 1991년에 은퇴했지만 1995년까지 명예 교수로 활동했습니다. 2018년 97세에 세상을 떠났으며 브라질 물리학에 영원한 유산을 남겼죠. 오늘날 CBPF는 브라질 최고의 연구 기관으로 꼽히며 매년 수십 명의 과학자가 수백 편의 연구 논문을 발표하고 있습니다.

지워진 천문학자들

대학원 프로그램은 여전히 최고 수준이며, 수많은 CBPF 졸업생이 전국 각지의 기관에서 일하고 있습니다.

독립적인 과학자

전쟁은 마리에타 블라우의 삶과 경력을 회복할 수 없을 정도로 파괴했습니다. 한편 인도에서도 전쟁은 비브하 초우두리의 연구 경로를 바꾸어 놓았습니다. 그녀와 보스는 1941년과 1942년에 네이처에 발표한 일련의 논문에서 파이온에 대한 힌트를 발견했지만, 더 나은 에멀젼이 없어 이를 확인할 수 없었습니다. 이렇게 흥미진진한 발견을 이끌어내고 세계 최고의 저널에서 검증까지 마친 연구를 포기해야 한다고 상상해 보세요. 그리고 전쟁 중인 점령지에서 제한된 자금과 제한된 장비로 이러한 발견을 했다고 생각해 보세요. 불과 5년 후에 파월이 자신의 방법을 사용해 파이온을 발견할 줄 알았다면, 연구를 계속 추진할 방법을 찾았을지 궁금하네요. 하지만 그들은 알지 못했고, 프로젝트를 계속 진행하지 않았습니다.

전쟁과 영국의 통치는 벵골에도 재앙을 가져왔습니다. 처칠은 인도인을 '짐승 같은 종교를 가진 짐승 같은 민족'으로 간주했고, 인도인을 먹이는 대신 식량을 영국 병사들을 위해 비축해야 한다고 주장했습니다. 벵골 주재 영국 정부 대표의 경고에도 불구하고 전쟁 기간 동안 엄청난 양의 곡물이 이 지역에서 다른 곳으로 전용되었고, 영국의 곡물 창고가 이미 가득 차 있었음에도 불구하고 비축되었습니다. 그 결과 1943년 가뭄이 원인이 아닌 유일한 기근이었던 대기근으로 4백만 명의 벵골인이 굶어 죽었습니다. 처칠은 벵골인들이 '토끼처럼 번식'하여 식량 부족을 일으켰다고 비난했습니다.

상상할 수도 없는 비극 속에서 벵골에서 연구를 계속하는 것은 초우두리에게 벅차게 느껴졌을 것입니다. 대신 초우두리는 재난 지역에서 멀리 떨어진 맨체스터대학에 박사 과정 학생으로 등록하여 세계적으로 유명한 패트릭 블래킷Patrick Blackett의 우주선 연구소에서 일하기 시작했습니다.

'맨체스터의 인도 여성 물리학자'라는 수식어는 1945년 당시로서는 영화로 만들어도 될 만큼 허구적인 이야기처럼 들렸습니다. 실제로 인도 출신 여성이 영국 최고의 물리학자 중 한 사람의 연구실에서 일한다는 것은 거의 믿기지 않는 일이었습니다. 패트릭 블래킷은 캐번디시 연구소에서 어니스트 러더퍼드와 10년 동안 함께 일했습니다. 1921년, 그는 방사성 붕괴 과정을 감지하기 위해 윌슨의 안개 상자를 사용하기 시작했고, 1925년에는 최초로 질소 핵의 붕괴를 사진으로 촬영했습니다. 또한 우주선이 안개 상자에 들어올 때만 궤적을 촬영하는 기술을 공동 발명하여 이 과정을 최초로 자동화했죠. 그의 새로운 기술을 통해 그는 우주선에 의해 생성된 대기 중 입자 소나기를 식별할 수 있었습니다. 이 소나기는 비브하 초우두리의 박사학위 논문의 주제가 되었습니다.

초우두리는 여러 개의 안개 상자를 사용하여 수천 장의 사진을 찍고 분석하여 다양한 고도에서의 입자 소나기[6]의 특성을 연구했습니다. 그녀는 네이처지에 논문을 단독 저술하고 영국의 주요 물리학 저널에 또 다른 논문을 게재했습니다. 맨체스터 헤럴드의

---

6   고에너지 입자가 밀도가 높은 물질과 상호작용하여 생성된 딸 입자들의 단계다. 편집자주

지워진 천문학자들

한 기자는 블래킷 연구실의 이 특이한 물리학자를 발견하고 '인도의 새로운 여성 과학자를 만나다—우주선을 보는 눈'이라는 제목으로 그녀에 대한 기사를 실었습니다. 기자는 초우두리의 연구와 젠더에 대한 생각을 물었고, 초우두리는 이렇게 대답했습니다.

> "과학, 특히 물리학이 그 어느 때보다 중요한 이 시대에 여성은 원자력을 연구해야 합니다. 원자력에 대해 이해하지 못한다면 그것이 어떻게 사용되어야 하는지 결정하는 데 도움을 줄 수 있겠습니까? 인도와 영국에 있는 여성 물리학자의 수는 손에 꼽을 정도로 적습니다."

물리학을 공부하기로 한 자신의 선택에 대해서는 "그저 제 성향을 따랐을 뿐"이라고만 말했죠.

프로젝트에 돌입한 지 2년이 지난 1947년, 세실 파월은 초우두리가 데벤드라 보스와 함께 고안한 방법으로 파이온을 발견하는 획기적인 성과를 발표했습니다. 그때 초우두리는 중간자의 오래된 사진 그래프가 무엇을 포착했을지 깨달았을 것입니다. 하지만 어쩌면 파이온은 전혀 염두에 두지 않았을지도 모릅니다. 그해에 일어난 다른 중요한 사건은 모든 인도인에게 잊을 수 없는 기억으로 남았죠. 제2차 세계대전 중 영국은 전쟁이 끝나면 인도에 주권을 주겠다고 약속했지만 간디와 다른 독립운동 지도자들은 믿지 않았습니다. 추가적인 확약으로는 달랠 수 없었던 그들은 자치 요구를 더욱 강하게 외치기 시작했습니다. 전국 각지에서 시위와 시위가 일어났습니다. 비폭력적인 '인도를 떠나라Quit India' 캠페인은 탄력을 받아 거스를 수 없는 흐름이 되었습니다. 마침내 1947년 8월 15일자정, 인도는 공식적으로 독립을 쟁취했습니다. 그날 비브하 초우두리는 자유 국가의 시민이 되었습니다.

하지만 마냥 좋지만은 않았습니다. 영국은 독립한 인도에게 이별 선물을 남겼습니다. 독립은 국가의 분열이라는 대가를 치르고서야 허락된 것이었죠. 초우두리의 고향인 벵갈 주는 중간에 분할된 지역 중 하나가 되었습니다. 서벵골은 인도에 남았고, 동벵골은 새로 만들어진 파키스탄의 일부가 되었습니다. 힌두교도와 무슬림이 새로운 국경을 넘어 이동하면서 수백만 명의 사람들이 역사상 가장 큰 규모의 이주를 겪었습니다. 가족은 흩어지고, 마음은 상처 입고, 증오의 씨앗이 뿌려졌습니다. 폭동과 끔찍한 폭력으로 수십만 명이 사망했죠. 여성과 아이들도 예외가 아니었습니다. 양측이 살육의 광풍에 휩싸이면서 마을은 불에 타버렸습니다. 두 나라 모두 분할의 여파에서 완전히 벗어나지 못했습니다. 붕괴하는 별을 연구한 인도 여성은 고향인 벵골이 붕괴하는 동안 아무것도 할 수 없었습니다.

고향으로 돌아가다

1947년의 혼란에 이어 이듬해에는 블래킷 연구소에 큰 소식이 들려왔습니다. 패트릭 블래킷이 자동화된 안개 상자 방법과 핵물리학 및 우주 방사선에 대한 발견으로 노벨 물리학상을 수상한 것입니다. 이미 여러 면에서 독보적인 존재였던 비브하 초우두리는 노벨상 수상자의 연구실에서 일한 최초의 인도 여성이 되었습니다. 블래킷은 노벨 강연에서 초우두리의 논문 심사관이자 저서에서 그녀의 연구를 인정한 라요스 야노시Lajos Jánossy의 우주 에어샤워 연구에 대해 이야기했습니다. 인도의 격변 속에서도 초우두리는 연구를 계속하여 1949년 박사학위 논문을 성공적으로 취득했습니다. 당시 그녀의 연구는 잘 알려져 있었고 우주선 연구 커뮤니티에서 자주 인용되었습니다.

한편 인도 정부는 타타 기초 연구소(TIFR)를 인도 최고의 핵물리학 연구 허브로 육성하기로 했습니다. 뛰어난 핵물리학자였던 호미 바바Homi Bhabha는 TIFR의 소장이었고, 자신의 연구소에 합류할 연구원을 모집하기 시작했습니다. 그는 맨체스터대학의 존 윌슨에게 연락해 과학자로서의 비브하 초우두리의 능력에 대한 의견을 구했습니다. 초우두리의 논문 심사관으로 일했던 윌슨은 초우두리의 연구 성과를 잘 알고 있었습니다. 그의 추천으로 바바는 초우두리에게 TIFR의 자리를 제안했습니다. 그녀는 이를 수락하고 1950년 타타 연구소에 고용된 최초의 여성 과학자가 되어 인도로 돌아갔습니다. 그해 세실 파월의 노벨상 수상 소식은 충격이었을 테지만, 새로운 직책은 새로운 연구 기회를 열어주었죠.

TIFR에서 근무하는 것은 만족스러웠습니다. 바바의 리더십 아래 전 세계 최고의 연구자들이 연구소를 방문했고 대형 프로젝트가 진행되었습니다. 초우두리와 다른 연구원들은 에멀전 플레이트를 이용해 입자 검출을 연구했는데, 이 분야는 그녀가 잘 알고 있던 분야였습니다. 새로운 유형의 중간자가 발견되어 전 세계적으로 입자 발견이 늘어났습니다. 초우두리는 이후 6년간 TIFR에서 근무한 후 1년간 유럽과 미국 등 해외로 여행을 다녔습니다. 특히 여성과 외국인에게 여행과 연구비를 지원받기 어려웠던 시절에 미시간대학에서 유급 객원 강사로 일하며 훌륭한 성과를 거두었죠. 인도

▲ 비브하 초우두리는 두 가지 기본 입자, 즉 양성자와 중성미자를 발견하는 데 도움을 주었다.

로 돌아온 그녀는 인도 최고의 연구 기관 중 하나인 아메다바드에 있는 물리 연구소(PRL)로 자리를 옮겼습니다.

PRL에서 초우두리는 입자물리학 실험을 계속했습니다. 그런 프로젝트 중 하나는 산 위가 아닌 지하 깊은 곳에서 진행되었습니다. 자연에서 가장 찾기 어려운 입자 중 하나인 중성미자를 찾는 것이었죠. 이러한 입자는 1956년 원자로의 방출물에서 처음 검출되었지만, 대기 중에서 자연적으로 발생하는 중성미자는 아직 검출된 적이 없었습니다. 베타 붕괴 이론은 중성미자가 전기장이나 자기망 또는 그 어떤 것과도 상호작용하지 않는 중성 입자이기 때문에 검출하기가 매우 어려울 것이라고 예측했습니다. 우주에 존재하는 대부분의 중성미자는 마치 지구가 존재하지 않는 것처럼 지구 전체를 통과할 것입니다. 중성미자를 엿볼 수 있는 가장 좋은 방법은 지구가 다른 모든 입자를 차단할 수 있도록 지하 깊은 곳에 검출기를 설치하는 것입니다. 그런 다음 지구를 통과하는 수조 개의 중성미자 중 하나가 원자와 상호작용하여 검출기에 흔적을 남기기를 기다리는 것이죠.

지워진 천문학자들

비브하 초우두리는 인도 남부의 콜라 금광 깊은 곳에서 금보다 훨씬 더 희귀한 탐지 신호를 찾는 국제 협력 프로젝트의 일원이었습니다. 하지만 기적적으로도 이 프로젝트는 성공했습니다. 1965년, 이 광산에서 대기 중성미자가 검출되었습니다. 거의 같은 시기에 남아프리카에서 진행된 유사한 실험에서도 이 수줍은 입자가 검출되었습니다. 초우두리는 자연의 기본 입자를 하나도 아닌 두 개나 발견한 유일한 인도 여성으로 남아 있습니다.

콜라르 광산 프로젝트의 성공 이후, 초우두리는 블래킷 연구소에서 연구하던 입자 소나기에 대한 새로운 연구를 개발했습니다. 그러나 그녀의 계획은 자원 부족으로 인해 다시 한번 좌절되었습니다. 그녀의 계획을 지원했던 PRL의 책임자 비크람 사라바이Vikram Sarabhai 박사가 갑자기 사망했고, 새로운 책임자는 연구를 계속하는 데 찬성하지 않았습니다. 1975년에는 그녀의 오랜 멘토이자 콜카타의 보스 연구소 소장인 데벤드라 모한 보스도 사망했습니다. 소장이 된 사산카 바타차리야Sasanka Bhattacharya는 보스 연구소가 초우두리에게 그 자리를 제안했어야 한다고 생각했지만, 그는 자리를 거절하지 않았습니다.

초우두리는 결국 은퇴하고 고향인 콜카타로 돌아갔습니다. 그녀는 도시에 가족이 있었지만 마리에타 블라우와 마찬가지로 미혼이었습니다. 사실 그녀의 다섯 형제자매도 모두 결혼하지 않았는데, 이는 가족 모두가 결혼을 반대하는 입장이었기 때문일 수 있습니다. 아니면 상대적으로 작은 브라만 공동체 내에서 합당한 파트너를 찾기가 어려웠을 수도 있습니다. 어쨌든 초우두리는 은퇴할 준비가 되어 있지 않았고, 물리학 연구를 완전히 포기해야 한다는 생각은 그녀에게 큰 기쁨이 되지 못했습니다. 그래서 그녀는 콜카타

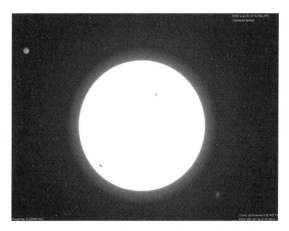

▲ 밝게 빛나는 '비브하'로 알려진 별 HD86081은 인도 물리학자 비브하
초우두리를 기리기 위해 만든 이름입니다.

에 있는 사하 핵물리학 연구소의 연구원들과 연결되어 1991년 사
망할 때까지 입자 물리학 연구 분야에서 활발한 활동을 이어갔습
니다. 그녀는 생전에 연구 업적으로 큰 상을 받은 적이 없었고, 물
리학계에서도 그녀의 죽음을 주목하지 않았습니다. 벵골어로 '빛'이
라는 뜻을 가진 비브하는 조용히 그림자 속으로 사라졌습니다.

2019년, 인도 수라트에 사는 20살의 벵골 학생 아나뇨 바타차리
아Ananyo Bhattacharya는 국제천문연맹이 주최한 외계행성계(다른 행
성이 발견된 별의 주변을 도는 행성)의 이름을 짓는 대회에 참가했
습니다. 곧 그는 전화를 받았습니다. 1,700개의 응모작 중 그의 작
품이 당선되었다는 소식이었죠. 그가 제안한 별의 이름은 '비브하'
였습니다.

이 소식은 인도와 해외 언론의 헤드라인을 장식했죠. 마침내 비
브하 초우두리가 주목을 받게 된 것입니다. 어두운 밤에 나가서 망
원경으로 HD86081 별을 찾으면 이제 더 이상 보이지 않는 별이 아

지워진 천문학자들

닌 '비브하'가 빛나는 모습을 볼 수 있습니다.

최근 콜카타를 여행하던 중, 전에 다녔던 여학교의 교문을 지나가게 되었습니다. 저는 잠시 걸음을 멈추고 교문 경비원에게 잠시 교정을 둘러보고 싶은 옛날 학생이라고 말했습니다. 그는 친절하게도 저를 들여보내 주었습니다. 추억이 가득할 줄 알았지만 상황은 예전과 같지 않았죠. 학교도 변했고 저도 변했습니다.

하지만 변하지 않은 것이 한 가지 있었습니다. 학생들은 여전히 〈해리 포터Harry Potter〉의 호그와트처럼 네 개의 다른 기숙사로 분류되었습니다. 제가 있던 기숙사는 악명 높은 〈매콜리 의사록〉의 저자 토마스 배빙턴 매콜리 경의 이름을 딴 매콜리 하우스로 여전히 같은 이름이 붙어 있었습니다. 두 개의 기본 입자를 발견하고 네이처지에 네 편의 획기적인 논문을 발표한 인도의 비브하 초우두리의 흔적은 찾아볼 수 없었습니다. 제가 돌아다니고 있는데 한 무리의 여학생들이 금빛 매콜리 하우스 색상의 옷을 입고 웃으며 제 옆을 지나갔습니다. 그 여학생들이 초우두리 하우스에 소속된 것을 얼마나 자랑스러워할지 상상해 보세요.

7

비대칭에 대하여

자연의 규칙 위반자들

원자력 시대의 여성 과학자들

　장난감 가게에 들어가서 자동차와 조립 세트가 어디에 있는지, 인형이 어디에 있는지 맞춰보세요. 남아용 섹션과 여아용 섹션은 완전히 다른 세계입니다. 하지만 항상 그래왔던 것은 아니었습니다. 1900년대 초의 장난감 쇼핑은 상당히 다른 경험이었을 것입니다. 대부분의 장난감 가게는 성별이 구분되어 있지 않고, 인형도 마찬가지였죠. 그러다 자본주의가 등장했습니다. 부모가 남자아이를 위한 장난감 세트와 여자아이를 위한 별도의 세트를 구매하도록 설득할 수 있다면 더 많은 돈을 벌 수 있겠죠. 장난감뿐만이 아닙니다. 아이들에게는 옷과 신발, 배낭과 책도 필요합니다. 최근에 한 서점에 들어갔더니 '똑똑한 남자아이들을 위한 책'이라고 적힌 표지판 아래에 테이블이 놓여 있었습니다. 저는 거칠게 항의하며 진열대를 치워달라고 주장했습니다. 매니저는 정중하게 나가달라는 말과 함께 저를 내쫓았죠. 아마도 제가 똑똑한 남자아이들을 겁주었던 것 같습니다.

어렸을 때 저는 다른 사람들과 마찬가지로 착하고 작은 소비자였고, 제 연령대를 겨냥한 장난감, 즉 인형을 좋아하도록 프로그래밍되어 있었습니다. 무엇보다도 제가 원했던 것은 인형을 위한 집이었어요. 2층에 발코니가 있는 아름다운 인형 집이 눈에 들어왔지만 너무 비쌌습니다. 미니어처라고 해도 저렴하진 않으니까요. 그래서 저는 골판지 상자와 미술 및 공예 재료를 사용하여 나만의 복제품을 만들기로 결정했습니다. 원했던 인형의 집과 전혀 달랐지만, 인형에게 안성맞춤이었죠. 제 눈에는 호화로운 저택이었습니다.

몇 년 후, 물리학 대학원생이었을 때 과학 실험을 할 때 인형의 집에 대해 생각했던 기억이 납니다. 저는 광학 과목에서 우수한 성적을 거뒀고 교수님께서 박사 학위 논문의 주제가 될 최첨단 광학 실험을 할 수 있도록 연구실 연구직을 제안해주셨죠. 하지만 왠지 이 실험실은 제게 어울리지 않는다고 느꼈습니다. 인형의 집을 설계하고 만들 때 가졌던 자신감을 찾을 수 없었어요. 실험실의 다른 학생이 계속 설명을 해주고 실험을 대신 해준다고 해서 마음이 불편했습니다. 저는 할 수 있을지 확신이 없었지만 혼자서 문제를 해결하고 싶었습니다.

물리학 연구는 단순히 실험을 구축하는 것만이 아닙니다. 사고의 틀을 벗어날 용기, 가정을 검증할 수 있는 자신감, 기존 이론의 한계를 시험할 수 있는 혁신적인 접근법을 설계하는 창의력이 필요합니다. 진정한 마법은 이러한 경계를 넘어 미지의 세계를 볼 수 있을 때 일어납니다. 제가 가고 싶었던 곳이 바로 그곳입니다. 새로운 인형 집을 짓고 싶었어요. 다른 여성들도 저보다 훨씬 전에 물리학의 경계를 뛰어넘었으니까요.

지워진 천문학자들

혁명가

중국 양쯔강 어귀, 상하이에서 멀지 않은 곳에 전략적으로 위치한 마을 류허가 있습니다. 그곳에서 우젠슝Wu Chien-Shiung이 자랐습니다. 그녀의 아버지 우종이Wu Zong-Yi는 진보적이고 반항적인 사람이었으며, 청나라 왕조를 전복시키고 중국의 군주제를 끝낸 1911년 상하이 혁명에 참여한 인물이었습니다. 1912년 중화민국이 공식적으로 건국된 후, 우종이와 그의 아내 판푸화Fan Fu Hua는 딸을 낳았고, 곧 딸과 두 아들을 키우기 위해 대도시의 번잡함에서 멀리 떨어진 곳으로 이사했습니다.

류허에는 여학교가 없었습니다. 설상가상으로 새 공화국의 전반적인 혼란 속에서 지역 도적단이 마을을 위협하기 시작했습니다. 우종이는 두 가지 문제를 모두 해결하기로 결심했습니다. 그는 폐허가 된 지역 사원에 마을 주민들을 모아놓고 어떻게든 도적단을 마을 밖으로 몰아내는 데 동참하도록 설득했습니다. 그는 혁명가 시절을 보낸 경험 덕분에 익힌 군사 전술을 활용하여 도적들을 흩어지게 했고, 충돌 과정에서 도적의 우두머리가 죽었습니다. 그 문제가 해결되자 우종이는 다른 문제로 눈을 돌렸고, 바로 사용하지 않는 사원이 떠올랐습니다. 그는 그곳을 청소하고 고쳐서 여학생들을 위한 무료 학교로 개조했습니다. 이제 우종이의 딸 웨이웨이Wei-Wei(우젠슝의 애칭)는 새로 설립된 밍더Ming De 학교에서 교육을 받을 수 있었습니다. 교사였던 그녀와 그녀의 어머니는 다른 가족들에게도 딸들을 학교에 보내도록 설득했습니다. 소녀들이 오빠들을 돌봐야 한다는 말을 듣고는 오빠들도 학교에 오라고 권유했습니다.

어렸을 때 우는 아버지와 매우 가까웠습니다. 아버지는 딸에게 신문에 실린 흥미로운 기사를 읽어주곤 했고, 외부 세계와 소통할 수 있도록 라디오를 만들어 주기도 했습니다. 또한 그는 마을을 현대화하기 위해 직접 만든 라디오를 마을 곳곳에 배포했습니다. 동시에 그와 그의 아내는 자녀들에게 중국의 역사와 전통에 대해 가르쳤습니다. 우젠슝은 든든한 지원군인 가족 덕분에 더 큰 꿈을 꿀 수 있었습니다. 그녀의 부모는 딸이 얼마나 영리한지 곧 알아차렸습니다. 딸에게는 밍더 초등학교 이상의 더 나은 교육이 필요했습니다.

가족 중 가장 연장자인 증조할머니는 우젠슝이 최고의 교육을 받아야 한다는 데 동의했습니다. 그래서 11살 때 우젠슝은 류허에서 약 80킬로미터 떨어진 기숙형 학교인 쑤저우 여자 고등학교에 입학 지원서를 냈습니다. 그녀는 수업료와 기숙사비가 면제되는 교사 프로그램을 선택했는데, 이는 가족이 학비를 감당할 수 있었지만 재정적인 부담을 주고 싶지 않았기 때문입니다. 1만 명의 학생이 지원한 가운데 200명만 합격했는데, 우는 9등으로 입학했습니다. 6년 후인 1929년엔 반에서 수석으로 졸업했죠.

쑤저우에 있는 동안 우젠슝은 '현대 여성'을 주제로 한 초청 강연에 참석했습니다. 강연 내용은 그녀에게 영감을 주었지만, 사실 그녀의 관심을 사로잡은 것은 강사였던 후스Hu Shih였습니다. 후스는 교수이자 철학자였죠. 그는 카리스마 넘치는 강의뿐만 아니라 중국의 정치 및 문화 담론을 형성하는 것으로도 유명했습니다. 우는 그의 열렬한 팬이 되었습니다. 졸업 후 대학에 진학하기 전에 1년간 교사로 일해야 했지만, 그녀의 경우에는 이 규정이 엄격하게 적용되지 않았습니다. 대신 그녀는 후스가 총장 겸 교수로 재직 중인 국립중국대학에서 강의를 들으며 교직 생활을 보냈습

지워진 천문학자들

니다. 후스는 자신의 시험에서 우수한 성적을 거둔 재능 있는 젊은 여성에게 감탄할 차례였습니다.

우젠슝은 1930년 입학시험을 치르지 않고 국립중앙대학(난징대학)에 입학하여 마리 퀴리와 성장하는 원자 및 핵물리학 분야에서 영감을 받아 수학을 전공하고 이후 물리학을 전공하기로 선택했습니다. 퀴리, 러더퍼드, 페르미, 파울리 등 서구의 과학자들이 숨겨진 아원자 세계의 신비를 밝혀내고 있었기 때문에 그녀는 그 흥미진진한 여정에 동참하고 싶었습니다. 언제나 그랬듯이 부모님은 의심의 여지 없이 그녀를 지지했죠. 아버지는 대학 프로그램에 빠르게 적응할 수 있도록 가능한 한 많은 수학 교재를 사주었습니다.

대학에서도 우는 수업에서 뛰어난 성적을 거두며 모든 교수와 동료 학생들에게 깊은 인상을 남겼습니다. 하지만 그녀는 운동가인 아버지의 피를 물려받았습니다. 자신을 운동가라고 정의하지는 않았지만 1930년 일본이 만주를 침략한 후 민족주의 시위에 참여하는 학생 지도자가 되었습니다. 하지만 우는 학업에 소홀해서는 안 된다는 것을 잘 알고 있었습니다. 그녀는 학업에 집중하여 1934년 물리학을 우등으로 졸업했죠. 저장대학에서 1년간 조교로 일한 후, 그녀는 상하이의 명문 아카데미카 시니카Academica Sinica에 대학원 연구생으로 채용되었습니다. 다시 한번 그녀의 명성은 치솟았고 입학 시험은 면제되었습니다.

아카데미아 시니카에서 우는 오늘날의 학생들도 쉽게 경험하지 못할 기회를 가졌습니다. 즉 여성 물리학자의 감독 아래서 연구하는 일을 하게 되었죠. 미시간대학에서 박사 학위를 받은 구징웨이Gu Jing-Wei는 우와 같은 수준의 연구원이 자신의 연구실에 합류하게 된 것을 기쁘게 생각했습니다. 우는 저온에서 기체의 원자 구

▲ 우젠슝은 동등성 보존의 법칙을 깨뜨리며 물리학을 변화
  시켰다.

조를 연구하는 분광학 실험을 설정하며 귀중한 경험을 쌓았습니다. 두 여성은 몇 시간 동안 함께 실험 장치를 만들고, 세심하게 측정하고, 실험을 다듬으며 함께 일했죠. 우의 재능을 알아본 지도교수는 그녀에게 자신이 그랬던 것처럼 유학을 가라고 권유했습니다. 우의 스승이었던 후스도 이에 동의했습니다. 그래서 1936년 우는 미시간대학의 물리학 대학원 과정에 지원했습니다. 그녀의 뛰어난 학업 성적으로 입학은 확실했습니다. 1936년 8월의 어느 여름날, 우젠슝은 미국으로 향했습니다. 그녀의 부모님은 똑똑한 딸을 배웅하며 이별의 슬픔을 감추기 위해 최선을 다했습니다. 우는 특히 아버지가 몹시 그리웠을 것입니다. 아버지는 그녀를 위해 산적들과 싸우고 라디오를 만들고 학교를 세운 사람이었기 때문이죠.

지워진 천문학자들

앞으로 일어날 일을 알았더라면 우는 떠나지 않았을지도 모릅니다. 그녀는 다시는 부모님을 보지 못했습니다.

예상치 못한 우회

제가 인도에서 자랐을 때 미국은 과학자가 되려는 전세계 사람들에게 기회의 땅이었습니다. 1990년대 초, 저는 고등학교를 졸업할 때 좋은 성적을 받아 미국 대학에서 수학과 물리학을 공부할 수 있는 전액 장학금을 받을 수 있었습니다. 영화에서처럼 화려하고 멋진 미국 생활을 경험하고 싶었죠.

저는 곧 오하이오의 작은 마을이 그렇게 화려하지 않다는 것을 알게 되었습니다. 한 달 만에 저는 장학금 전액을 어머니의 달바트(렌틸콩과 쌀밥) 한 입과 바꾸고 싶어졌습니다. 고속버스도 정차하지 않을 정도로 외딴 마을에는 인도 식당이나 식료품점이 없었습니다. 절망에 빠진 저는 쌀과 야채에 이국적인 조미료인 간장을 넣어 직접 만들어 먹었어요. 모두가 제 '인도식 볶음밥'을 좋아하며 더 달라고 졸랐습니다. 저는 눈물을 흘리며 조용히 밥을 먹었습니다.

1936년 우젠슝이 샌프란시스코에 도착했을 때 그녀 역시 새로운 모험에 대한 준비는 되어 있었지만 요리에 대한 준비는 되어 있지 않았습니다. 다행히도 그녀는 저처럼 간장에 의지할 필요가 없었습니다. 그녀가 찾은 해결책은 현지 중국 식당을 찾아 자신과 친구들을 위한 식사 할인 가격을 협상하는 것이었습니다. 샌프란시스코는 미시간대학으로 가는 길에 잠시 들르는 곳이었지만 계획대로 진행되지 않았습니다. UC 버클리의 중국인 학생회 회장이 물리학을 전공하는 대학원생인 루크 위안Luke Yuan을 소개해줬고, 유안은 그녀에게 학교의 물리학 연구실을 구경시켜 주었습니다. 우는 버클리에서 수행되고 있는 다양한 실험에 감탄했습니다. 가장 인상 깊었던 장치는 어니스트 로렌스의 사이클로트론cyclotron[7]이 었습니다.

과학자들이 처음 원자 이하의 세계를 엿본 이래로 과학자들은 실험실에서 그 신비를 탐구하기 위한 실험 장치를 만들어 왔습니다. 마리에타 블라우의 사진 촬영 방법은 고에너지 우주선이 대기 입자에 부딪혀 생성되는 새로운 입자를 밝혀냈습니다. 물리학자들은 실험실에서 고에너지 입자를 서로 충돌시켜 충돌의 산물을 연구하는 것과 같은 일을 하고자 했죠. 이를 위해서는 입자가 서로 부딪히기 전에 광속에 가까운 속도로 가속시키는 장치인 가속기가 필요했습니다.

중력이 땅에 떨어지는 사과를 가속시키는 것처럼 전기와 자력은 전자, 양성자와 같은 하전 입자를 가속시킬 수 있습니다. 하지만 원하는 속도를 얻기 위해서는 수십만 볼트가 필요했고, 이는 가속기에 손상을 줄 수 있었습니다. 1929년 어니스트 로렌스는 이 문제에 대한 우아한 해결책을 생각해 냈습니다. 입자들이 동일하게 고정된 전압을 반복적으로 순환하도록 하면 어떨까요? 자동차가 경주 트랙을 돌듯이 말이죠. 자석을 사용해 입자들이 나선형 경로를 따라가도록 굽힐 수 있었습니다. 이렇게 하면 높은 전압 없이도 입자들이 트랙을 여러 번 돌게 하여 점점 더 높은 속도로 가속될 수 있었습니다.

---

7   고주파의 전극과 자기장을 사용하여 입자를 나선 모양으로 가속시키는 입자 가속기의 일종이다. 편집자주

로렌스의 첫 입자가속기 '사이클로트론'은 직경 10센티미터에 불과했지만 작동은 했습니다. 우젠슝이 1936년에 방문했을 때, 로렌스 연구실에서는 69센티미터 크기의 모델이 자랑스럽게 자리 잡고 있었습니다. 이 가속기에서는 양성자가 0에서 초속 15,000킬로미터 이상의 속도로 가속되어 원자에 충돌할 수 있었죠. 우는 원자를 탐구할 수 있는 이 장치에 매료되었습니다. 버클리에서 흥미진진한 물리학이 태동하고 있는데 어떻게 미시간으로 갈 수 있을까요? 게다가 그녀는 미시간대학에 새로 지어진 학생 센터에 대해 들어본 적이 있었습니다. 여성은 기부금은 낼 수 있었지만, 그 정문으로는 출입할 수 없었죠. 우는 그런 성차별적인 대학에 다니고 싶지 않았습니다.

어니스트 로렌스는 이미 버클리에서 새학기가 시작되었음에도 우에게 버클리에서 공부할 것을 권유했습니다. 그래서 로렌스의 제자였던 루크 위안은 우를 물리학과 학과장에게 데려갔고, 학과장은 우를 위해 예외를 인정하고 등록을 허락했습니다. 루크는 그녀가 남게 된 것을 기뻐했습니다(루크는 우와 만났을 때 가족에 대해 언급하지 않았지만, 사실 그는 중화제국의 초대 총통을 지낸 위안스카이의 손자였습니다. 우의 아버지는 혁명 시절 위안스카이에 대항하는 반란에 참여한 적이 있었습니다). 우는 버클리에서 자신을 안내해 준 젊은 남자를 꽤 좋아하게 되었고, 그는 그녀가 미시간으로 떠나지 않은 또 다른 이유가 되었습니다.

진로 유지

버클리의 방사선 연구소는 다용도 시설로, 오전에는 주로 연구소에서 생산된 방사선을 이용해 암 환자를 치료하는 데 사용되었습니다. 일부 환자들은 실험실에서 유일하게 보이는 여성, 그리고 실험복 아래로 전통 중국 의상인 치파오를 자주 입고 다니는 그녀를 눈여겨보았을지도 모릅니다. 우는 사이클로트론을 물리학 실험에 사용할 수 있도록 암 치료가 끝날 때까지 인내심을 가지고 기다렸습니다. 어니스트 로렌스가 첫 실험을 감독했지만, 대부분의 박사 학위 연구는 이전에 엔리코 페르미와 함께 일했던 이탈리아 물리학자 에밀리오 세그레Emilio Segre의 지도하에 이루어졌습니다. 세그레는 우가 똑똑하고 열정적이며, 정확하고 정밀한 연구를 하는 것을 발견했습니다. 그녀는 곧 그의 가장 아끼는 제자이자 연구 협력자가 되었죠.

세그레의 멘토링 아래 우는 사이클로트론에서 생성되는 베타선(전자)을 이용한 실험에서 독보적인 전문가로 자리매김했습니다. 그녀는 베타 붕괴와 관련된 X선의 에너지와, 우라늄 분열에서 생성되는 방사성 연쇄 산물, 특히 크세논에 집중해 연구를 진행했습니다. 놀랍게도 그녀의 논문은 평균적인 박사 학위 논문보다 훨씬 뛰어났습니다. 우가 박사 학위를 마친 1940년 무렵, X선 연구 결과는 출판할 수 있었지만, 우라늄 분열 연구는 민감한 사안이었습니다. 우가 박사 학위를 마친 1940년 쯤에는 이미 핵폭탄 개발 경쟁이 시작되고 있었기 때문에, 그녀와 세그레는 전쟁이 끝날 때까지 우라늄 연구 출판을 보류하기로 결정했습니다.

우젠슝이 미국에 도착한 지 4년이 훌쩍 지났습니다. 이제 그녀는 공식적으로 물리학계의 떠오르는 스타 '우젠슝 박사'가 되었습니다. 그녀를 존경하고 지지하는 친구들과 동료들이 생겼고, 단골 식당에서 할인된 가격으로 중국 음식을 함께 먹기도 했습니다. 과학적 성공과 미국에서의 새로운 삶에도 불구하고 우는 학업을 마친 후 항상 중국으로 돌아가 가족과 함께 지낼 계획이었습니다. 하지만 1937년 일본이 중국을 침략하면서 계획은 무산되었습니다. 우는 버클리에서 박사 후 연구원으로 몇 년을 더 머물러야 했습니다.

계속 남아있는 것이 나쁘지만은 않았습니다. 우는 세그레와 함께 연구를 계속할 수 있었고, 곁에 루크 위안도 있었습니다. 그는 1937년 미국 최초의 노벨상 수상자인 로버트 밀리칸Robert Millikan과 함께 일하기 위해 칼텍으로 전학했지만 우와 오랜 친구로 남아있었습니다. 버클리에는 우를 존경하는 사람이 많았지만 루크는 특별했습니다. 우정은 결국 애정으로 이어졌고 두 사람은 1942년에 결혼했습니다. 그때는 일본이 진주만을 폭격하고 태평양 전쟁이 시작된 때였습니다. 중국에서 가족들이 결혼식에 참석할 수 없었고, 부부가 중국으로 돌아갈 가능성도 없었습니다.

로버트 밀리칸은 칼텍 근처의 자택에서 결혼식 피로연을 열어주었습니다. 우젠슝과 루크가 결혼식을 올리는 동안에도 일본계 사람들이 수용소로 강제 이송되고 있었습니다. 반아시아 인종차별이 극에 달해 있었고, 일본인이 아니더라도 동아시아인으로 보인다는 것만으로도 충분히 표적이 될 수 있었습니다. 신혼부부는 다른 동아시아 커뮤니티와 마찬가지로 미국에서의 인종차별 현실에 직면해야 했습니다. 하지만 우는 이에 굴복하지 않았습니다. 가능한 한 자신의 문화를 기념하며, 전통 중국 의상인 치파오를 계속 입었고, 서구식 이름을 사용하지 않았죠. 동시에 우는 전쟁에 기여하고 중국이 일본의 침략에 맞서 싸우는 것을 돕고 싶었습니다. 중국에서 학생 시절 반일 시위에 참여했던 그녀는 기회가 주어진다면 더 많은 일을 할 준비가 되어 있었습니다.

일본인 수용소에서 멀지 않은 뉴멕시코주 로스알라모스에서 과학자와 엔지니어들이 모여 맨해튼 프로젝트를 시작했습니다. 버클리에서 강의하고 우의 박사 학위 논문 심사위원이었던 로버트 오펜하이머Robert Oppenheimer가 이 프로젝트의 책임자가 되었습니다. 당연히 그는 버클리의 여러 연구원들에게 참여를 요청했습니다. 오펜하이머는 우를 핵물리학의 권위자로 생각했지만, 그녀가 중국 국적을 가진 시민이라는 이유로 원자폭탄 제작이라는 기밀 프로젝트에서 일하자고 요청할 수 없었습니다. 한편 에밀리오 세그레는 버클리대학 물리학과의 학과장에게 우를 교수로 채용해 달라고 촉구했습니다. 그녀보다 더 뛰어난 연구자를 채용할 수는 없었기 때문입니다. 하지만 그것도 뜻대로 되지 않았습니다. 세그레의 불신에도 불구하고 버클리는 여성 채용을 고려하지 않았습니다.

핵 전문가

산타페 마을에서 뉴멕시코의 파자리토 고원 정상까지 이어지는 구불구불한 도로는 매혹적인 드라이브 코스지만, 그 이름처럼 거친 서부의 느낌을 주는 제 낡은 플리머스 선댄스Plymouth Sundance는 그 길을 좋아하지 않았습니다. 이 차는 메사mesa를 향해 가파른 커브를 따라 올라가며 점점 속도가 느려졌고, 중력을 이겨내기 위해 애쓰고 있었습니다. 하지만 저는 전혀 개의치 않았죠. 형형색색 사막과 저 멀리 보이는 유령 같은 상그레 데 크리스토_{Sangre de Cristo} 산맥을 감상할 수 있는 시간이었으니까요. 마침내 로스알라모스 입구를 표시하는 오래된 감시탑이 나타났습니다. 대학원생 시절, 저는 이곳을 자주 방문하며 로스알라모스 연구소의 팀과 연구 공동 작업을 하고 있었습니다. 메사를 처음 올라갔을 때, 저는 2차 세계 대전 당시 사막 한가운데서 과학자들이 비밀 대량 살상 무기를 만들던 이곳이 어떤 곳이었을지 상상하며 마을을 돌아다녔어요.

로버트 오펜하이머는 로스알라모스에 팀을 모을 때 최고 중의 최고를 선발하기로 결심했습니다. 이는 여성을 포함한 모든 사람에게 적용되었습니다. 프로젝트가 끝날 때까지 600명이 넘는 여성이 참여했지만, 마을에 있는 박물관에서 여성에 대한 언급을 찾을 수 없었습니다. 항상 그렇듯이 여성들은 역사에서 삭제되었지만 원자폭탄에 그들의 흔적을 남겼습니다. 예를 들어 엘다 앤더슨_{Elda Anderson}은 이곳에서 실험을 위해 우라늄을 거의 순수한 형태로 처음 준비한 사람입니다. 캐서린 웨이_{Katherine Way}는 연쇄 반응의 가능성을 확인하기 위해 계산을 수행했습니다. 그녀의 계산은 엔리코 페르미 팀이 시카고대학의 지하 스쿼시 코트에 건설한 세계 최초의 원자로인 시카고 파일-1을 설계하는 데 사용되었습니다. 1938년 웨이는 핵의 액체 방울 모델을 분석하여 핵이 불안정하다는 사실을 밝혀냈지만, 다음 단계로 나아가 핵분열의 과정을 규명하지는 못했습니다. 이듬해 리제 마이트너가 바로 그 일을 해냈고, 원자폭탄 개발 경쟁의 시작을 알렸습니다.

산타클라라 푸에블로 인근의 원주민 과학자 아그네스 나란조_{Agnas Naranjo}는 로스알라모스의 혈액학 부서에서 방사선이 혈액에 미치는 영향을 분석하는 일을 했습니다. 이후 그녀는 방사선 생물학 분야의 선도적인 연구자가 되었습니다. 남편과 함께 나치 독일을 탈출한 과학자 릴리 호니그Lili Hornig가 처음 로스알라모스에 도착했을 때, 그녀는 타자 속도가 얼마나 빠르냐는 질문을 받았습니다. 그러나 그녀는 타자를 칠 줄 몰랐고, 대신 플루토늄의 핵분열 특성을 분석하는 것은 가능했죠. 첫 번째 원자폭탄 실험이 끝난 후, 그녀와 다른 과학자들은 원자폭탄의 사용을 시연용으로 제한하고 실제로 일본에 사용하지 말 것을 청원했지만 군부는 이 청원을 무시했습니다.

스물네 살의 레오나 우즈 마샬Leona Woods Marshall은 엔리코 페르미 팀에서 최연소이자 유일한 여성 물리학자였습니다. 그녀는 시카고 파일-1 건설을 도왔지만 당시 임신 사실을 숨겨야만 했습니다. 그녀는 세계 최초의 원자로가 성공적으로 가동되는 것을 지켜본 유일한 여성이었습니다. 하지만 그 순간을 기념하는 명판은 그녀의 공로를 언급하지 않았습니다. 명판에는 '1942년 12월 2일, 인류는 여기서 최초의 자가 지속적인 연쇄 반응을 달성하였으며, 이를 통해 핵 에너지의 통제된 방출을 시작하였다'고 쓰여 있었죠.

우젠슝은 당시 핵물리학계에서 가장 유명한 여성 과학자였습니다. 따라서 외국 국적을 가졌음에도 불구하고 그녀 역시 맨해튼 프로젝트에 참여하게 되는 것은 시간문제였죠. 1942년, 그녀의 남편은 뉴저지 프린스턴에 있는 RCA 연구소에서 레이더라는 신기술을 개발하는 일을 제안받았습니다. 우는 프린스턴에서 교수직을 맡을 수는 없었지만 매사추세츠에 있는 스미스대학 교수로 채용되었습니다. 그래서 부부는 동부로 이사했고, 우는 다음 해 동안 스미스에서 젊은 여성들을 가르치는 데 집중했습니다. 하지만 이는 쉽지 않은 적응 기간이었습니다. 스미스는 훌륭한 대학이었지만 우가 핵

물리학 연구를 계속할 수 있는 자원이나 실험실 시설을 갖추지 못했습니다. 보스턴에서 열린 한 컨퍼런스에서 그녀는 어니스트 로렌스에게 자신의 처지를 이야기했습니다. 로렌스는 즉시 주요 대학들에 추천서를 보냈습니다. 그 다음 해에 수많은 일자리 제안이 이어졌습니다. 하버드, MIT, 컬럼비아에서 관심을 보였습니다. 프린스턴도 마찬가지였죠.

스미스대학은 우를 붙잡기 위해 필사적으로 노력했고, 큰 폭의 임금 인상과 승진 기회를 제공했습니다. 하지만 프린스턴대학에는 실험 연구 시설도 제대로 갖춰져 있지 않았음에도 루크가 일하고 있다는 이유로 우는 프린스턴대학에서 일하게 되었고, 프린스턴의 모든 학과에서 가르치는 최초의 여성이 되었습니다. 아직 여성 입학이 허용되지 않았기 때문에 그녀의 학생들은 모두 남성이었습니다. 우는 루크와 함께 프린스턴에서 새로운 친구들과 함께 행복한 삶을 살았습니다. 하지만 우는 여전히 연구에 대한 갈증을 느꼈습니다. 몇 달 후 컬럼비아에서 기밀 연구직 면접을 보러 오라는 연락을 받았습니다. 어떤 비밀 프로젝트에 핵물리학자의 도움이 필요한지 짐작하는 것은 그리 어렵지 않았습니다. 그녀는 일자리를 얻었고 1944년 컬럼비아로 옮겨 대체 합금 재료 연구소에 합류하여 맨해튼 프로젝트에 참여하게 되었죠.

프로젝트 K-25는 오크리지 인디언 보호구역에 건설된 테네시주 오크리지 공장에서 우라늄을 농축하기 위한 전시 활동의 암호명이었습니다. 길이가 1마일이 넘는 K-25 시설은 당시 세계에서 가장 큰 건물로, 5만 명 이상의 직원이 기체 확산이라는 다층 공정을 통해 광석에서 귀중한 우라늄 235그램을 분리하는 거대한 건물이었습니다. 우젠슝은 우라늄의 특성에 대한 심도 있는 지식을 활용하여 오크리지에서 우라늄을 정제하고 방사능을 정확하게 측정하는 기술을 개발하는 데 도움을 주었습니다. 이곳에서 생산된 농축 우라늄은 결국 리틀 보이Little Boy에 실려 1945년 히로시마에 투하되어 1945년 한 번의 끔찍한 폭발로 10만 명 이상의 목숨을 앗아갔습니다.

팻맨Fat Man은 사흘 후 나가사키에서 6만 명을 더 죽였습니다. 팻맨은 우라늄 폭탄이 아니라, 워싱턴 주 핸포드에 있는 B 원자로에서 어려운 과정을 통해 생산된 플루토늄을 담고 있었습니다. 시카고 파일 원자로의 성공 이후 레오나 마샬을 비롯한 엔리코 페르미 연구팀은 핵연쇄반응을 지속할 수 없어 계속 가동이 중단되는 B 원자로의 문제점에 관심을 돌렸습니다. 페르미는 원자로에서 알려지지 않은 핵분열 생성물이 연쇄 반응을 멈추는 '핵 독nuclear poison'으로 작용하고 있다고 의심했습니다.

에밀리오 세그레는 버클리 시절 자신의 제자였던 그녀가 진행했던 우라늄 핵분열 생성물에 대한 상세한 연구를 잊지 않고 있었습니다. 그는 페르미에게 "우 선생님에게 물어보라"고 제안했습니다. 그녀는 우라늄 핵분열에서 생성되는 제논이 중성자를 강력하게 흡수한다는 사실을 확인했습니다. 중성자가 연쇄 반응의 원동력이었기 때문에, 중성자가 크세논에 흡수되면 원자로가 멈췄습니다. 우는 전쟁으로 인해 발표하지 못했던 그녀와 세그레의 연구 초안을 페르미에게 제공했습니다. 그녀의 계산은 문제를 정확하게 진단하고 해결하는 데 도움이 되었습니다. B 원자로는 플루토늄 생산에 성공했고, 팻맨은 나가사키 인구의 절반을 몰살시켰습니다.

과학자들은 수십만 명의 피를 손에 묻힌 채 대체 어떻게 살아갈 수 있을까요? 아이러니하게도 바로 인간이 되어 살아가는 것이었습니다. 원폭 개발에 참여한 대부분의 사람들은 자신의 행동에 대해 공개적으로 책임을 지지 않았지만, 좋은 일이든 나쁜 일이든 원폭이 삶에 미친 영향에서 벗어날 수는 없었습니다. 많은 사람들이 결국 그 일에 대해 후회를 표명했지만, 관련된 유명한 과학자 중 과학을 그만두기로 결정한 사람은 없었습니다. 오펜하이머처럼 일부는 핵전쟁을 종식시키기 위한 노력에 참여하기도 했습니다. 독일에서는 오토 한도 핵전쟁 종식을 위해 원자력 에너지의 책임 있는 사용을 촉구했죠.

원자력에 반대하는 운동은 전 세계로 퍼져나갔습니다. 물리학계에서는 남성들만이 이 운동을 주도한 것이 아니었습니다. 여성 물리학자들도 평화를 옹호하는 데 적극적인 역할을 했지만, 이 분야에서도 그들의 공헌이 항상 인정받지는 못했습니다. 이집트에서 여성 최초로 핵물리학자가 된 사미라 무사Sameera Moussa는 전쟁이 끝난 후 영국에서 과학자들을 모아 평화를 위한 원자력의 사용에 초점을 맞춘 국제회의를 조직하는 데 도움을 주었습니다. 무사는 어린 시절 어머니를 암으로 잃었고, 저렴한 핵 치료법을 모든 이들에게 제공하려는 꿈을 꾸었습니다. 그녀는 1951년 미국에서 원자력 연구를 위해 풀브라이트 장학금을 받은 최초의 여성 중 한 명이었습니다. 또한 미국 내 핵 연구 시설 방문 허가를 받은 최초의 외국인으로 많은 논쟁과 비판을 불러일으켰죠. 안타깝게도 무사는 1952년 교통사고로 사망했습니다. 그녀는 서른다섯 살에 불과했지만 영감을 주는 과학자이자 사회 정의 옹호자로서 고국에 남긴 영향은 오래도록 기억되고 있습니다.

영국에서는 제2차 세계대전 당시 양심적 병역 거부자였던 캐슬린 론스데일Kathleen Lonsdale이 민방위대 입대를 거부했다는 이유로

한 달간 감옥에 갇혔습니다. 그 무렵 그녀는 이미 X선을 사용하여 다양한 종류의 분자 구조를 탐구하고 벤젠 분자의 탄소 원자가 평면 고리 구조로 배열되어 있다는 사실을 밝혀낸 것으로 유명했습니다. 감옥에서의 경험은 그녀를 교도소 개혁 운동가로 만들었으며, 국제 협력과 핵무기 해체를 촉구하는 고위급 대변인으로서의 역할을 하게 했습니다.

캐나다의 물리학자이자 홀로코스트 생존자인 우르술라 프랭클린Ursula Franklin 교수는 캐나다 최초의 여성주의 평화 단체인 캐나다 평화를 위한 여성의 목소리(VOW)의 초기 멤버로서 평화를 위한 주요 운동가로 활동했습니다. 프랭클린은 캐나다에서 핵무기 실험이 아기의 치아에 남긴 방사성 물질의 영향을 측정하는 프로젝트를 이끌었으며, 이 결과를 토대로 VOW를 대표해 연방 정부에 핵 낙진에 대한 보고서를 제출했습니다. 이 보고서는 지상 핵무기 실험 금지 조약이 체결되는 데 중요한 역할을 했죠. 프랭클린은 커리어 내내 평화를 위해 글을 쓰고 설득력 있게 연설했습니다. 그녀는 "평화란 전쟁이 없는 것이 아니라 두려움이 없는 것"이라고 말했습니다.

한편, 맨해튼 프로젝트에서 두 폭탄이 완벽히 작동하도록 한 우젠슝 박사는 자신이 이 프로젝트에서 맡았던 역할에 대해 거의 언급하지 않았는데, 스스로 갈등을 느꼈던 것으로 보입니다. 1962년 대만을 방문했을 때, 그녀는 대만 총통에게 핵무기 개발 프로그램을 시작하지 말 것을 조언했습니다.

지워진 천문학자들

양자 얽힘 현상을 발견하다

전쟁이 끝나면서 우의 컬럼비아대학에서의 전쟁 관련 직책도 종료되었습니다. 그러나 그녀는 충분히 과학 연구 능력을 이미 입증했기에, 연구 교수로서 계속 머물 것을 요청받았죠. 중국에서도 가족이 무사하다는 반가운 소식이 담긴 편지가 도착했습니다. 우는 고향으로 돌아가 가족을 만나고 싶었지만, 세계대전의 종식은 중국에 평화를 가져다주지 못했습니다. 1945년 다시 내전이 발발했고 우와 위안은 귀국을 미루기로 결정했습니다. 그리고 1947년 아들 빈센트Vincent가 태어난 후에는 중국 방문을 더욱 주저하게 되었습니다. 친가족과 단절된 상황 속에서도, 우는 실험실에서 근본적인 연결 고리를 탐구하는 데 몰두했죠.

1935년 아인슈타인과 그의 동료 보리스 포돌스키Boris Podolsky와 네이선 로젠Nathan Rosen은 양자물리학의 한 주제에 대해 현실의 본질 자체에 의문을 제기하는 논문을 썼습니다. 나중에 저자들의 이름을 따서 EPR 역설이라고 불리게 된 역설은 전자나 광자 같은 입자들이 '얽힘entanglement'이라고 불리는 강력한 연결을 나타낼 수 있다는 현상을 설명합니다. 이 얽힘은 입자들이 공간이나 시간의 거리에 관계없이 즉각적으로 서로 연결되는 것으로, 마치 원인과 결과의 법칙을 위반하는 것처럼 보입니다. 이러한 마법 같은 즉각적 연결은 너무도 이상해서 아인슈타인과 그의 동료들은 현실적으로 존재할 수 없는 일이라고 생각했죠. 결국 그들은 양자이론 자체에 무언가 잘못이 있다고 결론지었습니다. 하지만 이를 확실히 알 수 있는 유일한 방법은 실험실에서 '얽힘'을 관찰하는 것이었죠.

우 교수는 실험해보기로 결심했습니다. 그녀는 컬럼비아 사이클로트론에서 전자-양전자 쌍이 소멸될 때 생성되는 광자 쌍 사이의 상관관계를 측정했고, 놀라운 사실을 발견했습니다. 양자이론이 예측한 대로 광자들은 실제로 이상하게 연결되어 있었습니다. 다른 연구자들에 의해 몇 가지 다른 실험이 수행되었지만 그들의 측정은 결정적이라고 할 만큼 충분하지 않았습니다. 우 교수는 1950년에 이 결과를 발표했지만, 그 당시에는 시대를 너무 앞서 있는 발견이었기 때문에 큰 반향을 일으키지 못했습니다. 과학자들이 양자 얽힘의 중요성을 서서히 깨닫기까지는 30년이 더 걸렸습니다. 오늘날 얽힘은 양자 컴퓨터, 해킹 불가능한 암호화, 그리고 미래의 양자 인터넷을 이끄는 원동력입니다. 1935년에 발표된 EPR 논문은 아인슈타인의 모든 논문 중에서 가장 많이 인용된 논문으로, 상대성이론 논문을 훨씬 능가하고 있었습니다. 하지만 양자 얽힘 현상을 최초로 관찰한 사람이 우젠슝 교수라는 사실은 대부분 잊혀졌죠.

저도 양자 물리학자로서 우의 얽힘 실험에 특별한 애정을 가지고 있습니다. 하지만 그녀를 물리학계의 슈퍼스타로 만든 연구는 아직 오지 않았습니다. 얽힘의 시대는 아직 도래하지 않았지만, 핵 물리학은 전쟁이 끝난 후 확실히 뜨거운 연구 분야였습니다. 그리고 우는 당대 최고의 실험 핵물리학자 중 한 명이었죠. 그녀는 핵이 더 가벼운 핵으로 붕괴하면서 방사선을 방출하는 베타 붕괴 과정을 연구하는 데 집중하기로 결정했습니다. 엔리코 페르미는 베타 붕괴 이론을 제안했지만, 실험 결과는 아직 이론의 가정과 일치하지 않았습니다.

우는 이전 실험에 사용된 방사능원이 실험 오류의 원인이 되는 것은 아닌지 궁금해했습니다. 그녀는 방사성 활성 용액에 비누를 첨가하여 말 그대로 방사성 선원의 필름을 더 깨끗하게 만드는 방법을 고안해냈습니다. 이 방법과 다른 혁신적인 기술을 통해 그녀는 페르미의 베타 붕괴 이론이 옳다는 것을 확실하게 확인할 수 있었습니다. 얽힘 실험과 달리 우의 베타 붕괴 실험은 물리학자들의 열렬한 환영과 찬사를 받으며 이 분야의 독보적인 리더로 자리매김했습니다. 우의 연구는 노벨상 후보에 오를 만한 가치가 있는 것으로 여겨질 정도로 베타 붕괴는 근본적인 이론이었습니다. 하지만 이 연구조차도 물리학을 영원히 바꾼 실험의 서막일 뿐이었습니다.

거울 깨기

물리학자들은 우주의 법칙에 관해서는 보수적인 편입니다. 앞서 언급한 에너지보존법칙이 그 대표적인 예로, 에너지는 형태를 바꿀 수는 있지만 창조되거나 소멸되지 않는다는 것을 의미합니다. 물리학자들은 또한 운동량보존법칙을 좋아합니다. 이 법칙 때문에 우리는 당구 게임을 즐길 수 있죠. 흰색 공이 8구 공에 맞았을 때의 운동량은 파괴되지 않고 보존되어 8구 공에 거의 완벽하게 전달되어 포켓에 들어가면서 게임에서 승리하게 됩니다.

물리학의 보존 법칙이 새로운 관측에 의해 위협받을 때 물리학자들은 긴장하면서도 우주가 어떻게 작동하는지에 대한 우리의 이해에 변화를 가져올 수 있다는 사실에 매우 흥분합니다. 예를 들어, 베타선이 에너지보존법칙을 위반하는 것처럼 보였을 때 과학자들은 베타 붕괴에 대한 새로운 이론을 개발하고 새로운 입자인 중성미자를 예측하기도 했습니다. 에너지보존법칙을 지켜낼 수 있던 것이죠. 하지만 1957년, 우젠슝은 물리학의 기본 보존 법칙을 파괴하는 실험을 수행했습니다. 에너지나 운동량이 아니라 반전성 보존이 무너진 것입니다.

반전성은 거울을 보면 가장 잘 이해할 수 있습니다. 내가 고개를 왼쪽으로 기울이면 거울에 비친 내 모습이 오른쪽으로 기울어집니다. 왼쪽과 오른쪽 사이의 이러한 변환을 물리학자들은 반전성 변환이라고 부릅니다. 물리학자들은 실험에서 거울을 보는 것이 아니라 실험에서 '오른쪽'과 '왼쪽'이라는 꼬리표를 바꾸는 동일한 실험의 거울 이미지 버전을 수행하여 반전성 변환을 수행할 수도 있습니다. 예를 들어 왼손으로 공을 던져 오른손으로 잡는다면 반전성이 바뀐 실험에서는 똑같은 방식으로 오른손으로 공을 던져 왼손으로 잡는 것입니다.

물리학의 역사를 통틀어 이러한 실험은 라벨만 바뀐 채 원래 실험의 결과와 정확히 일치하는 미러링 버전이라는 것을 확인했습니다. 거울에 비친 세계가 실제 세계와 동일한 것처럼 모든 물리적 과정은 미러링 실험에서 동일한 규칙을 따랐습니다. 즉, 물리 법칙은 반전성 변환, 즉 레이블의 전환에서도 변하지 않았습니다. 물리학자들은 이를 '반전성 보존'이라고 부릅니다. 3차원 세계에서 '위'와 '아래' 또는 '앞으로'와 '뒤로'를 전환할 때도 마찬가지입니다.

이제 고개를 왼쪽으로 기울였는데 거울에 비친 내 모습이 오른쪽이 아닌 왼쪽으로 기울어졌다고 상상해 보세요. 거울에 비친 자신의 모습이 왼쪽으로 조금만 기울어져도 테니스 공을 공중에 던졌는데 떨어지지 않고 떠오르는 것을 보는 것만큼이나 놀랍고 기이할 것입니다. 아마 환각을 본다고 생각할 수도 있습니다. 반전성 변환 실험을 통해 이상 현상을 발견한 물리학자들도 자신이 상상을 하고 있다고 생각할 것입니다. 반전성이 바뀐 실험의 결과가 원본과 정확히 일치하지 않는다는 아주 작은 힌트조차도 상상할 수 없었을 것입니다. 입자가속기가 예상치 못한 현상을 만들어내기 전까지 물리학자들은 그렇게 생각했죠.

가속기가 점점 더 커지고 성능이 향상됨에 따라 가속기는 온갖 종류의 새로운 아원자 입자를 감지했습니다. 이러한 입자 중 일부는 반전성 변환에 따라 다른 성질을 가진 입자로 붕괴된다는 점을 제외하면 모든 면에서 동일한 것처럼 보였습니다. 반전성보존이 위협을 받자 물리학자들은 긴장하고 흥분했습니다.

두 명의 이론 물리학자인 리충다오Lee Tsung-Dao와 양첸닝Yang Chen-Ning은 반전성 보존의 '법칙'을 재검토해야 한다고 주장했습니다. 그들은 이전 실험을 검토한 결과 약한 핵 상호작용에서 반전성 보존의 실제 증거가 없다는 것을 발견했습니다. 컬럼비아대학에서 우의 지도교수였던 리는 우에게 반전성 보존의 결정적 실험을 할 수 있는지 물어보기로 했습니다. 우는 이미 페르미의 약한 핵 상호작용 이론을 확증했고, (덜 유명한 사실이지만) 양자 얽힘의 증거를 발견했습니다. 당연히 그녀는 반전성 보존 테스트에 관심이 있었죠. 이 문제가 너무 흥미로워서 그녀는 1936년 집을 떠난 이후 처음으로 고향으로 돌아가려던 아시아 여행을 취소했습니다. 그 무렵 그녀는 의회의 특별 허가를 받아 미국 시민권을 취득했고, 루크와 함께 대만으로 갈 계획이었지만 공산주의 중국은 아직 여행이 금지된 시기였습니다. 결국 루크는 혼자서 타이완으로 갔습니다. 반전성 실험은 쉽지 않았습니다. 실험의 핵심 아이디어는 코발트 핵에서 방출되는 베타 방사선을 관찰하는 것이었습니다. 이때 핵들이 자기장으로 특정 방향에 정렬되었고, 그런 다음 자기장의 방향을 반대로 전환하여 거울상 실험을 진행하며 베타 방사선을 비교하는 방식이었습니다. 반선성보존이 사실이라면 베타 입자 방출은 정확히 거울상과 같아야 했습니다. 그러나 모든 외부 교란과 오류를 제거하려면 코발트 핵을 우주 공간보다 낮은 온도로 냉각시켜야 했습니다. 우는 워싱턴에 있는 국립표준국 연구팀에 연락을 취했고, 이곳은 필요한 냉각 능력을 갖춘 세계적으로도 드문 세 곳 중 한 곳이었습니다.

우에게 문제를 제기한 리를 포함한 대부분의 물리학계는 실험이 성공하면 반전성 보존을 확인할 수 있을 것으로 예상했습니다. 하지만 코발트 핵이 차갑게 유지될지, 베타 방사선을 정확하게 측정할 수 있을지, 미러링 과정이 정밀할지는 아무도 몰랐습니다. 우와 같은 수준의 물리학자만이 이러한 실험의 모든 난관을 극복할 수 있었죠.

우의 연구 결과는 물리학의 근간을 뒤흔들었습니다. 1957년 1월, 컬럼비아대학은 기자회견을 열었고, 그 내용은 뉴욕 타임스의 1면 톱뉴스를 장식했습니다. '물리학의 기본 개념이 실험에서 뒤집힌 것으로 보고되었다.'라는 제목으로 말이죠. 우와 그녀의 팀은 코발트 핵에서 나오는 베타 방사선이 반전성이 전환될 때 거울 대칭을 따르지 않고 특정 방향으로 더 강하게 나타난다는 것을 관찰했습니다. 반전성 보존이 위반된 것입니다. 우의 발표에 영감을 받은 컬럼비아의 또 다른 물리학자 레온 레더맨이 이를 확인했고, 2주후 발렌타인 텔레그디Valentine Telegdi가 세 번째 실험 결과를 발표하면서 두 가지 결과가 동시에 발표되었습니다. 그해 미국 물리학회 회의에는 우와 다른 연구자들의 결과 발표를 듣기 위해 3,000명의 물리학자들이 강당을 가득 메웠습니다. 아무도 결과를 쉽게 믿지 못했습니다. 마치 거울 속의 머리가 엉뚱한 방향으로 기울어진 것

지워진 천문학자들

같았습니다. 볼프강 파울리의 말처럼, '우리 모두는 사랑하는 친구인 반전성의 죽음으로 인해 다소 충격을 받았습니다'.

그 충격에도 불구하고 반전성보존의 죽음은 입자 물리학의 큰 돌파구였습니다. 반전성 불변성의 제약 없이 가속기에서 검출되는 수많은 입자를 더 쉽게 설명하고 분류할 수 있게 되었고, 입자 물리학의 표준 모델을 이론적으로 확고히 할 수 있게 되었습니다. 얼마 지나지 않아 또 다른 보존의 벽이 무너졌습니다.

입자의 전하를 바꾸되 다른 모든 것을 동일하게 유지하면 그에 해당하는 반입자를 얻을 수 있습니다. 예를 들어, 양전자는 전자의 반입자 파트너입니다. 양전자는 전자와 동일하지만 음전하 대신 양전하를 띠고 있습니다. 전하 스위치뿐만 아니라 반전성 스위치도 수행하여 입자를 반입자로 바꾼 실험의 거울 이미지를 수행한다면 어떨까요? 물리학자들은 이러한 스위치를 CP(전하 접합 + 반전성) 변환이라고 부릅니다. 1964년, 물리학계는 이러한 실험에서도 결과가 변하지 않는다는 사실에 충격을 받았습니다.

사실 CP 위반은 우주의 가장 위대한 미스터리 중 하나인, 우리가 존재하는 이유에 대한 수수께끼를 푸는 데 도움이 될 수 있습니다. 우주에 물질이 존재하는 이유는 무엇일까요? 빅뱅 이후 같은 양의 물질과 반대 전하를 띤 반물질이 생성되었다면 서로 소멸하여 에너지로만 가득 찬 우주가 되었어야 합니다. 그러나 CP 위반은 물질과 반물질의 불균형이 존재할 수 있음을 암시하여 수소와 헬륨으로 가득 찬 우주가 결국 별과 행성, 탄소 기반 생명체로 이어지게 되었습니다. 우젠슝이 베타선의 작은 비대칭을 발견한 것은 궁극적으로 우주의 우주론과 우주를 지배하는 가장 근본적인 상호작용에 대한 완전히 새로운 관점으로 이어졌습니다.

우의 실험이 알려지면서 그녀는 이전보다 더 유명해졌습니다. 극작가 클레어 부스 루스Clare Boothe Luce는 "우 박사가 남녀평등의 원칙을 무너뜨렸을 때, 그녀는 남성과 여성의 평등 원칙을 확립했다"고 농담을 던지기도 했습니다. 하지만 이는 사실이 아닌 것으로 밝혀졌습니다. 우 박사는 획기적인 연구 결과를 발표한 바로 그 해인 1957년 노벨위원회에서 노벨상 수상자에서 제외된 여성 명단에 이름을 올렸습니다. 리충다오와 양첸닝은 평등 비보존 법칙을 연구한 공로로 1957년 노벨 물리학상을 수상하며 역사상 최초의 중국인 노벨상 수상자가 되었습니다. 언제나 그렇듯이 위원회는 남성에게 상을 주고 정작 논란의 중심에 있던 여성은 잊어버렸습니다. 양과 리는 수상 수락 연설에서 우의 공헌을 인정하고 감사를 표했지만, 두 사람 모두 수상하기 전에 그녀를 포함시켜 달라고 주장하지는 않았습니다. 우젠슝은 이 문제에 대해 공개적으로 언급하지 않았습니다. 그러나 사석에서는 자신이 인정받지 못한 것에 대해 매우 상처를 받았음을 인정했죠.

멀리 중국에 있는 그녀의 가족과 조국은 세 명의 중국 과학자가 물리학을 혁신한 해를 축하했습니다. 하지만 이듬해 우의 오빠가 세상을 떠났고, 그 다음 해에는 사랑하는 아버지를 잃었습니다. 우는 후스에게 '더 이상 눈물을 참을 수 없다'는 편지를 보냈습니다. 중국으로의 입국이 여전히 제한되어 있었기 때문에 우는 두 장례식에 모두 참석할 수 없었습니다. 1962년 어머니의 장례식에도 참석할 수 없었습니다. 1973년 마침내 중국 본토로 돌아왔을 때는 문화대혁명으로 부모님의 무덤이 파괴된 뒤였습니다. 저우언라이Zhou Enali 중국 총리가 직접 그녀에게 무덤 파괴에 대해 사과했습니다.

균형을 목표로

노벨상 수상은 무산되었지만 우의 경력은 빠르게 발전했습니다. 1958년에는 정교수로 승진했고, 그동안 미뤄졌던 급여 인상도 이루어졌습니다. 또한 그녀는 프린스턴대학에서 명예 박사학위를 받은 최초의 여성이 되었습니다. 베타 붕괴는 그녀를 더욱 획기적인 실험으로 이끌었습니다. 1959년, 리처드 파인만과 머레이 겔만은 빛과 물질의 알려진 전자기 상호작용과 유사한 방식으로 핵 상호작용을 설명하는 새로운 이론적 모델을 논의하기 위해 그녀를 찾았습니다. 그들은 그녀에게 그들의 이론을 테스트할 실험을 고안해 달라고 간청했습니다. 그녀는 거절할 수 없었습니다.

1962년, 우젠슝의 연구팀은 실험을 통해 이론을 확인하며, 전자기 상호작용과 약한 핵 상호작용을 통합적으로 설명하는 전기약 이론electroweak theory의 기초를 마련했습니다. 우는 남은 생애 동안 핵물리학 실험의 경계를 계속 넓혀 나갔습니다. 1960년대 중반, 그녀는 이중 베타 붕괴라는 현상을 탐구하기 위해 소금 광산 지하 깊은 곳에서 실험을 시작했습니다. 그녀의 1965년 저서 '베타 붕괴'는 이 주제에 관한 고전적인 교과서가 되었습니다. 그뿐만 아니라 그녀는 핵물리학의 응용 분야로도 관심을 확장하여, 의료 분야에서 핵물리학의 가능성을 탐구했습니다. 예를 들어, 그녀는 빈혈이 헤모글로빈 분자의 변화에 미치는 영향을 연구했습니다. 그녀의 연구는 기초 과학뿐 아니라 실용적 응용 분야에서도 중요한 기여를 했습니다.

1964년 MIT에서 열린 여성과 과학자 심포지엄에서 우젠슝은 "작은 원자와 핵, 수학적 기호, DNA 분자가 남성적 또는 여성적

대우를 선호하는지 궁금합니다."라고 말했습니다. 우는 아버지가 소녀들에게 교육의 기회를 제공하고자 했던 헌신을 결코 잊지 않았습니다. 과학계의 선도적인 여성으로서 그녀는 기회가 있을 때마다 여성의 권리를 옹호했습니다. 그녀는 자신의 어려움을 공개적으로 이야기하고 1970년대 컬럼비아대학에서 적극적 우대 조치 프로그램을 개발하는 데 참여했으며, 본래 활동가가 되기를 원했던 것은 아니지만, 종종 여성의 권리를 옹호하는 역할을 자처했습니다.

1975년, 우젠슝은 물리학 법칙을 위반한 것이 아니라 물리학자들의 암묵적인 법칙을 깨뜨린 것으로 다시 한번 언론의 주목을 받았습니다. 그녀는 미국 및 전 세계 물리학자들을 위한 최고의 협회인 미국 물리학회의 첫 여성 회장이 되었습니다. 페르미, 밀리칸, 그리고 수많은 노벨상 수상자 등이 전임 회장으로 활동했지만, 75년 역사상 여성이 회장으로 선출된 적은 없었습니다. 우는 제럴드 포드Gerald Ford 대통령을 만나 과학 자문기구를 만들자고 조언했고, 포드 대통령은 이에 동의했습니다. 이듬해 의회는 과학과 관련된 모든 문제에 대해 대통령에게 직접 자문을 제공하는 과학기술정책실을 설립했습니다. 또한 포드는 우에게 미국 최고의 과학자 표창인 국가과학훈장을 수여했습니다. 그녀는 물리 과학 분야에서 메달을 받은 최초의 여성이었습니다.

우가 여러 차례 후보에 올랐지만 노벨상은 여전히 수상하기 어려웠습니다. 1978년 볼프상이 제정되었습니다. 그 목표 중 하나는 노벨이 무시했던 뛰어난 공헌을 인정하는 것이었습니다. 첫 번째 수상자는 우젠슝이었습니다. 그녀는 과학 분야에서 거의 모든 상을 수상하며 중국의 퀴리 부인이라는 별명을 얻게 되었습니다. 하지만 우는 이 별칭을 좋아하지 않았습니다. 그럼에도 불구하고 자신이 태어난 나라와 새로운 삶을 시작한 미국 모두에서 영웅으로 칭송받았죠. 1981년 은퇴한 후에도 그녀는 중국을 자주 방문했습니다. 그녀의 마지막 유언에 따라 1997년 사망 후 유해는 중국으로 옮겨져 아버지가 물리학을 향한 문을 열어준 밍더 학교의 뜰에 묻혔습니다.

혜성 사냥꾼

우젠슝이 입자 물리학의 기존 모델을 무너뜨린 지 21년 후, 또 다른 여성이 우주의 위치에 대한 기존 모델을 깨뜨렸습니다. 그녀 역시 우젠슝처럼 아버지의 도움으로 여정을 시작했습니다. 페사흐 코브체프스키Pesach Kobchefski는 7세 때 리투아니아에서 가족과 함께 뉴욕 글로버스빌로 이주했습니다. 페사흐는 새로운 삶을 시작하며 필립(피트) 쿠퍼로 이름을 바꾸었죠. 가족 중 최초로 대학에 진학한 피트는 1920년 펜실베니아대학에서 전기공학 학위를 취득했습니다. 그는 곧 벨 전화 회사에 취직했습니다. 그곳에서 그는 로즈 애플바움Rose Applebaum이라는 회계사와 사랑에 빠졌고, 벨 회사는 직원 간 연애를 권장하지 않았죠. 두 사람은 결국 사랑을 이루어 1924년 결혼했지만, 그 후 로즈는 벨에서 일을 그만둬야 했습니다. 대신 두 딸 베라Vera와 루스Ruth를 키우는 데 집중했습니다. 1938년, 가족은 워싱턴 DC로 이사했습니다. 바로 이 새로운 집에서 10세였던 베라 쿠퍼는 별과 우주에 매료되기 시작했습니다.

베라는 자신의 침실 창문을 통해 밤하늘의 별들이 하늘을 도는 모습을 보며 놀라워했습니다. 우주에서 지구의 움직임을 처음으로

▲ 마리 미첼이 바사대학에서 학생들에게 천체 관측 방법을 가르치고 있다.

느낀 순간이었죠. 그녀는 잠들기 전 유성을 보고 그 궤적을 기억해 두었다가 아침에 유성을 그리곤 했습니다. 마거릿 버비지와 마찬가 지로 베라 역시 제임스 진James Jeans의 인기 도서 〈우리 주변의 우 주〉에서 영감을 받았습니다. 학교에서는 영어 수업 시간에도 천문 학에 관한 에세이를 썼습니다. 그녀의 부모님은 딸의 남다른 열정 을 응원하기 위해 최선을 다했습니다. 쿠퍼 가정에서 천문학은 남 자아이들만의 것이 아니라 모두를 위한 것이었습니다. 베라의 아버 지는 그녀가 자작 망원경을 만들도록 도왔고, 그녀를 워싱턴 D.C. 아마추어 천문학 동호회 모임에 데려가곤 했습니다. 그곳에서 베라 는 할리 섀플리 같은 저명한 천문학자의 강연을 들으며 언젠가 그 들의 발자취를 따르고 싶다는 꿈을 키우기도 했습니다.

베라의 부모님이 보여준 지원은 특히 중요했습니다. 학교에서 그 녀가 예상치 못한 장애물에 부딪혔기 때문입니다. 그녀의 물리학 선생님은 물리학을 공부하려면 반드시 똑똑한 두뇌가 필요하다고

　　　　　　　　　　　　　　　지워진 천문학자들

믿는 구식 교사였죠. 여성은 열심히 일하는 사람이지 똑똑한 사람이 아니라고 주장하기도 했습니다. 베라는 그를 무시하는 대신 1847년 미국 여성 최초로 혜성을 발견한 마리아 미첼Maria Mitchell을 롤모델로 삼았습니다. 미첼은 혜성 발견으로 덴마크 국왕으로부터 권위 있는 금메달을 받았고 미국에서 유명 인사가 되었습니다. 그녀가 발견한 혜성처럼 미첼은 천문학의 새로운 길을 개척해 나갔습니다. 1865년, 그녀는 바사르대학의 교수직을 수락하면서 미국에서 천문학 교수로 일한 최초의 여성이 되었습니다. 바사르대학 천문대의 책임자로도 임명되었죠. 실습 위주의 천문학 교육 방식 덕분에 학생들에게 큰 사랑을 받았습니다. 한 번은 학생들과 망원경을 들고 콜로라도로 일식을 관측하러 가기도 했습니다. 이후 10년 동안 바사르는 하버드보다 더 많은 천문학 학생을 유치했는데, 이는 주로 미첼과 같은 교수들의 명성 덕분이었습니다. 그녀는 최초의 흑점 사진을 찍고 성운, 혜성, 별, 행성의 움직임을 관측했습니다. 그녀는 혜성의 동료 발견자인 유럽의 캐롤라인 허셜Caroline Herschel을 비롯한 학계와 다른 천문학자들에게도 잘 알려져 있었습니다.

그녀의 실적과 명성에도 불구하고 미첼은 여전히 바사르의 젊은 남성 교수진보다 적은 급여를 받았습니다. 단순히 자신의 급여 인상만 요구한 것이 아니라, 동료 교수이자 바사르대학의 유일한 여성 동료인 알리다 에이버리Alida Avery의 급여 인상도 요구했습니다. 학교 측은 그녀의 요구를 받아들일 수밖에 없었습니다. 미첼의 활동은 여기서 끝나지 않았습니다. 그녀는 노예제 반대 운동과 여성 참정권 운동에 참여했으며 여성 발전 협회의 공동 창립자이기도 했습니다. 그녀는 미국 과학진흥협회와 미국 예술과학아카데미의 첫 여성 회장으로 선출되는 등 진정한 트렌드세터였습니다. 그녀는 사망하기 1년 전인 1888년 은퇴할 때까지 바사르에서 천문학을 계속 가르쳤습니다. 마리 미첼의 이야기는 베라에게 희망을 주었습니다. 고등학교를 졸업한 후 1945년, 그녀는 바사르 대학에 입학하기 위해 장학금을 받았습니다. 그녀의 고등학교 물리학 교사는 그녀에게 과학을 멀리하라고 충고했고, 그녀는 계속해서 그를 무시했습니다. 마리 미첼이 혜성을 관측한 지 101년이 지난 1948년, 베라 쿠퍼는 그 해에 천문학 학위를 취득한 유일한 학생으로 바사르대학을 졸업했습니다.

천문학자라는 꿈을 향하여

베라는 이제 어릴 적부터 꿈꿔왔던 천문학자의 길을 걷고 있었습니다. 수년 동안 하늘을 올려다본 덕분에 베라의 목표가 높아졌습니다. 그녀는 프린스턴에 편지를 보내 석사 프로그램 카탈로그를 요청했지만, 천문학 대학원 프로그램에 여성은 입학할 수 없다는 통보를 받았습니다. 그녀가 선택할 수 있는 다른 대학은 천문대의 여성 계산수가 천문학의 역사에 이름을 남긴 하버드대학이었습니다. 천문학 분야에서 여성의 능력은 분명 존중받을 것입니다. 하지만 하버드는 아직 여성에게 직접 학위를 수여하지 않았고, 자매 기관인 래드클리프에 맡기는 것을 선호했습니다. 이러한 정책은 1960년대까지 바뀌지 않았습니다. 오늘날에도 물리학 및 천문학 분야의 여학생 비율은 매우 낮습니다.

베라가 하버드를 고려하지 않은 또 다른 이유가 있었습니다. 그녀는 바사르 대학 재학 시절 코넬대학에서 화학과 대학원 과정을 밟고 있던 밥 루빈Bob Rubin이라는 남자를 만난 적이 있었습니다. 그녀는 그에게 코넬의 교수였던 유명한 물리학자 리처드 파인만을 아느냐고 물었고, 밥은 파인만의 수업을 듣고 있다고 대답했습니다. 이는 베라에게 '올바른 답변'이었고, 두 사람은 좋은 관계를 이어가며 1948년에 결혼했습니다. 밥은 여전히 코넬에 재학 중이었기 때문에 베라는 그곳의 석사 과정에 등록했습니다. 코넬에서 베라는 파인만의 물리학 수업을 들었지만, 그녀의 첫사랑은 여전히 천문학이었죠.

베라는 코넬의 첫 여성 과학 교수였던 천문학자 마사 스타 카펜터Martha Stahr Carpenter의 강의와 그녀의 은하 연구에 매료되었습니다. 카펜터의 은하 역학 강의는 루빈이 남은 커리어 동안 따라야 할 길을 제시해 주었습니다. 석사학위 논문에서 그녀는 은하의 대규모 운동을 연구하는 데 집중하기로 했습니다. 그녀는 빅뱅 모델에서 예측한 것처럼 은하들이 지구에서 균일하게 멀어지는 것이 아니라 다른 방식으로 움직이는 건 아닐지 궁금했습니다. 그녀는 은하들의 속도를 분석하며 은하들이 공통 축을 중심으로 회전한다는 가설을 제안했습니다. 축을 중심으로 전자가 핵 주위를 돌거나 달이 지구 주위를 도는 것처럼 말이죠. 이 가설은 나중에 틀린 것으로 판명되었지만 다른 연구자들이 은하 역학을 더 깊이 탐구하도록 자극했습니다. 우주의 궤도 운동에 대한 질문은 향후 연구에서 결정적인 역할을 하게 됩니다. 그녀가 발견한 또 다른 흥미로운 사실은 우리 주변 우주의 은하들이 특정 평면에 집중되어 있는 것처럼 보인다는 것이었습니다. 천문학자들이 이 영역이 초은하면, 즉 우리 주변 초은하단의 적도면이라는 사실을 확인하기까지는 수년이 걸렸습니다.

루빈의 논문 발표가 끝난 후 천문학과 학과장인 윌리엄 쇼William Shaw는 그녀의 연구가 엉성하다고 말하면서도 미국의 주요 천문학 협회인 미국 천문학회 회의에서 그녀의 연구 결과를 발표해 주겠다고 제안했습니다. 그녀는 임신 중이었고 출산 예정일이 한 달 앞으로 다가왔으며 학회 회원도 아니었지만, 쇼가 자신의 이름으로 연구를 발표하도록 허락하지 않았습니다. 루빈은 자신이 직접 발표할 수 있다고 주장했고, 아기가 태어나자마자 첫 번째 학회 참석을 위해 출발했습니다. 아기를 돌보기 위해 남편 밥이 함께 왔고, 부모님은 가족 모두를 차에 태우고 학회장까지 운전해 주었습니다.

다른 전문가에게 자신의 과학에 대해 발표하는 첫 경험은 정보를 공유하고 피드백을 받는 흥미로운 순간이어야 합니다. 하지만 사실 긴장되는 것도 사실입니다. 자신의 연구가 훌륭하고 흥미로운지 궁금해지겠죠. 반드시 알아야 할 것을 놓치지 않았을지 걱정되어 입이 바짝 마릅니다. 자신보다 똑똑한 누군가가 치명적인 결함을 지적하고, 사기꾼이나 바보처럼 보일 것이라고 확신합니다. 저는 첫 컨퍼런스 발표에서 목소리와 손을 떨며 비틀거렸던 기억이 납니다. 프레젠테이션 원고를 미리 작성하고 단어를 하나하나 외웠죠. 데이터를 확인하고 또 확인하며 자료를 꼼꼼히 준비했습니다. 어떻게든 15분 만에 발표를 마쳤는데, 그 시간이 영원할 것 같았죠. 알고 보니 제 강연과 같은 시간에 유명한 물리학자가 강연을 하고 있었기 때문에 제 세션에 참석하거나 제 연구 결과에 큰 관심을 기울이는 사람은 거의 없었습니다. 실망스러웠지만 은근히 안도감이 들기도 했죠.

베라 루빈의 첫 번째 컨퍼런스 경험은 아마도 저보다 더 안 좋았을 것입니다. 그녀는 자신의 강연 제목을 "우주의 회전"이라는 멋

지워진 천문학자들

진 이름으로 정했고, 스스로 좋은 프레젠테이션을 했다고 느꼈습니다. 하지만 남성 청중은 동의하지 않았습니다. 이어진 토론에서 거의 모든 의견이 부정적이었습니다. 나중에 워싱턴포스트는 '젊은 엄마, 창조의 중심을 찾다'라는 제목으로 그녀의 강연에 대한 기사를 실었습니다. '진짜' 천문학자로서 진지하게 받아들여지지 않은 것이죠. 천체물리학 저널과 천문학 저널 모두 그녀의 논문 제출을 거부했고, 결국 출판되지 못했습니다. 천문학 석사 학위를 취득한 후에도 베라 루빈은 이 분야의 아웃사이더로 남아있었습니다.

우주의 운동 법칙을 탐구하다

1951년 루빈 부부는 워싱턴 D.C.로 이사했고, 밥은 존스 홉킨스 응용물리 연구소에서 자리를 제안받았습니다. 베라는 아이를 키우기 위해 집에 머물렀지만 천체물리학 저널을 읽을 때마다 눈물을 흘릴 정도로 천문학이 그리웠습니다. 밥은 아내의 비참한 모습을 보고 싶지 않아서 학교로 돌아가자고 재촉했습니다. 그래서 1952년, 베라는 둘째 아이를 임신한 상태에서 조지타운대학의 천문학 박사 과정에 등록했습니다. 그녀의 남편은 조지 워싱턴 대학에서 조지 가모프와 함께 일하던 물리학자 랄프 알퍼와 같은 사무실을 사용했습니다. 알퍼는 가모프에게 사무실 동료의 아내가 은하계에 대해 석사 과정을 밟고 있는 천문학자라고 말했고, 가모프는 자세한 내용을 알아보기 위해 그녀를 만나고 싶다고 요청했습니다. 그녀는 응용물리 연구소에서 예정된 그의 강의에 참석하겠다고 제안했지만, 연구실에는 '아내들'의 출입이 허용되지 않는다는 답변을 들었습니다. 이에 둘은 다른 방식으로 만남을 가지기로 했고, 결국 가모프가 외부 박사 지도교수로 참여하는 프로젝트를 함께 진행하기로 했습니다.

가모프는 이전에 은하를 분석한 결과를 바탕으로 루빈에게 은하의 공간적 분포를 더 자세히 살펴볼 것을 제안했습니다. 그녀는 은하가 우주에 균일하게 분포되어 있지 않고 서로 뭉쳐 있는 경향이 있다는 것을 발견했습니다. 이 새로운 발견으로 그녀는 1954년 박사학위를 받았습니다. 새로운 자격 증명과 유명한 지도교수의 지원으로 다른 천문학자들이 자신의 발견을 진지하게 받아들이게 될 것이라고 생각했다면 오산이었죠. 오늘날에는 널리 인정받고 있지만, 그녀의 연구는 수년 동안 무시당했습니다. 낙담했지만 그녀는 '진짜' 천문학자가 되겠다는 결심을 굳건히 지켰습니다. 이후 10년 동안 조지타운대학에서 연구원으로 일하다가 결국 교수로 재직하며 네 명의 자녀를 돌보며 천문학 연구를 병행했죠(부모님의 과학에 대한 사랑은 유전되어 네 자녀 모두 과학 분야의 직업을 선택했고, 결국 가족 중 '루빈스 박사'가 여섯 명이나 되었습니다).

조지타운대학에서 루빈은 천문학 대학원생들을 대상으로 저녁 강의에서 은하 역학을 가르쳤습니다. 학생들에게 실제 연구 경험을 제공해 주고 싶었지만, 자신이나 학생들이 미국의 대형 천문대에서 관측할 수 있는 기회가 없었습니다. 그래서 그녀는 쉽게 접근할 수 있는 것을 가지고 작업했습니다. 한 수업에서 그녀는 6명의 학생들에게 특정한 과제를 내주었습니다. 기존 별 카탈로그에 있는 관측 데이터를 사용하여 은하수에서 멀리 떨어진 별들의 회전 운동을 분석하는 것이었습니다. 회전은 우리가 우주 속에서 움직이는 근본적인 방식을 이해하는 핵심 요소입니다. 베라가 어린 소녀 시절

매일 밤하늘을 도는 별들을 보았을 때, 그녀는 24시간마다 지구가 자전축을 중심으로 자전하는 것을 지켜보고 있었습니다. 계절이 바뀌면서 태양의 경로가 달라지는 것을 볼 때는, 지구가 태양 주위를 1년 주기의 궤도로 공전하는 현상을 보고 있는 것입니다. 태양 자체도 자전합니다. 1612년에 갈릴레오는 태양 표면의 어두운 흑점이 약 27일을 주기로 태양이 축을 중심으로 회전하는 것을 관찰했습니다. 우리는 또한 태양이 우리은하 중심을 공전하는 매우 긴 궤도를 따라 움직이는 여정을 함께하고 있습니다. 태양이 은하 중심 주위를 한 바퀴 도는 '우주적 1년'은 약 2억 3천만 지구년이 됩니다.

태양은 약 20 '우주적 나이'에 해당하는 시간을 살아왔으며, 앞으로도 약 20번의 은하 공전을 더 하며 생명을 유지할 것입니다. 인간의 생명은 현재의 우주적 1년의 마지막 10일 동안에야 지구에서 시작되었고, 그 인간들 중 일부는 천문학자가 되었죠. 1920년대쯤(현재 우주적 시간으로 약 14초 전) 천문학자들은 가까운 별들의 움직임을 관찰하여 태양과 그 가족인 행성들이 은하 중심을 공전하는 주기를 알아냈습니다. 이 주기는 약 우주적 1년, 즉 태양이 은하 중심을 한 바퀴 도는 데 걸리는 시간입니다. 우주의 1년은 다소 길게 느껴질 수 있지만, 이는 우리가 느리게 가고 있기 때문이 아닙니다. 우리는 매분 태양과 함께 은하 궤도를 12,000킬로미터 이상 이동합니다. 그럼에도 불구하고 은하 중심을 한 바퀴 도는 데 걸리는 시간은 상당히 깁니다. 왜냐하면 그 궤도의 총 길이는 약 1,600,000,000,000,000,000킬로미터에 달하기 때문입니다.

베라 루빈은 은하수 중심 주변에 있는 다른 별들이 회전하는 움직임을 탐구하고 싶어했습니다. 그녀는 애니 캐넌과 하버드 컴퓨터의 분류 체계에 따라 O형과 B형으로 분류되는 별을 살펴보는 것이 가장 좋은 방법이라는 것을 깨달았습니다. 이 별들은 가장 거대하고 가장 밝은 별들이기 때문에 그 움직임을 가장 쉽고 정확하게 추적할 수 있었습니다. 루빈은 학생들에게 별 목록에서 이 별들에 대한 데이터를 추출하고 회전 곡선을 그리라고 지시했습니다.

별의 이상 현상

어렸을 때 제가 가장 좋아했던 장난감 중 하나는 오빠의 피셔 프라이스Fisher Price 레코드 플레이어였습니다. 음악이 재생되면서 레코드판이 빙글빙글 돌아가는 모습을 보는 게 너무 좋았죠. 그때는 몰랐지만 회전하는 레코드판은 회전 곡선의 힘을 재미있고 간단하게 이해할 수 있는 방법이었습니다. 처음 만들어진 축음기는 1분에 78회전(RPM)으로 레코드판을 꽤 빠르게 돌렸습니다. 모든 12인치 LP는 1분에 33.5바퀴, 2분에 77바퀴를 도는 셈입니다(아직 턴테이블과 레코드판을 가지고 있다면 말이죠).

제가 어렸을 때 했던 것처럼 레코드판의 바깥쪽 가장자리에 있는 점을 골라 회전하는 것을 보면, 레코드판의 중앙에 가까운 점보다 한 바퀴 도는 데 훨씬 더 많은 거리를 이동한다는 것을 알 수 있습니다. 두 점의 각속도(RPM)는 같고 1분 동안 33.5회 공전하지만, 바깥쪽 점이 그 시간 동안 더 큰 거리를 이동하므로 공전 속도가 더 빨라집니다. 원반의 중심에 가장 가까운 점은 한 바퀴를 돌기 위해 가장 짧은 거리를 이동해야 하므로 궤도 속도가 가장 낮습니다. 중심에서 멀어질수록 이동해야 할 거리가 길어지고, 공전 속도도 증가하게 됩니다. 회전 곡선은 이 관계를 간단히 그래픽으로

지워진 천문학자들

표현한 것으로, 중심에서의 거리와 공전 속도와의 관계를 표시한 그래프입니다. 속도는 거리에 따라 증가하므로 회전 곡선은 중심에서 바깥으로 갈수록 직선으로 증가하는 그래프 모양을 나타냅니다.

사실 모든 회전하는 단단한 물체는 위쪽으로 기울어지는 회전 곡선을 가지고 있습니다. 놀이터 회전무대도 마찬가지입니다. 빨리 가기를 좋아하는 아이들은 바깥쪽 가장자리에서 타는 것을 좋아합니다. 따라서 위쪽으로 경사진 회전 곡선이 보이면 해당 물체가 보이지 않더라도 회전하는 강체 물체라는 것을 유추할 수 있습니다.

하지만 모든 회전 곡선이 위쪽으로 기울어지는 것은 아닙니다. 아래쪽으로 기울어지는 곡선에서 무엇을 유추할 수 있을까요? 이러한 곡선은 자전 중심에서 멀어질수록 궤도 속도가 감소하는 곡선을 나타냅니다. 이러한 유형의 곡선은 행성 운동의 특징이며 400여 년 전 독일의 천문학자 요하네스 케플러Johannes Kepler가 처음 관측한 것입니다.

케플러는 행성의 궤도 속도가 태양으로부터의 거리에 따라 급격히 감소한다는 사실을 발견했습니다. 태양에서 멀리 떨어진 행성일수록 공전 속도가 느렸습니다. 이는 태양과 행성이 레코드판처럼 딱딱한 원반에 모두 붙어 있는 것이 아니기 때문입니다. 대신, 각 행성의 움직임은 태양계에서 가장 거대한 물체인 태양의 중력에 의해 좌우됩니다. 태양에 가까울수록 태양의 인력을 더 강하게 느끼기 때문에 더 빠르게 공전하고, 멀리 떨어져 있는 행성은 더 느리게 공전합니다. 이로 인해 회전 곡선은 하향 곡선을 나타내게 되며, 이를 케플러 회전 곡선Keplerian rotation curve이라고 부릅니다. 다른 별을 중심으로 공전하는 행성계에서도 동일한 케플러 곡선이 나타날 것으로 예상됩니다. 거대한 중심 천체 주변의 천체 궤도는 모두 비슷한 하향 경사 케플러 곡선을 보일 것입니다. 하지만 때때로 우리가 기대하는 것과는 다른 결과를 얻을 수도 있습니다.

베라 루빈과 학생들은 은하수에 있는 별들의 궤도 속도와 거리를 계산하기 위해 O등급과 B등급 별들의 별 카탈로그를 샅샅이 뒤졌습니다. 이 프로젝트는 수업이 끝난 후에도 계속 이어져 완료하는 데 1년이 걸렸습니다. 마침내 그들은 회전 곡선을 완성했습니다. 루빈은 1962년 4월 미국 천문학회 회의에서 연구 결과를 발표했습니다. 그들은 우리은하의 외곽, 은하 중심에서 26,000광년 이상 떨어진 곳에서 '케플러 궤도에서 예상되는 공전 속도의 감소가 관찰되지 않았다'는 놀라운 발견을 했습니다.

과학자들은 우리은하 외곽에 있는 항성들이 은하 중심에 집중된 별들의 중력에 의해 궤도를 유지한다고 예상했습니다. 태양계에서 태양의 질량이 행성을 궤도에 붙잡아 두는 것처럼, 우리은하 중심부의 질량도 외곽의 별들을 궤도에 유지시킨다고 보았기 때문입니다. 태양계의 경우 태양의 중력은 거리가 멀어질수록 감소합니다. 은하에서도 중심부의 별들이 발휘하는 중력은 거리가 멀수록 감소해야 합니다. 따라서 우리은하 안에 있는 별들의 회전 곡선도 태양계의 케플러 곡선처럼 나타날 것이라고 예측했죠. 하지만 루빈과 학생들이 발견한 것은 그렇지 않았습니다. 은하 중심에서 26,000광년 떨어진 거리에서는 별의 궤도 속도는 예상대로 거리에 따라 감소하지 않고 오히려 예상보다 빠르게 움직였습니다. 루빈과 그녀의 팀은 이 이상 현상이 관측 오류나 계산 실수로 인한 것이 아닌지 여러 번 확인했습니다. 그러나 이것은 오류가 아니었습니다. 무언가 다른 요인이 작용하고 있었던 것입니다.

지워진 천문학자들

마침내 진정한 천문학자가 되다

베라 루빈과 그녀의 연구진은 자신들의 발견이 얼마나 논란이 될지 알았기 때문에 논문을 준비하기 전 오랜 시간 동안 신중하게 계산을 검토했습니다. 그들은 종종 그녀의 집에서 음식보다 서류가 더 많이 쌓인 커다란 식탁에 둘러앉아 작업했습니다. 마침내 루빈은 논문이 학술지에 제출할 준비가 되었다고 만족했고, 천문학 저널에 게재가 승인되었습니다. 그러나 편집자는 루빈에게 학생들을 공동 저자로 포함시키지 않겠다고 통보했고, 루빈은 학생들을 공동 저자로 포함시키지 않으면 논문을 철회하겠다고 답했습니다. 결국 편집자는 이를 받아들였고 1962년 10월에 루빈의 이름과 함께 모든 학생의 이름이 포함된 논문이 출판되었습니다. 루빈은 커리어 내내 학생과 후배 연구자들의 강력한 지지자로 남았습니다. 그러나 그녀는 첫 번째 회전 곡선 논문에 대한 매우 부정적인 반응으로부터 학생들을 보호할 수 없었습니다.

아무도 은하수 자전 곡선이 케플러식이 아닐 수 있다고 믿지 않았습니다. 논문의 신중한 계산에도 불구하고 다른 과학자들은 분석이나 관측 데이터에 오류가 있다고 생각했습니다. 루빈이 받은 거의 모든 의견은 회의적이었고, 일부는 그녀의 표현대로 '불쾌할 정도'였습니다. 적대감은 부당했지만 회의적인 반응은 이해할 수 있었습니다. 결국, 케플러 곡선이 아닌 곡선의 발견은 중력 개념 자체에 도전하는 것이었으니까요.

태양계의 특징적인 하향 경사진 케플러 자전 곡선은 중력이 작용하는 방식에 따른 결과입니다. 태양계에서는 거리에 따른 태양의 중력 감소로 인해 멀리 떨어진 행성이 가까운 행성보다 느리게 움

▲ 베라 루빈은 은하 회전 곡선을 기록하기 위해 키트 피크 천문대의 켄트 포드의 분광기를 사용했다.

직입니다. 중력 이론에 따르면 은하수 자전 곡선은 케플러식이어야 합니다. 그렇지 않다면 별의 궤도 속도가 예측한 대로 거리에 따라 감소하지 않는다는 뜻이었습니다. 아인슈타인의 멋진 일반상대성 이론으로 설명되는 중력은 물리학의 초석이었습니다. 과학자들이 아인슈타인과 루빈 중 하나를 선택하라고 하면 선택은 명확했습니다. 대부분은 회전 곡선을 오류로 기록했죠.

베라 루빈은 퇴짜를 맞는 데 익숙했습니다. 그녀는 포기하지 않고 학생 공동 저자 중 한 명과 함께 또 다른 후속 논문을 발표했습니다. 그들은 다시 한번 회전이 예상보다 평평하다는 증거를 제시했죠. 일정 거리를 벗어난 별의 궤도 속도는 거리에 따라 감소하지 않고 동일하게 유지되었습니다. 하지만 루빈은 더 많은 데이터가 필요하다는 것을 알았고 직접 관측할 기회를 갈망했습니다. 그리고

지워진 천문학자들

곧 기회를 얻었죠. 1963년, 밥은 샌디에이고에 있는 캘리포니아대학에서 1년간 연구원으로 일할 수 있는 펠로우십을 받게 되었습니다. 그곳이 바로 마거릿과 제프 버비지가 있던 곳입니다.

버비지 부부는 이미 1957년 별의 핵 합성을 설명한 B^2FH 논문으로 유명했습니다. 베라에게 마거릿 버비지는 여성도 천문학 분야에서 두각을 나타낼 수 있다는 실제적인 증거였습니다. 버비지 부부는 루빈의 천문학에 대한 깊은 지식과 열정에 즉시 깊은 인상을 받았고, 1년 동안 팀에서 일할 수 있는 자리를 제안했습니다. 그해 루빈은 키트 피크 천문대와 맥도널드 천문대에서 은하 회전을 직접 관측할 수 있게 되었습니다. 그녀는 이후 몇 년 동안 버비지 부부와 함께 천체물리학 저널에 9편의 논문을 발표했습니다. 그녀는 더이상 그 논문을 읽을 때 울지 않아도 되었습니다.

성공적인 관측에 용기를 얻은 루빈은 칼텍의 팔로마 천문대에도 관측을 신청했지만, '여성은 관측 프로그램을 수행할 수 없다'는 규정이 명시되어 있었습니다. 여성용 화장실이 없다는 이유였죠. 마거릿 버비지는 팔로마 천문대의 자매 천문대인 윌슨산 천문대에서 관측을 하고 싶었을 때도 비슷한 변명을 들었습니다. 그럼에도 불구하고 루빈의 신청은 거부할 수 없을 정도로 강력했고, 그녀는 팔로마 망원경에 대한 접근 권한을 부여받은 최초의 여성이 되었습니다. 화장실 문제에 대한 그녀의 '해결책'도 전설이 되었습니다. 그녀는 남자화장실을 표시한 문양 위에 치마 모양의 종이를 붙였죠.

논란의 여지가 없는 증거

샌디에이고에서의 한 해는 베라가 마침내 진정한 천문학자가 된 듯한 기분이 들게 했습니다. 그녀는 자신의 관측 기술을 입증했고, 천문학계의 권위있는 세계 최고의 천문학자들과 학술지를 출판했습니다. 1964년, 그녀는 국제천문연맹의 정회원으로 환영을 받았습니다. 샌디에이고에서 일하면서 그녀는 관측 천문학에 대한 기회가 너무 적었기 때문에 조지타운에서의 직책을 그만둬야 한다는 것을 깨달았습니다. 위험한 결정이었지만 보람을 느꼈죠. 1965년, 그녀는 워싱턴 카네기 연구소의 직원 과학자 자리를 제안받았습니다.

학생 시절 루빈은 박사 학위 프로젝트와 관련하여 조지 가모프와 만나기 위해 이 기관을 방문한 적이 있었습니다. 그곳에 직원 과학자로 돌아오는 것은 꿈이 실현된 것이었습니다. 하지만 아이들이 학교에서 돌아오는 오후 3시까지 매일 퇴근해야 했기 때문에 전일제로 일할 수는 없었습니다. 기관은 그녀의 요구를 수용하기 위해 정규직 급여의 3분의 2를 지급했습니다.

다음 해에 루빈은 물리학자 켄트 포드Kent Ford와 함께 이미지를 기록하는 흥미로운 새 장치, 즉 희미한 물체의 스펙트럼을 포착하는 망원경의 능력을 10배까지 향상시킬 수 있는 이미지 튜브 분광기를 개발했습니다. 하지만 그는 천문학자가 아니었기 때문에 여기서 베라 루빈의 역할이 필요했습니다. 그녀와 포드는 이 새로운 장치를 사용하여 키트 피크와 로웰 천문대에서 수많은 관측을 했습니다. 처음에는 천문학계의 뜨거운 주제였던 퀘이사를 연구했습니다. 퀘이사는 적색편이가 크기 때문에 스펙트럼의 붉은 부분의 해

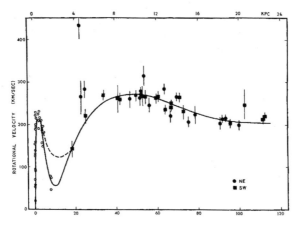

▲ 1970년 베라 루빈과 켄트 포드의 유명한 논문에서 처음으로 암흑 물질의 증거를 보여준 평평한 회전 곡선.

상도가 향상되어 새로운 분광기로 관측하기에 특히 적합했습니다. 연구 파트너들은 이 장치가 관측 시간을 10배나 단축할 수 있고 69인치 로웰 망원경이 더 큰 200인치 팔로마 망원경만큼의 성능을 발휘할 수 있다는 데이터를 발표했습니다. 그러나 그들은 점점 더 희미해지는 퀘이사를 찾기 위한 극심한 경쟁이 마음에 들지 않았습니다. 그래서 그들은 관측의 초점을 덜 연구된 영역으로, 루빈이 오랫동안 관심을 가졌던 은하 회전 곡선 연구로 바꾸기로 결정했습니다.

1970년, 베라 루빈과 켄트 포드는 2년간의 고된 작업 끝에 천체물리학 저널Astrophysical Journal에 안드로메다 은하의 회전 곡선에 관한 획기적인 논문을 발표했습니다. 포드의 분광기 덕분에 그들은 안드로메다 중심에서 훨씬 더 먼 거리에 있는 별들의 움직임을 이전까지 누구도 보지 못했던 방식으로 관찰할 수 있었습니다. 그들은 우리은하와 마찬가지로 안드로메다의 회전 곡선이 케플러의 회전 곡선이 아니라는 것을 발견했습니다. 중심에서 일정 거리를 벗어나면 곡선은 더 이상 아래쪽으로 기울어지지 않고 수평을 유지했습니다. 안드로메다의 가장 바깥쪽 별은 예상보다 빠르게 움직였습니다.

그리고 이번에는 켄트의 분광기가 매우 정밀했기 때문에 결과를 오류로 기록할 가능성이 전혀 없었습니다. 심지어 Sky & Telescope 잡지도 이 발견에 주목하며 기사를 실었습니다. 루빈과 포드는 연구를 이어갔고 1978년까지 10개 은하의 회전 곡선을 추가로 발표했습니다. 모든 곡선은 고집스럽게도 케플러식이 아닌 것으로 남아있었습니다. 한편 다른 연구자들은 이 패턴을 무시할 수 없다는 것을 확인했습니다. 먼 거리에서 은하 회전 곡선은 평평했습니다. 별의 궤도 속도는 중심까지의 거리가 멀어져도 동일하게 유지되었습니다.

은하 외곽 가장자리에 있는 별들은 너무 빨리 움직여서 중심 질량의 중력에서 벗어날 수 있어야 합니다. 무엇이 그들을 궤도에 머물게 했을까요? 두 가지 가능한 설명이 있었습니다. 하나는 중력 모델 자체에 결함이 있어 수정해야 한다는 것이었습니다. 다른 하나는 은하계에 추가적인 물질이 있다는 것이었습니다. 이 물질은 우리 망원경에는 보이지 않지만 빠르게 움직이는 별들을 궤도에 머무르게 하는 중력을 발휘할 수 있습니다. 대부분의 과학자들은 은하에는 빛을 방출하거나 반사하지 않지만 눈에 보이는 물질에 중력 영향을 미치는 보이지 않는 물질이 있을 것이라는 생각에 기울었습니다.

루빈과 포드는 우주에서 암흑 물질의 증거를 발견했습니다.

지워진 천문학자들

보이지 않는 우주

우주에 보이지 않는 물질이 있다는 생각은 새로운 것이 아니었습니다. 천문학자들은 우주에 빛을 방출하지 않아서 보기 어려운 가스 성운과 죽은 별이 있다는 것을 알고 있었습니다. 하지만 그들은 이런 종류의 물질은 은하계에서 보이는 별에 비해 무시할 수 있을 정도로 미미할 것이라고 추정했습니다. 그러나 1933년 스위스 천문학자 프리츠 츠비키Fritz Zwicky는 머리털자리 은하단의 일부 은하가 너무 빨리 움직여서 성단의 중력에서 벗어날 수 있을 것이라는 사실을 발견했습니다. 츠비키는 머리털자리 은하단이 천문학자들이 볼 수 있는 성단의 물질보다 10배나 더 풍부한 보이지 않는 물질에 의해 유지되고 있다고 대담하게 제안했습니다. 싱클레어 스미스Sinclair Smith도 처녀자리 은하단에서 보이지 않는 물질에 대해 비슷한 추정치를 발견했습니다. 과학자들은 우주에서 보이지 않고 알려지지 않은 이 물질을 '암흑'이라고 불렀습니다. 이 용어가 고착화되었지만 물리학자 찬다 프레스코드-와인슈타인Chanda Prescod-Weinstein의 제안에 따라 여기서는 보이지 않는 물질이라고 부르기로 하겠습니다.

1959년 루빈과 그녀의 제자들이 은하수 회전 곡선에 관한 첫 번째 논문을 발표하기 훨씬 전, 네덜란드의 천문학자 루이스 볼더스Louise Volders는 M33 은하의 수소 가스 방출을 관측하여 M33 은하의 평평한 전 곡선을 발표한 바 있었습니다. 다른 과학자들은 데이터에 오류가 있거나 비정상적인 곡선을 설명하는 다른 요인이 있을 것이라고 믿었기 때문에 루빈의 연구와 마찬가지로 볼더스의 결과는 대부분 무시되었습니다. 데이터에 오류가 있을 가능성이 너무 커서 연구 결과가 설득력을 지니기 어렵다고 여겼기 때문입니다. 루빈과 포드의 1970년 논문이 발표된 이후에서야 천문학자들은 눈에 보이지 않는 물질을 진지하게 고려하기 시작했습니다. 서서히 확증적인 증거가 쌓이기 시작했습니다. 1986년까지 루빈과 포드는 평평한 회전 곡선 목록에 23개의 은하를 추가하고 은하 역학에 관한 50개 이상의 논문을 발표했습니다. 루빈은 평평한 자전 곡선을 설명하는 데 필요한 추가 물질이 은하에서 보이는 물질보다 10배 더 풍부해야 한다고 계산하면서 무지와 지식 사이의 비율과 일치한다고 농담을 던졌습니다. 이론적 모델과 결합된 현재의 측정값은 그 비율이 실제로 약 5:1이라는 것을 보여줍니다.

허블 망원경은 은하 주변에 보이지 않는 물질로 이루어진 거대한 헤일로에 대한 추가 증거도 제공했습니다. 이 방법을 최초로 제안한 사람은 프리츠 츠비키입니다. 가까운 은하단 뒤에 위치한 먼 은하는 일반적으로 우리의 시야에서 가려져 보이지 않아야 합니다. 하지만 은하단과 같은 거대한 질량을 가진 물체는 빛을 중력으로 굽히는 현상을 일으킬 수 있습니다. 이렇게 빛이 휘어지면 멀리 있는 은하에서 나온 빛이 가까운 은하단을 돌아 우리 망원경에 도달할 수 있죠. 이로 인해 원래는 보이지 않았던 먼 은하가 망원경으로 관측 가능해집니다.

빛이 휘어지는 정도는 은하단에 포함된 물질의 양에 따라 달라집니다. 이 빛의 휘어짐 또는 '중력 렌즈' 효과를 사용하면 은하단 물질의 양을 추정하고 보이지 않는 물질과 보이는 물질의 비율이 약 5:1이라는 사실을 확인할 수 있죠. 최근에는 빅뱅의 잔여 에너지인 우주 마이크로파 배경 복사의 미세한 변화가 측정되었습니다. 이 변화는 가시 물질에 비해 보이지 않는 물질이 5배 더 많다

지워진 천문학자들

는 이론적 모델에 부합합니다. 빅뱅 모델은 또한 보이지 않는 물질이 초기 우주에서 은하와 별이 형성되는 데 중요한 역할을 했다는 것을 나타냅니다. 보이지 않는 물질이 없었다면 우리는 존재하지 않았겠죠.

루빈과 포드가 발견한 평평한 회전 곡선은 천문학계를 뒤흔들며 우주의 대부분이 우리가 알 수 없고 보이지 않는 물질로 이루어져 있다는 사실을 받아들이게 만들었습니다. 보이지 않는 물질은 너무 많아서 대부분 가스 성운이나 죽은 별이라고 설명할 수 없었습니다. 별과 행성, 인간을 구성하는 보통 물질과는 완전히 새로운 유형의 보이지 않는 물질이어야 했죠. 모든 원소를 나열한 주기율표는 보이지 않는 물질에는 적용되지 않습니다. 우리는 보이지 않는 물질에 대한 주기율표가 어떻게 생겼는지 모릅니다. 양성자와 중성자, 전자의 보이지 않는 유사체가 있을까요? 보이지 않는 물질의 기본 입자는 아직 발견되지 않았기 때문에 아무도 모릅니다. 하지만 입자 가속기와 망원경, 그리고 인간의 독창성을 이용한 사냥은 시작되었습니다.

1993년 7월 13일, 베라 루빈의 전화벨이 울렸습니다. 미국 대통령실에서 전화를 걸어 그녀가 국가 과학훈장을 받게 되었다고 알려온 것이었죠. 18년 전 우젠슝도 같은 전화를 받은 적이 있었습니다. 그 사이 1983년 루빈의 스승이었던 마거릿 버비지가 물리학계에서 이 전화를 받은 유일한 여성이었습니다.

1996년에는 왕립 천문학회에서도 그녀에게 최고의 영예인 금메달을 수여했습니다. 이 메달을 수상한 유일한 여성은 그녀보다 168년 앞선 캐롤라인 허셜이었습니다. 루빈은 상을 받게 되어 기뻤지만, 자신과 캐롤라인 허셜 사이에 엄청나게 긴 줄의 남성이 있다는 사실에 탄식했습니다. 이 무렵 루빈은 자신의 커리어 내내 겪어온 고착화된 성차별이 여전히 이 분야에 뛰어든 후배 연구자들에게 영향을 미치고 있다는 사실에 마음 아파하고 있었습니다. 그녀는 항상 성평등에 대한 열렬한 옹호자였으며, 편견을 발견할 때마다 이를 지적하고, 성 포용에 초점을 맞춘 수많은 국가 위원회에서 활동했으며, 차세대 과학자들을 개인적으로 멘토링했습니다. 한 번은 여성에게 더 낮은 연봉을 제시하는 구인 광고에 대해 남성도 여성만큼 경쟁력을 갖추려면 더 낮은 연봉을 요구해야 한다는 내용의 편지를 네이처지 편집자에게 보냈습니다. 편집자는 그녀의 편지를 게재하지 않았죠.

베라 루빈은 80대까지도 활발한 연구자이자 여성 인권의 전사로 활동하며 자신의 연구와 관련된 100편이 넘는 논문을 발표했습니다. 루빈의 이름은 노벨상 수상 후보자 명단에 자주 올랐지만, 노벨위원회에서 루빈은 보이지 않는 존재였습니다. 2016년 크리스마스 날, 여든여섯의 나이에 그녀가 그토록 관찰하기를 좋아했던 별들 사이에서 밝게 빛나는 흔적을 남기고 세상을 떠났습니다.

춤추는 원자

1997년 봄, 대학원 광학 연구 프로젝트로 고심하던 중 노벨상 수상자 T. D. 리Lee가 자신의 오랜 동료이자 친구였던 우젠슝에 대해 쓴 부고 기사를 네이처에서 접하게 되었습니다. 그 기사를 통해 기존의 물리학을 재구성한 여성에 대한 이야기를 처음 접하게 되었습니다. 저처럼 아시아에서 이민을 와서 지금까지 살아온 이 놀라

지워진 천문학자들

운 물리학자에 대해 더 자세히 알고 싶었습니다. 보다 많은 자료를 찾아보며 그녀가 이룬 업적에 놀라움을 금치 못했습니다. 그리고 그녀의 이야기를 더 일찍 알았더라면 좋았을 텐데, 하는 아쉬움이 들었죠. 그녀를 만날 수만 있었다면 제가 실험실에서 한 도전이 조금 더 쉬워졌을지도 모르죠.

저는 그 광학 연구실에서 연구를 계속할 영감과 자신감을 찾지 못했습니다. 얼마 지나지 않아 연구를 그만두고 물리학을 영원히 떠날까 고민했죠. 저는 우와 루빈처럼 물리학 및 천문학의 경계를 넓히는 재능이 없었습니다. 하지만 저는 여전히 물리학에 매료되어 있었습니다. 먹고, 숨 쉬고, 물리학을 생각하지 않는 것은 상상할 수 없었죠. 저는 연구실에 계속 머물러야 할 이유를 찾았습니다. 마침내 광학 실험실의 가시광선 스펙트럼이 아니라 보이지 않는 양자 입자 영역에서 그 이유를 찾을 수 있었습니다.

보이지 않는 것을 어떻게 볼 수 있을까요? 자세히 보면 됩니다. 베라 루빈은 보이지 않는 물질에도 흔적이 남는다는 것을 보여주었습니다. 투명인간을 바로 꿰뚫어 볼 수 있지만, 쌓인 눈 위에는 부츠가 남긴 흔적이 남아있을 수 있는 것처럼요. 머리카락 한 가닥 두께보다 10만 배 작은 개별 원자도 마찬가지입니다. 눈에 보이지 않을 정도로 작은 원자에 레이저 빔을 조준하면 원자는 빛에 그림자 흔적을 남깁니다. 말 그대로 원자의 기묘한 양자 세계에 빛을 비추는 방식이죠.

저는 광학 프로젝트에서의 경험 덕분에 실험실로 돌아가지 않기로 결심했습니다. 대신 다른 실험가들과 협력하여 레이저와 상호작용하는 원자를 관찰하는 실험을 설계하는 데 도움을 주었습니다. 계산, 설계, 테스트를 진행하면서 몇 주가 몇 달로, 몇 년으로 바뀌었습니다. 그러던 어느 날, 제 컴퓨터 화면에 연구 동료가 보낸 이메일 창이 떴습니다. 바로 실험에서 수집한 데이터로 만든 원자 사진이었죠. 그런 이미지들을 모아 영화 같은 원자 영상을 만들 수 있었습니다.

우리가 실험을 통해 배운 것은 물리학의 혁명은 아니었지만, 일종의 최초의 영화와 같은 것이었습니다. 우리 팀에게 그것은 오스카상을 받을 만큼의 가치가 있었죠. 그리고 우가 수십 년 전에 처음 관찰한 현상인 양자 얽힘을 비롯해 잘 알려지지 않았던 흥미로운 양자의 특성을 보여주었습니다. 마침내 물리학의 경계에 닿은 것 같은 기분이 들었습니다. 남은 인생을 바쳐 탐구하고 싶은 연구 분야를 찾았다는 생각이 들었습니다. 저는 오류가 없는지 파일에 있는 데이터를 확인하고 또 확인했습니다. 그러고는 앉아서 춤추는 원자 영상을 보고 또 보았습니다. 저는 울고 말았습니다. 소녀처럼 말이죠.

지워진 천문학자들

어느 날, 저는 꿈에서 자유낙하했습니다.

어둠 속에서 부유하고, 허우적거립니다. 제가 아직 지구에 있는 건가요? 왜 이렇게 숨쉬기가 힘들까요? 억지로 눈을 떴습니다. 침대에 누워 폐에 공기를 채우려고 하는데, 산소가 충분하지 않았습니다. 우주 공간으로 떠내려간 게 틀림없어요. 우주비행사들은 이런 기분을 느끼는 걸까요? 몇 번 숨을 헐떡이며 마침내 충분한 공기를 들이마셨습니다. 저는 우주가 싫다고 결론을 내렸습니다.

우리 모두를 숨죽이게 만든 4월입니다. 바깥은 우주의 진공 상태처럼 적막하기만 합니다. 저는 확실히 우주가 싫습니다. 뉴스는 종말 시나리오로 가득합니다. 코로나 사태로 인해 '봉쇄'가 오늘날 중요한 단어로 떠올랐지만 공포는 어떻게 봉쇄해야 할지 모르겠습니다. 용기를 되찾기 위해 온라인에 접속합니다. 그러나 제대로 작동하지 않았죠. 그 대신 재미있는 고양이 동영상을 찾아봅니다. 웃으면 다시 숨이 막히지만 괜찮습니다. 고양이 동영상을 좋아하기로 마음먹었으니까요.

결국 폐에 산소가 돌아왔고 평온함을 되찾을 수 있었습니다. 저는 다른 대다수의 사람들보다 훨씬 쉽게 극복했다는 것을 알았습니다. 우선 저는 살아있었으니까요. 저는 더 이상 우주 공간에 있지 않았습니다. 하지만 이제 시간은 넷플릭스Netflix 에피소드가 절 이끄는 대로 측정되고, 공간은 식료품점 통로의 테이프로 표시된 곳을 의미하게 되었죠. 마치 또 다른 대체 우주에 있는 것처럼요. 코로나로 인한 사망자 수가 끝없이 늘어나는 동안 저는 재택근무를 계속했습니다. 인도 뉴스에서는 갠지스강변을 따라 시체가 떠밀려 오는 장면이 보도되었습니다. 하지만 크리켓 경기는 텅 빈 경기장에서 계속되었습니다. 저는 우주만큼이나 이런, 대체 우주가 싫었습니다.

몇 달 동안 저는 눈에 보이지 않는 양자 입자에 대한 강의를 Zoom에서 진행하느라 바빴습니다. 하지만 보이지 않는 다른 입자들은 계속해서 우리 모두를 인질로 잡고 있었죠. 그러나 보이지 않는다고 해서 절대적인 것은 아닙니다. 이 책에 등장하는 모든 여성은 자신의 연구를 통해 이를 증명했죠. 커털린 커리코Katalin Karikó는 수년간 베일에 싸여 있다가 mRNA라는 네 글자로 코로나의 공격에 맞서 싸우는 방법을 찾아냈습니다. 그리고 그 악몽 같은 해에 노벨 물리학상을 수상한 안드레아 게즈Andrea Ghez도 마찬가지입니다. 그녀는 은하수 중심에 있는 보이지 않는 초대질량 블랙홀을 눈에 보이게 만들었습니다.

2학년 여름, 제 연인과 저는 잠시 휴식을 취하기 위해 북쪽의 외딴 호수로 자동차 여행을 떠났습니다. 가는 길에 점심을 먹으러 공원에 들러 샌드위치를 샀죠. 다른 사람들과 마찬가지로 저희도 지쳐 있었습니다. 저는 오랜 비대면 수업의 여파로 직접 대면한 적도

지워진 천문학자들

없는 학생들이 걱정되었습니다. 여성들이 코로나 사태의 가장 큰 피해를 입고 있었고, 물리학 연구 프로젝트를 그만둔 학생들도 있었습니다.

근처 공원에서 한 무리의 대학생들이 큰 소리로 수다를 떨고 있었습니다. 너무 무신경한 태도에 짜증이 나서 밥을 먹는 동안 그들의 수다를 무시하려고 노력했습니다. 물론 소용이 없었죠. 갑자기 무리에 있던 한 여성이 "어떤 프로그램을 선택할지 잘 모르겠어. 생물학도 좋은데, 물리학은 사랑하거든."이라는 말을 했습니다. 저는 잘못 들었다고 생각했습니다. 공원에서 갑자기 그런 말을 들을 확률이 얼마나 될까요? 하지만 그녀는 계속해서 "난 생물학 시험은 잘 봤고, 물리학 시험은 말도 안 되게 잘 봤어!"라고 말했습니다.

우주는 분명히 저에게 신호를 보내고 있었던 것입니다. 저는 침착하게 식사를 계속했지만 심장이 두근거렸습니다. "앗싸!"라고 외치고 싶은 심정이었죠. "나도 물리학을 좋아해요! 아무리 힘들어도, 당신이 어떤 사람이든 물리학은 탐구할 가치가 있어요."

세실리아 페인, 비브하 초우두리, 클라우디아 알렉산더, 그리고 모든 역경을 딛고 우주에서 영감을 얻은 모든 여성들에 대해, 그리고 우주가 자신이 숨겨둔 신비를 밝혀내 어떻게 여성들에게 보답했는지에 대해 이야기해주고 싶었습니다. 여성들이 저에게 얼마나 큰 영감을 주었는지 말해주고 싶었죠.

저는 점심을 다 먹고 그녀에게 다가가 제 소개를 했습니다. 깜짝 놀란 표정으로 그녀는 자신의 이름이 브리아나Brianna라고 말했습니다. 제가 물리학자라고 말하자 그녀와 친구들은 놀랍다는 표정을 지었습니다. 공원에서 여성 물리학자를 만날 확률이 얼마나 될까요? 저는 그녀에게 물리학을 공부해볼 것을 권유하며, 물리학을 공부하기 위해 생물학을 포기할 필요는 없다고 말했습니다. 물리학은 그녀에게 우주를 열어줄 것이라고 말했죠. 저는 그녀를 안아주거나 악수하는 등 우리 사이의 6피트짜리 사회적 거리감을 좁히기 위해 무엇이든 해주고 싶었습니다. 대신 제 마음을 알아주길 바라며 마스크 뒤에서 그녀에게 미소를 지었고, 혹시 연락하고 싶을 때를 대비해 이메일 주소를 남겼습니다.

다음 날, 이메일이 도착했습니다. 브리아나가 보낸 이메일이었죠.

　지워진 천문학자들

감사의 말 ✳

우리 집에서는 수학과 과학을 연구하고 지적 호기심을 가지는 데 성별이 따로 없었습니다. 저는 책꽂이가 즐비한 집에서 자랐죠. 그것이 얼마나 특별한 일이었는지, 그리고 부모님이 저에게 그 경이로운 시절을 선물해 주신 것이 얼마나 특별한 일인지 나중에야 깨달았습니다. 아버지는 저에게 칼 세이건의 〈코스모스〉 속 시를 소개해 주셨고, 어머니는 뛰어난 수학 천재이면서 동시에 저를 보호해 주는 인물이었습니다. 오빠 다다Dada는 사회적 정의가 없는 과학은 열망할 가치가 없다는 것을 보여주었습니다. 제 생각과 말을 성장시킨 가족들의 사랑과 배움에 대해 늘 감사하고 있습니다.

코로나 사태로 암울했던 시기에 에이전트인 존 파이얼스John Pearce는 제가 이 책을 써낼 수 있을 거라고 격려와 지도를 해주었습니다. 프로젝트에 날개를 달아준 그에게 깊은 감사를 표합니다. 또한 이 책에 등장하는 여성들을 포용하고 저의 초고를 받아주어 날아오르게 해준 MIT Press의 제레미 매튜스Jermey Matthews와 캐나다 Penguin Random House의 앤 콜린스Ann Collins에게도 진심으로 감사드립니다. 초보 작가로서 이보다 더 훌륭한 편집자에게 이 여정을 안내해 달라고 부탁할 수는 없었을 것입니다.

두 나라에 걸친 활동을 수월하게 조율해준 헤일리 비어만Haley Biermann과 MIT Press와 PRHC의 편집 및 마케팅팀 전체에 큰 감사를 표합니다. Jaico 출판사의 리나 제이스왈Reena Jayswal은 제가 이 책을 쓰기 시작하기 전부터 이 책에 대한 기대가 컸습니다. 인도에 있는 가족과 친구들에게 이 책을 소개할 수 있도록 도와준 그녀에게 매우 감사합니다. 또한 이 책을 전 세계에 홍보해 준 멕 휠러Meg Wheeler, 캐럴라인 바살로Caroline Vassallo, Westwood Creative Artists의 직원들에게도 감사드립니다. 이 책에 실린 수많은 이미지에 대한 사용 허가를 전 세계 각지에서 기적적으로 획득한 Lumina Datamatics의 저작권 관리 팀과 디네쉬 쿠마르Dhinesh Kumar에게 감사드립니다. 이 책에 등장하는 여성들의 얼굴이 실릴 수 있도록 도와준 이들에게 진심으로 감사드립니다.

이 책은 2019년 샤 루크 칸Shah Rukh Khan이 주최한 TED Talks India의 한 에피소드에서 제가 했던 강연을 바탕으로 만들어졌습니다. 이 여성 과학자들에게 강력한 플랫폼을 제공해 주신 칸 씨에게 감사드리며, 이 불꽃에 불을 지펴준 줄리엣 블레이크Juliet Blake, 소니아 초우두리Sonia Chowdhry, 그리고 훌륭한 TED Talks India 제작팀에게도 감사드립니다. 그 과정에서 조언, 지식, 글쓰기 팁, 격려, 웃음, 우정, 영감을 제공한 용감한 TED Fellows 직원들에게도 깊은 감사를 표합니다.

여성과학센터(WinS)의 양자처럼 얽힌 동료이자 친구인 에덴 헤네시Eden Hennessey는 제게 성별, 정체성, 소속감, 기쁨에 대해 가르쳐주었습니다. 스카이 헤네시Skye Hennessey는 제가 필요할 때마

지워진 천문학자들

다 저의 든든한 버팀목이자 가장 열렬한 보호자였습니다. 이 책은 헤네시 가족과 WinS 회원 및 자문위원인 아드리아나 타손Adrianna Tassone, 줄리아 스컬리온Julia Scullion, 므리둘라 수레쉬Mridhulaa Suresh, 데비 차브스Debbie Chaves, 켄 말리Ken Maly, 앨리슨 맥도널드Allison McDonald, 마리아 갈레고Maria Gallego, 그렉 딕Greg Dick의 지원이 없었다면 존재하지 못했을 것입니다.

산비 콜리Saanvi Kohli는 작가에게 있어 가장 열정적인 연구 조수였습니다. 정보를 발굴하고 이 책에 등장하는 여성들의 풍부한 이야기를 들려주는 데 도움을 준 그녀에게 큰 감사를 표합니다.

제 교수이자 멘토인 페리 라이스Perry Rice, 이반 도이치Ivan Deutsch, 배리 샌더스Barry Sanders는 제 안에서 물리학자의 면모를 알아보았습니다. 그들의 변함없는 지원 덕분에 저는 저만의 길을 개척하고 제 목소리를 찾을 수 있는 용기를 얻었습니다. 우주가 어떻게 작동하는지에 대한 모든 것을 가르쳐 준 동료와 제자, 셀 수 없이 많은 다른 물리학자들에게도 감사합니다.

또한 이러한 프로젝트를 개발할 수 있도록 유연성과 자원을 제공한 캐나다 자연과학 및 공학 연구위원회와 윌프리드 로리어 대학교에도 깊은 감사를 표합니다.

이 책은 제가 직접 만나지 못한 여성들에 관한 이야기이지만, 제게 영감을 주고 지지해 주었으며 과학계에서 여성이라는 것이 무엇인지 가르쳐 준 개인적으로 알고 있는 많은 훌륭한 여성 과학자들에게 그 기원을 두고 있습니다. 전원을 나열하는 것은 불가능하지만, 뎁 매래치Deb MacLatchy, 이모겐 코Imogen Coe, 돈나 스트릭랜드Donna Strickland, 아테페 마샤탄Atefeh Mashatan, 크리스틴 크라스Christine Kraus, 스베틀라나 바르카노바Svetlana Barkanova, 찬다 프레스코드 웨인스테인Chanda Prescod-Weinstein에게 특별한 감사를 표합니다. 또 커스티 던컨Kirsty Duncan, 캐서린 마브리플리스Catherine Mavriplis, 랄레 베자트Laleh Behiat, 이브 랑겔리에Eve Langelier, 타마라 프란츠 오덴달Tamara Franz Odendaal, 제니퍼 자코비Jennifer Jakobi, 나디아 옥타브Nadia Octave, 로리에 루소 넵톤Laurier Rousseau-Nepton, 야사만 수다가르Yasaman Soudagar, 비앙카 디트리히Bianca Dittrich, 마이테 듀푸이Maïté Dupuis, 아기 브란치크Aggie Branczyk, 제네비브 본 페칭거Genevieve von Petzinger, 르네 흘로젝Renée Hložek, 멜라니 캠벨Melanie Campbell, 앤 윌슨Anne Wilson, 치트라 랭건Chitra Rangan, 프라발 샤스트리Prajval Shastri, 샐리 세이델Sally Seidel, 아프리엘 호다리Apriel Hodari, 얀 야리슨 라이스Jan Yarrison-Rice, 캐나다 물리학자 협회 물리학 성평등 부서의 동료들과 국제 순수 및 응용 물리학 연합의 여성 물리학 실무 그룹 회원들에도 감사를 전합니다.

글쓰기는 희로애락을 함께 나눌 친구 없이는 외로운 작업입니다. 저와 함께 모든 고비를 함께 넘겨준 멘토이자 친구인 안젤레 폴리Angele Foley에게 진심으로 감사를 표합니다. 기뻤던 일이 힘들었던 일보다 많았기를 바랍니다. 제 친구이자 글쓰기 롤모델인 찬드리 라히리Chandreyee Lahiri에게 특별한 감사를 전합니다. 가장 오랜 친구인 라다 바수Radha Basu와 거의 가장 오래된 친구인 리마 로이Rima Roy는 이 프로젝트에 대한 변함없는 지원과 오랜 친구만이 줄 수 있는 자신감을 불어넣어 주었습니다. 이런 친구들 사이에서는 굳이 감사를 표할 필요가 없지만, 어쨌든 모두 감사합니다.

글쓰기는 커피 없이는 졸음이 쏟아지는 작업이기도 합니다. 팬데믹 기간 내내 어떻게든 문을 열어주고 이 책의 로켓 연료를 제공한 Fahrenheit Coffee의 놀라운 바리스타들(특히 마리나Marina와 로우Rowe) 덕분에 이 부분에서 아무런 문제가 없었습니다. 물리학에 대한 토론을 해준 바이런Byron, 인생에 대한 토론을 해준 발렌티나Valentina, 시도 때도 없이(하지만 항상 소중한) 토론을 해준 데이비드David, 책 표지 등에 대한 조언을 해준 데릭Derek과 올레나Orlena, 천문학 로드 트립을 해준 샬롯Charlotte, 항상 독특한 관점을 제공해준 아비Avi에게 감사합니다.

무엇보다도 제 인생의 동반자이자 시공간을 넘나드는 동료 여행자인 르네René에게, 당신의 희생을 감수하면서까지 항상 제게 나의 공간과 시간을 줄 수 있는 방법을 찾아줘서 고마워요. 책에 좋지 않은 아이디어가 있을 때 내 눈을 똑바로 보고 조언해줘서 고맙습니다. 좋은 아이디어가 아름다운 이야기로 만들어질 수 있도록 도와주셔서 감사합니다. 우리의 이야기를 만들어 주셔서 감사합니다.

더 읽어보기 ━━━━━━━━━━━━━━━━━━━━━━━━━━━━━ ✳

이 책에 나오는 여성들은 연구를 통해 수백 편의 논문을 출판했으며, 이들의 발견은 셀 수 없이 많은 출판물의 토대를 마련했습니다. 다음은 가장 유명한 저서 중 일부입니다.

Blau, M., M. Caulton, and J. E. Smith. "Meson Production by 500-MeV Negative Pions." Physical Review 92, no. 2 (1953): 516.

Blau, Marietta, and B. Dreyfus. "The Multiplier Photo-Tube in Radioactive Measurements." Review of Scientific Instruments 16, no. 9 (1945): 245-248.

Blau, Marietta, and Hertha Wambacher. "Disintegration Processes by Cosmic Rays with the Simultaneous Emission of Several Heavy Particles." Nature 140, no. 3544 (1937): 585-585.

Bose, D. M., and Biva Choudhuri. "A Photographic Method of Estimating the Mass of the Mesotron." Nature 148, no. 3748 (1941): 259-260.

Brooks, Harriet. "A Volatile Product from Radium." Nature 70, no. 1812 (1904): 270.

Burbidge, E. Margaret, Geoffrey Ronald Burbidge, William A. Fowler, and Fred Hoyle. "Synthesis of the Elements in Stars." Reviews of Modern Physics 29, no. 4 (1957): 547-650.

Burbidge, Geoffrey, and Margaret E. Burbidge. Quasi-Stellar Objects. San Francisco, CA: W. H. Freeman, 1967.

Cannon, Annie J., and Edward C. Pickering. "The Henry Draper Catalogue." Annals of the Astronomical Observatory of Harvard College (1918): vols. 91-99.

Cannon, Annie J., and Edward C. Pickering. "Spectra of Bright Southern Stars Photographed with the 13-Inch Boyden Telescope as Part of the Henry Draper Memorial." Annals of the Astronomical Observatory of Harvard College 28, no. 2 (1901): 129-263.

Carson, T. R., D. Ezer, and R. Stothers. "Solar Neutrinos and the Influence of Radia- tive Opacities on Solar Models." Astrophysical Journal 194 (1974): 743-744. (Dilhan Eryurt also published as Dilhan Ezer.)

Chaudhuri, B. "Extensive Penetrating Showers." Nature 161, no. 4096 (1948): 680.

Curie, M. "Rays Emitted by Compounds of Uranium and Thorium." Comptes rendus de l'Academie de Sciences 126, no. 1 (1898): 1101-1103.

Curie, M. P., and M. S. Curie. "On a New Radioactive Substance Contained in Pitchblende." Comptes rendus de l'Academie de Sciences 127 (1898): 175-178.

Curie, P., M. Curie, and G. Bémont. "Sur une nouvelle substance fortement radio- active contenue dans la pechblende (O nowej substancji silnie radioaktywnej znalezionej w blendzie uranowej)." Comptes rendus de l'Académie des Sciences 127, nos. 1215-1218 (1898).

Davidsson, Björn J. R., Samuel Gulkis, Claudia Alexander, Paul von Allmen, Lucas Kamp, Seungwon Lee, and Johan Warell. "Gas Kinetics and Dust Dynamics in Low-Density Comet Comae." Icarus 210, no. 1 (2010): 455-471.

Draper, Henry. "Researches upon the Photography of Planetary and Stellar Spectra." Proceedings of the American Academy of Arts and Sciences 19 (1884): 231-261. (Anna Draper helped capture the spectrum of Vega discussed in this paper even though she was not listed as an author.)

Ezer, Dilhan, and G. W. Cameron. "The Early Evolution of the Sun." Icarus 1, nos. 1-6 (1962): 422-441. (Dilhan Eryurt also published as Dilhan Ezer.)

Fleming, Williamina P., and Edward Charles Pickering. "A Photographic Study of Variable Stars Forming a Part of the Henry Draper Memorial." Annals of the Astro- nomical Observatory of Harvard College 47, no 1 (1907): 1-113.

Frota-Pessôa, E. "Isotropy in π-μ Decays." Physical Review 177, no. 5 (1969): 2368-2370.

Frota-Pessôa, Elisa, and Neusa Margem. "Sobre a desintegração do méson pesado positive." Anais da Academia Brasileira de Ciências 22 (1950): 371-383.

Leavitt, Henrietta S. "The North Polar Sequence." Annals of Harvard College Observatory 71, no. 3 (1917): 47-232.

Leavitt, Henrietta S. "1777 Variables in the Magellanic Clouds." Annals of Harvard College Observatory 60, no. 4 (1908): 87-108.

Leavitt, Henrietta S., and Edward C. Pickering. "Periods of 25 Variable Stars in the Small Magellanic Cloud." Harvard College Observatory Circular 173 (1912): 1-3.

Lee, Y. K., L. W. Mo, and C. S. Wu. "Experimental Test of the Conserved Vector Current Theory on the Beta Spectra of B12 and N12." Physical Review Letters 10, no. 6 (1963): 253-258.

Maury, Antonia C. "The Spectral Changes of Beta Lyrae." Annals of Harvard College Observatory 84, no. 8 (1933): 207-255.

Maury, Antonia C., and Edward C. Pickering. "Spectra of Bright Stars Photographed with the 11-Inch Draper Telescope as Part of the Henry Draper Memorial." Annals of the Astronomical Observatory of Harvard College 28, no. 1 (1897): 1-128.

Meitner, Lise. "Die Muttersubstanz des Actiniums, ein neues radioaktives Element von langer Lebensdauer." Zeitschrift für Elektrochemie und Angewandte Physikalische Chemie 24, nos. 11-12 (1918): 169-173.

Meitner, Lise. "Über die entstehung der β-strahl-spektren radioaktiver substanzen." Zeitschrift für Physik 9, no. 1 (1922): 131-144.

Meitner, Lise, and Otto Robert Frisch. "Disintegration of Uranium by Neutrons: A New Type of Nuclear Reaction." Nature 143, no. 3615 (1939): 239-240.

Meitner, Lise, and Wilhelm Orthmann. "Über eine absolute Bestimmung der Ener- gie der primären β-Strahlen von Radium E." Zeitschrift für Physik 60, no. 3 (1930): 143-155.

Neighbors, Joyce, and Ryan S. Robert. "Structural Dynamics for New Launch Vehi-cles." Aerospace America 30, no. 9 (September 1992): 26-29.

Payne, Cecilia H. Stellar Atmospheres: A Contribution to the Observational Study of High Temperature in the Reversing Layer of Stars. Cambridge, MA: Harvard College Observatory, 1925.

Payne-Gaposchkin, Cecilia. "The Stars of High Luminosity." Harvard Observatory Monographs 3 (1930): 1-320.

Perry, Jason, Rosaly Lopes, John R. Spencer, and Claudia Alexander. "A Summary of the Galileo Mission and Its Observations of Io." In Io after Galileo, 35-59. Berlin: Springer, 2007.

Pickering, Edward C. "Detection of New Nebulae by Photography." Annals of the Har-vard College Observatory 18, no. 6 (1890): 113-117. (Mina Fleming first detected the Horsehead Nebula reported here.)

Pickering, Edward C. "The Draper Catalogue of Stellar Spectra Photographed with the 8-Inch Bache Telescope as a Part of the Henry Draper Memorial." Annals of the Astronomical Observatory of Harvard College 27 (1890): 1-388. (Mina Fleming and the Harvard computers did much of the work reported in this catalog, although they were not listed as authors.)

Pickering, Edward C. "On the Spectrum of Zeta Ursae Majoris." American Journal of Science s3-s39, no. 229 (1890): 46-47. (Antonia Maury analyzed this spectral binary with Pickering, although she is not credited as an author.)

Ross, Stanley. Space Flight Handbooks, vol. 3: Planetary Flight Handbook. NA-SA-SP-35- VOL. 3-PT. 1. NASA, 1963. (Mary Ross made important contributions to this hand- book despite not being an author.)

Rubin, Vera C., David Burstein, W. Kent Ford, Jr., and Norbert Thonnard. "Rotation Velocities of 16 Sa Galaxiess and a Comparison of Sa, Sb, and Sc Rotation Properties." Astrophysical Journal 289 (1985): 81-98.

Rubin, Vera C., and W. Kent Ford, Jr. "Rotation of the Andromeda Nebula from a Spectroscopic Survey of Emission Regions." Astrophysical Journal 159 (1970): 379-403.

Rubin, Vera C., W. Kent Ford, Jr., and Norbert Thonnard. "Rotational Properties of 21 Sc Galaxies with a Large Range of Luminosities and Radii, from NGC 4605 (R = 4 kpc) to UGC 2885 (R = 122 kpc)." Astrophysical Journal 238 (1980): 471-487.

Rubin, Vera C., W. Kent Ford, Jr., Norbert Thonnard, Morton S. Roberts, and John A. Graham. "Motion of the Galaxy and the Local Group Determined from the Velocity Anisotropy of Distant SC I Galaxies. I-The Data." Astronomical Journal 81 (1976): 687-718.

Rutherford, Ernest, and Harriet T. Brooks. "Comparison of the Radiations from Radioactive Substances." London, Edinburgh, and Dublin Philosophical Magazine and Journal of Science 4, no. 19 (1902): 1-23.

Rutherford, Ernest., and Harriet Brooks. "The New Gas from Radium." Transactions of the Royal Society of Canada 3 (1901): 21-25.

Schulz, Rita, Claudia Alexander, Hermann Boehnhardt, and Karl-Heinz Glassmeier.

Rosetta: ESA's Mission to the Origin of the Solar System. New York: Springer, 2009.

Wampler, E. J., L. B. Robinson, J. A. Baldwin, and E. M. Burbidge. "Redshift of OQ172." Nature 243 (1973): 336-337.

Wu Chien-Shiung. "Recent Investigation of the Shapes of β-Ray Spectra." Reviews of Modern Physics 22, no. 4 (1950): 386-398.

Wu Chien-Shiung, Ernest Ambler, Raymond W. Hayward, Dale D. Hoppes, and Ralph Percy Hudson. "Experimental Test of Parity Conservation in Beta Decay." Physical Review 105, no. 4 (1957): 1413-1415.

Wu Chien-Shiung, and S. A. Moszkowski. Beta Decay. New York: Interscience Publishers, 1966.

Wu Chien-Shiung, and Irving Shaknov. "The Angular Correlation of Scattered Annihilation Radiation." Physical Review 77, no. 1 (1950): 136.

참고 도서 ──────────────── ✳

여성 과학자들에 대한 이야기는 이 책에서 다룬 내용에서 끝이 아닙니다. 다음은 여성들의 삶, 그들이 직면한 도전, 그리고 그들의 연구에 대한 추가 정보를 제공하는 참고 도서입니다. 제가 인용한 모든 출처의 전체 목록은 아니지만 독자에게 추가 탐구를 위한 가이드를 제공하기 위해 고안되었습니다. 최선을 다했지만 완벽한 역사적 정확성을 주장할 수는 없습니다. 실수로 오류가 남아 있다면 용서를 구하고 독자들이 아래 리소스를 통해 추가로 귀중한 정보를 찾을 수 있기를 바랍니다.

이야기를 시작하며

Black, Harry. "Tom Bolton, Astronomer: Discoverer of the First Black Hole." In Canadian Scientists and Inventors: Biographies of People Who Shaped Our World, 24-27. Markham: Pembroke, 2008.

Bolton, Charles Thomas. "Identification of Cygnus X-1 with HDE 226868." Nature 235, no. 5336 (1972): 271-273.

Clery, Daniel. "For the First Time, You Can See What a Black Hole Looks Like." Science AAAS (2019).

Girls Who Code. "Canadian Women and Girls in STEM Report." 2018. https://www.dropbox.com/s/4j7y7uftszgffbc/GirlsWhoCode_WomeninSTEM_Report.pdf?dl=0.

Hill, Catherine, Christianne Corbett, and Andresse St. Rose. Why So Few? Women in Science, Technology, Engineering, and Mathematics. Washington, DC: AAUW, 2010.

McCullough Laura, Women and Physics. San Rafael, CA: Morgan & Claypool Publishers, 2016.

Miller, David I., Kyle M. Nolla, Alice H. Eagly, and David H. Uttal. "The Develop- ment of Children's Gender-Science Stereotypes: A Meta-Analysis of 5 Decades of U.S. Draw-a-Scientist Studies." Child Development 89 (March 2018): 1943-1955.

Research America. "American Attitudes about Science and Scientists in 2017." 2017. https://www.researchamerica.org.

지워진 천문학자들

Schleicher, Andreas. PISA 2018: Insights and Interpretations: A Report on the Pro- gramme for International Student Assessment of the Organisation for Economic Co-operation and Development (OECD). OECD, 2018.

Spelke, Elizabeth. "Sex Differences in Intrinsic Aptitude for Mathematics and Sci- ence: A Critical Review." American Psychologist 60, no. 9 (December 2005): 950-958.

1 우주를 찾아서

Bailey, Solon I. The History and Work of Harvard Observatory, 1839-1927. New York: McGraw-Hill, 1931.

Cannon, Annie Jump. In the Footsteps of Columbus: Souvenir Photo Book for the World Fair. Blair Camera Company, 1893.

Cannon, Annie Jump. Papers of Annie Jump Cannon, HUGFP 125. Harvard University Archives. https://id.lib.harvard.edu/ead/hua12001/catalog, accessed September 3, 2022.

Des Jardins, Julie. The Madame Curie Complex: The Hidden History of Women in Sci- ence. New York: Feminist Press, 2010.

Dickinson, Terence, and Alan Dyer. The Backyard Astronomer's Guide. Richmond Hill: Firefly Books, 2002.

Fleming, Williamina Paton. Journal of Williamina Paton Fleming. Harvard Univer- sity Archives. Chest of 1900, Diaries, HUA 900.11.

Haramundanis, Katherine. Cecilia Payne-Gaposchkin, an Autobiography and Other Recollections. Cambridge: Cambridge University Press, 1996.

Harvard University. The Harvard Astronomical Glass Plate Collection, Digital Access to a Sky Century @ Harvard, https://pweb.cfa.harvard.edu/research/dasch-digital-ac-cess-sky-century-harvard. Accessed on March 10, 2023.

Harvard University. Project PHaEDRA, Harvard Wolbach library. https://library.cfa.har-vard.edu/project-phaedra.

Hearnshaw, John B. The Measurement of Starlight: Two Centuries of Astronomical Pho- tometry. Cambridge: Cambridge University Press, 1996.

Jones, Bessie Zaban, and Lyle Gifford Boyd. The Harvard College Observatory: The First Four Directorships, 1839-1919. Cambridge, MA: Harvard University Press, 1971.

Kaler, James B. Stars and Their Spectra: An Introduction to the Spectral Sequence. Cam- bridge: Cambridge University Press, 2011.

Payne-Gaposchkin, Cecilia. Papers of Cecilia Helena Payne-Gaposchkin. 1924, circa 1950s-1990s, 2000. Harvard University Archives, HUGB P182.XX. https://id.lib.harvard. edu/ead/hua03004/catalog, accessed September 3, 2022.

Robinson, Keith. Spectroscopy: The Key to the Stars. New York: Springer, 2007.

Sobel, Dava. The Glass Universe: How the Ladies of the Harvard Observatory Took the Measure of the Stars. New York: Penguin Books, 2016.

2 시간에 대하여

Burbidge, E. Margaret. Margaret Burbidge Papers. MSS 736. Special Collections & Archives, UC San Diego Library.

Burbidge, E. Margaret. Oral Histories: E. Margaret Burbidge. American Institute of Physics. January 9, 2015.

Burbidge, E. Margaret. "Watcher of the Skies." Annual Review of Astronomy and As- tro- physics 32 (1994): 1-36.

Byers, Nina, ed. Out of the Shadows: Contributions of Twentieth-Century Women to Phys- ics. Cambridge: Cambridge University Press, 2006.

Ferguson, Kitty. Measuring the Universe: The Historical Quest to Quantify Space. New York: Walker, 1999.

Fernie, J. Donald. "The Period-Luminosity Relation: A Historical Review." Publica- tions of the Astronomical Society of the Pacific 81, no. 483 (1969): 707-731.

Gunderson, Lauren. Silent Sky. New York: Dramatists Play Service, 2015.

Hirshfeld, Alan W. Parallax: The Race to Measure the Cosmos. New York: W. H. Free- man, 2001.

Hoffleit, Dorrit. Women in the History of Variable Star Astronomy. Cambridge, MA: American Association of Variable Star Observers, 1993.

Jeans, J. The Mysterious Universe. Cambridge: Cambridge University Press, 1930.

Johnson, George. Miss Leavitt's Stars: The Untold Story of the Woman Who Discovered How to Measure the Universe. New York: W. W. Norton, 2005.

Kass-Simon, Gabriele, Patricia Farnes, and Deborah Nash, eds. Women of Science: Righting the Record. Bloomington: Indiana University Press, 1993.

Leavitt, Henrietta Swan. Henrietta Swan Leavitt Notebooks, 1904 04-30/1906-02-19.

Harvard College Observatory observations, logs, instrument readings, and calculations, KG11365-6, phaedra2519, Box 273. Wolbach Archives, Wolbach Library, Harvard University.

Leavitt, Henrietta Swan. Henrietta Swan Leavitt Notebooks, 1905 10-20/1921-08-29.

Harvard College Observatory observations, logs, instrument readings, and calculations, KG11365-6, phaedra2525, Box 273. Wolbach Archives, Wolbach Library, Harvard University.

Sargent, Anneila I., and Malcolm S. Longair. "Eleanor Margaret Burbidge. 12 August 1919-5 April 2020." Biographical Memoirs of Fellows of the Royal Society 71 (2021):11-35.

Singh, Simon. Big Bang: The Origin of the Universe. New York: Fourth Estate, 2004.
Sullivan, Woodruff T. "Interview with E. Margaret Burbidge." Papers of Woodruff

T. Sullivan III, National Radio Astronomy Observatory Archives, https://www.nrao.edu/archives/items/show/910, accessed September 4, 2022.

Smith, R. W. The Space Telescope: A Study of NASA, Science, Technology and Politics. Cambridge: Cambridge University Press, 1993.

3 탈출 속도에 대하여

Alexander, Claudia. "The Compelling Nature of Locomotion." TEDx Columbia Col- lege Chicago, December 2015.

Alexander, Claudia. Windows to Adventure: Windows to the Morning Star. Red Phoenix Books, 2012.

Bahadir, Osman. "Dilhan Eryurt, a Pioneer in Astrophysics." Pendulum, October 15, 2018.

Cassidy, Mike. "What Went Wrong at Shiprock." San Jose Mercury News, May 7, 2000.

Crenshaw, Kimberlé. "Demarginalizing the Intersection of Race and Sex: A Black Feminist Critique of Antidiscrimination Doctrine, Feminist Theory and Antiracist Politics." University of Chicago Legal Forum 140 (1989): 139-167.

DiFrancesco, A. F. Boorady, and D. Sumpter. "The Agena Rocket Engine Story." In 25th Joint Propulsion Conference, 2390. Monterey, CA: American Association of Aero- nautics and Astronautics, Monterey, 1989.

Donovan, Bill. "50 Years Ago: The Highs and Lows of the Fairchild Operation in Shiprock." Navajo Times, April 21, 2016.

Ehle, John. Trail of Tears: The Rise and Fall of the Cherokee Nation. New York: Anchor Books, 1988.

Holt, Nathalia. Rise of the Rocket Girls: The Women Who Propelled Us, from Missiles to the Moon to Mars. New York: Little, Brown, 2016.

Howes, Ruth, and Caroline L. Herzenberg. After the War: Women in Physics in the United States. San Rafael, CA: Morgan and Claypool, 2015.

Johnson, Katherine J. Reaching for the Moon: The Autobiography of NASA Mathematician Katherine Johnson. New York: Simon and Schuster, 2019.

McQuaid, Kim. "Racism, Sexism, and Space Ventures: Civil Rights at NASA in the Nixon Era and Beyond." Societal Impact of Spaceflight (2007): 421-449.

Murray, Charles A., and Catherine Bly Cox. Apollo: The Race to the Moon. New York: Simon & Schuster, 1989.

Nakamura, Lisa. "Indigenous Circuits: Navajo Women and the Racialization of Early Electronic Manufacture." American Quarterly 66, no. 4 (December 2014): 919-941.

Neighbors, Joyce. "Joyce Neighbors Interview: First Woman to Join von Braun's Team in Technical Role Remembers Explorer Launch 60 Years Later." WHNT News 19, January 31, 2018.

Paul, Richard, and Steven Moss. We Could Not Fail: The First African Americans in the Space Program. Austin: University of Texas Press, 2015.

Roop, Lee. "Alabama's 'Hidden Figure' Helped Launch America's Space Program with Explorer 1." AL.com, January 31, 2018.

Ross, Mary Golda. "Historic Trailblazer: Mary Golda Ross." Museum of Native American History video, 2020.

Ross, Mary Golda. Appearance on What's My Line? CBS, June 22, 1958.

Schulz, Rita, Claudia Alexander, Hermann Boehnhardt, and Karl-Heinz Glassmeier, eds. Rosetta: ESA's Mission to the Origin of the Solar System. New York: Springer, 2009.

Sheppard, Laurel M. "An Interview with Mary Ross: First Native American Woman Engineer Aerospace Pioneer Returns to Her Native American Roots." Lash Publications International, 1999. http://www.nn.net/lash/maryross.htm.

Shetterly, Margot Lee. Hidden Figures: The American Dream and the Untold Story of the Black Women Mathematicians Who Helped Win the Space Race. New York: William Morrow, 2016.

지워진 천문학자들

Singer, Kelsi. Interview with Claudia Alexander. Women in Planetary Science, February 3, 2011, https://womeninplanetaryscience.wordpress.com/2011/02/03/claudia-alexander-be-prepared-to-be-flexible-in-your-career/.

Sorell, Traci, and Natasha Donovan. Classified: The Secret Career of Mary Golda Ross, Cherokee Aerospace Engineer. Minneapolis, MN: Millbrook Press, 2021.

Young, M. Jane. "'Pity the Indians of Outer Space': Native American Views of the Space Program." Western Folklore 46, no. 4 (1987): 269-279.

4 선택의 기로에서

Brooks, H. "Damping of the Oscillations in the Discharge of a Leyden Jar." Master's thesis, McGill University, 1901.

Cech, Erin A., and Mary Blair-Loy. "The Changing Career Trajectories of New Parents in STEM." Proceedings of the National Academy of Sciences 116, no. 10 (2019): 4182-4187.

Curie, Eve. Madame Curie: A Biography. Da Capo Press, 2001.

Curie, Marie. Pierre Curie: With the Autobiographical Notes of Marie Curie. New York: Dover Publications, 1963.

Curie, Marie. "Radium and the New Concepts in Chemistry." Nobel Lecture, December 11, 1911.

Goldsmith, Barbara. Obsessive Genius: The Inner World of Marie Curie. New York: W. W. Norton, 2005.

Porter, Anne Marie, and Rachel Ivie. "Women in Physics and Astronomy, 2019. Report." AIP Statistical Research Center, 2019.

Rayner-Canham, Marelene F., and Geoffrey Rayner-Canham. A Devotion to Their Science: Pioneer Women of Radioactivity. Montreal: McGill-Queen's University Press, 1997.

Rayner-Canham, Marelene, and Geoffrey Rayner-Canham. Harriet Brooks: Pioneer Nuclear Scientist. Montreal: McGill-Queen's University Press, 1992.

Rutherford, Ernest. Correspondence and Papers. GBR/0012/MS Add.7653, Volume MS Add.7653 Press cuttings, Cambridge University Library.

5 결합 에너지에 대하여

Calvin, Scott. Beyond Curie: Four Women in Physics and Their Remarkable Discoveries, 1903 to 1963. San Rafael, CA: Morgan & Claypool, 2017.

Lykknes, Annette, and Brigitte Van Tiggelen, eds. Women in Their Element: Selected Women's Contributions to the Periodic System. Hackensack, NJ: World Scientific, 2019.

Meitner, Lise. "Lise Meitner Looks Back." Advancement of Science 21 (1965): 39-46.

Meitner, Lise. Oral history interview with Lise Meitner, May 12, 1963. Niels Bohr Library & Archives, American Institute of Physics, College Park, MD.

Meitner, Lise. The Papers of Lise Meitner. GBR/0014/MTNR, Churchill Archives Centre. https://archivesearch.lib.cam.ac.uk/repositories/9/resources/1733, accessed September 04, 2022.

Rhodes, Richard. The Making of the Atomic Bomb. New York: Simon and Schuster, 1986.

Sime, Ruth Lewin. Lise Meitner: A Life in Physics. Berkeley: University of California Press, 1996.

Sime, Ruth Lewin. "The Politics of Memory: Otto Hahn and the Third Reich." Physics in Perspective 8, no. 1 (2006): 3-51.

Yruma, Jeris Stueland. "How Experiments Are Remembered: The Discovery of Nuclear Fission, 1938-1968." PhD thesis, Princeton University, 2008.

6 자연의 힘으로

Bertolotti, M. Celestial Messengers: Cosmic Rays: The Story of Scientific Adventure. Hei- delberg: Springer, 2013.

Brown, Laurie M. "Hideki Yukawa and the Meson Theory." Physics Today 39, no. 12 (1986): 55-62.

Chandra, Bipan, Mridula Mukherjee, Aditya Mukherjee, Kandiyur Narayana Panikkar, and Sucheta Mahajan. India's Struggle for Independence. London: Penguin, 2016.

Close, Frank. Particle Physics: A Very Short Introduction. Oxford: Oxford University Press, 2004.

Godbole, R. M., and R. Ramaswamy, eds. Lilavati's Daughters: The Women Scientists of India. Bangalore: Indian Academy of Sciences, 2008.

Mukerjee, Madhusree. Churchill's Secret War: The British Empire and the Ravaging of India during World War II. New York: Basic Books, 2011.

Mukherji, Purabi. "Debendra Mohan Bose (1885-1975): An Eminent Physicist of India." Current Science 109, no. 12 (2015): 2322-2324.

Powell, Cecil Frank, Peter H. Fowler, and Donald H. Perkins. The Study of Elementary Particles by the Photographic Method: An Account of the Principal Techniques and Discoveries, Illustrated by an Atlas of Photomicrographs. New York: Pergamon Press, 1959.

Rentetzi, Maria. "Gender, Politics, and Radioactivity Research in Interwar Vienna: The Case of the Institute for Radium Research." Isis 95, no. 3 (2004): 359-393.

Sime, Ruth Lewin. "Marietta Blau: Pioneer of Photographic Nuclear Emulsions and Particle Physics." Physics in Perspective 15, no. 1 (2013): 3-32.

Singh, Rajinder, and Suprakash C. Roy. A Jewel Unearthed: Bibha Chowdhuri: The Story of an Indian Woman Scientist. Aachen: Shaker Verlag, 2018.

Strohmaier, Brigitte, and Robert W. Rosner. Marietta Blau, Stars of Disintegration: Biography of a Pioneer of Particle Physics. Riverside, CA: Ariadne Press, 2006.

7 비대칭에 대하여

Atomic Heritage Foundation. "Voices of the Manhattan Project." Oral histories project by the Los Alamos Historical Society in partnership with the National Museum of Nuclear Science and History.

Chiang Tsai-Chien. Madame Wu Chien-Shiung: The First Lady of Physics Research. Hackensack, NJ: World Scientific, 2013.

Duarte, F. J. "The Origin of Quantum Entanglement Experiments Based on Polarization Measurements." European Physical Journal H 37, no. 2 (2012): 311-318.

Lederman, Leon M., and Christopher T. Hill. Symmetry and the Beautiful Universe. Amherst, NY: Prometheus Books, 2011.

McDonald, Rebecca, "Women Scientists of the Secret City." Los Alamos Science and Technology Magazine, October 2017.

Mitton, Jacqueline, and Simon Mitton. Vera Rubin: A Life. Cambridge, MA: Belknap Press, 2021.

Musser, George. Spooky Action at a Distance: The Phenomenon That Reimagines Space and Time-And What It Means for Black Holes, the Big Bang, and Theories of Everything. New York: Scientific American/Farrar, Straus and Giroux, 2015.

Rubin, Vera. Bright Galaxies, Dark Matters. New York: Springer-Verlag, 1996.

Rubin, Vera. Interview of Vera Rubin by Alan Lightman, April 3, 1989. Niels Bohr Library & Archives, American Institute of Physics, College Park, MD, www.aip.org/history-programs/niels-bohr-library/oral-histories/33963.

Wu Chien-Shiung. "Can We Save Basic Research?" Physics Today 28, no. 12 (1975): 88.

Wu Chien-Shiung. "The Discovery of the Parity Violation in Weak Interactions and Its Recent Developments." In Nishina Memorial Lectures, 43-70. Tokyo: Springer, 2008.

Wu Chien-Shiung. Wu Papers. University Archives, Rare Book & Manuscript Library, Columbia University.

Yeager, Ashley Jean. Bright Galaxies, Dark Matter, and Beyond: The Life of Astronomer Vera Rubin. Cambridge, MA: MIT Press, 2021.

찾아보기 ─────────────────────── ✳

지워진 천문학자들

지워진 천문학자들

지워진 천문학자들

천문학에 한 획을 그은 여성 과학자들

지워진 천문학자들

1판 1쇄 발행 2025년 3월 7일

저   자 | 쇼히니 고스
역   자 | 박성래
발 행 인 | 김길수
발 행 처 | (주)영진닷컴
주   소 | (우)08512 서울특별시 금천구 디지털로9길 32
          갑을그레이트밸리 B동 1001호
등   록 | 2007. 4. 27. 제16-4189호

©2025. (주)영진닷컴

ISBN | 978-89-314-7568-5